Eurocode 设计指南：结构设计基础

EN 1990

（第2版）

[英]H·古尔班尼西亚
[法]J·-A·卡尔加罗
[捷]M·霍利基

欧洲结构设计标准译审委员会 **组织翻译**
彭君义 郭 骞 **译**
余顺新 **一审**
吕大刚 **二审**

人民交通出版社股份有限公司
北 京

Translation from the English language original, by arrangement with Thomas Telford Ltd.

版 权 声 明

本指南由托马斯·特尔福德有限公司(Thomas Telford Ltd.)授权翻译。如对翻译内容有争议,以原英文版为准。人民交通出版社股份有限公司享有本指南在中国境内的专有翻译权、出版权并为本指南的独家发行商。未经人民交通出版社股份有限公司同意,任何单位、组织、个人不得以任何方式(包括但不限于以纸质、电子、互联网方式)对本指南进行全部或局部的复制、转载、出版或是变相出版、发行以及通过信息网络向公众传播。对于有上述行为者,人民交通出版社股份有限公司保留追究其法律责任的权利。

图书在版编目(CIP)数据

Eurocode 设计指南:结构设计基础 EN 1990/
(英)H. 古尔班尼西亚,(法)J. -A. 卡尔加罗,
(捷)M. 霍利基著;彭君义,郭骞译. — 2 版 — 北京:人民
交通出版社股份有限公司, 2019. 11

ISBN 978-7-114-16202-2

Ⅰ. ①E… Ⅱ. ①H… ②J… ③M… ④彭… ⑤郭… Ⅲ.
①建筑结构—结构设计—建筑规范—欧洲 Ⅳ. ①TU318

中国版本图书馆 CIP 数据核字(2019)第 295686 号

著作权合同登记号:图字 01-2019-7829

Eurocode Sheji Zhinan:Jiegou Sheji Jichu EN 1990(Di 2 Ban)

书　　名: **Eurocode 设计指南:结构设计基础　EN 1990**(第 2 版)
著 作 者: [英]H. 古尔班尼西亚　[法]J. -A. 卡尔加罗　[捷]M. 霍利基
译　　者: 彭君义　郭　骞
总 策 划: 朱伽林　韩　敏　孙　玺
责任编辑: 李　喆　卢俊丽　任雪莲
责任校对: 刘　芹
责任印制: 张　凯
出版发行: 人民交通出版社股份有限公司
地　　址: (100011)北京市朝阳区安定门外外馆斜街 3 号
网　　址: http://www. ccpress. com. cn
销售电话: (010)59757973
总 经 销: 人民交通出版社股份有限公司发行部
经　　销: 各地新华书店
印　　刷: 北京虎彩文化传播有限公司
开　　本: 880 × 1230　1/16
印　　张: 12. 75
字　　数: 396 千
版　　次: 2019 年 11 月　第 1 版
印　　次: 2020 年 6 月　第 2 次印刷
书　　号: ISBN 978-7-114-16202-2
定　　价: 1000. 00 元
(有印刷、装订质量问题的图书,由本公司负责调换)

出 版 说 明

包括本设计指南在内的欧洲结构设计标准(Eurocodes)及其英国附件、法国附件和配套设计指南的中文版,是2018年国家出版基金项目“土木工程欧洲规范翻译与比较研究出版工程(一期)”的成果。

在对欧洲结构设计标准及其相关文本组织翻译出版过程中,考虑到标准的特殊性、用户基础和应用程度,我们在力求翻译准确性的基础上,还遵循了一致性和有限性原则。在此,特就有关事项作如下说明:

1. 本设计指南中文版根据托马斯·特尔福德有限公司(Thomas Telford Ltd.)提供的英文版进行翻译,仅供参考之用,如有异议,请以原版为准。

2. 中文版的排版规则原则上遵照外文原版。

3. Eurocode(s)是个组合再造词。本设计指南及相关标准范围内,Eurocodes 特指一系列共 10 部欧洲标准(EN 1990 ~ EN 1999),旨在为房屋建筑和构筑物及建筑产品的设计提供通用方法;Eurocode 与某一数字连用时,特指 EN 1990 ~ EN 1999 中的某一部,例如,Eurocode 8 指 EN 1998 结构抗震设计。经专家组研究,确定 Eurocode(s)宜翻译为“欧洲结构设计标准”,但为了表意明确并兼顾专业技术人员用语习惯,在正文翻译中保留 Eurocode(s)不译。

4. 书中所有的插图、表格、公式的编排以及与正文的对应关系等与外文原版保持一致。

5. 书中所有的条款序号、括号、函数符号、单位等用法,如无明显错误,与外文原版保持一致。

6. 在不影响阅读的情况下书中涉及的插图均使用英文原版插图,仅对图中文字进行必要的翻译和处理;对部分影响使用的英文原版插图进行重绘。

7. 书中涉及的人名、地名、组织机构名称以及参考文献等均保留外文原文。

特别致谢

本设计指南的译审由以下单位和人员完成。中信建设有限责任公司的彭君义、国核电力规划设计研究院有限公司的郭骞承担了主译工作,中交第二公路勘察设计研究院有限公司的余顺新、哈尔滨工业大学的吕大刚承担了主审工作。他(她)们分别为本指南的翻译工作付出了大量精力。在此谨向上述单位和人员表示感谢!

欧洲结构设计标准译审委员会

主 任 委 员:周绪红(重庆大学)
副主任委员:朱伽林(人民交通出版社股份有限公司)
杨忠胜(中交第二公路勘察设计研究院有限公司)
秘 书 长:韩 敏(人民交通出版社股份有限公司)
委 员:秦顺全(中铁大桥勘测设计院集团有限公司)
聂建国(清华大学)
陈政清(湖南大学)
岳清瑞(中冶建筑研究总院有限公司)
卢春房(中国铁道学会)
吕西林(同济大学)
(以下按姓氏笔画排序)
王 佐(中交第一公路勘察设计研究院有限公司)
王志彤(中国天辰工程有限公司)
冯鹏程(中交第二公路勘察设计研究院有限公司)
刘金波(中国建筑科学研究院有限公司)
李 刚(中国路桥工程有限责任公司)
李亚东(西南交通大学)
李国强(同济大学)
吴 刚(东南大学)
张晓炜(河南省交通规划设计研究院股份有限公司)
陈宝春(福州大学)
邵长宇[上海市政工程设计研究总院(集团)有限公司]
邵旭东(湖南大学)
周 良[上海市城市建设设计研究总院(集团)有限公司]
周建庭(重庆交通大学)
修春海(济南轨道交通集团有限公司)
贺拴海(长安大学)
黄 文(航天建筑设计研究院有限公司)
韩大章(中设设计集团股份有限公司)
蔡成军(中国建筑标准设计研究院)
秘书组组长:孙 玺(人民交通出版社股份有限公司)
秘书组副组长:狄 谨(重庆大学)
秘书组成员:李 喆 卢俊丽 李 瑞 李 晴 钱 堃
岑 瑜 任雪莲 蒲晶境(人民交通出版社股份有限公司)

欧洲结构设计标准译审委员会总体组

组　　长：余顺新（中交第二公路勘察设计研究院有限公司）

成　　员：（按姓氏笔画排序）

王敬烨（中国铁建国际集团有限公司）

车　轶（大连理工大学）

卢树盛［长江岩土工程总公司（武汉）］

吕大刚（哈尔滨工业大学）

任青阳（重庆交通大学）

刘　宁（中交第一公路勘察设计研究院有限公司）

宋　婕（中国建筑标准设计研究院）

李　顺（天津水泥工业设计研究院有限公司）

李亚东（西南交通大学）

李志明（中冶建筑研究总院有限公司）

李雪峰［上海市城市建设设计研究总院（集团）有限公司］

张　寒（中国建筑科学研究院有限公司）

张春华（中交第二公路勘察设计研究院有限公司）

狄　谨（重庆大学）

胡大琳（长安大学）

姚海冬（中国路桥工程有限责任公司）

徐晓明（航天建筑设计研究院有限公司）

郭　伟（中国建筑标准设计研究院）

郭余庆（中国天辰工程有限公司）

黄　侨（东南大学）

谢亚宁（中设设计集团股份有限公司）

秘　　书：李　喆（人民交通出版社股份有限公司）

卢俊丽（人民交通出版社股份有限公司）

Eurocode 设计指南系列

Eurocode 设计指南:结构设计基础 EN 1990(第 2 版). H. 古尔班尼西亚,J. -A. 卡尔加罗, M. 霍利基. 彭君义,郭骞,译. ISBN 978-7-114-16202-2. 2020 年 4 月出版.

Eurocode 1 设计指南:桥梁上的作用 EN 1991-2,EN 1991-1-1、-1-3 至 -1-7 和 EN 1990 附录 A2. J. -A. 卡尔加罗, M. 楚米,H. 古尔班尼西亚. 任青阳,刘浪,译. ISBN 978-7-114-16210-7. 2020 年 4 月出版.

EN 1991-1-4 设计指南 Eurocode 1:结构上的作用 第 1-4 部分:一般作用——风荷载. N. 库克. 管青海,都浩,译. ISBN 978-7-114-16203-9. 2020 年 4 月出版.

EN 1992-1-1 和 EN 1992-1-2 设计指南 Eurocode 2:混凝土结构设计 一般规定、房屋建筑规定和结构防火设计. A. W. 毕比,R. S. 纳拉亚南. 李元松,孙莉,刘波,译. ISBN 978-7-114-16211-4. 2020 年 4 月出版.

EN 1992-2 设计指南 Eurocode 2:混凝土结构设计 第 2 部分:混凝土桥梁. C. R. 亨迪, D. A. 史密斯. 徐腾飞,胡志坚,冀伟,勾红叶,译. ISBN 978-7-114-16212-1. 2020 年 4 月出版.

Eurocode 3 设计指南:房屋建筑钢结构设计 EN 1993-1-1,-1-3 和 -1-8(第 2 版). L. 加德纳, D. A. 内瑟科特. 王敬烨,黄羿,译. ISBN 978-7-114-16213-8. 2020 年 4 月出版.

EN 1993-2 设计指南 Eurocode 3:钢结构设计 第 2 部分:钢结构桥梁. C. R. 亨迪, C. J. 墨菲. 常江,贺君,蒋垠茏,译. ISBN 978-7-114-16204-6. 2020 年 4 月出版.

Eurocode 4 设计指南:钢与混凝土组合结构设计 EN 1994-1-1(第 2 版). 罗杰 · P. 约翰逊. 赵灿晖,占玉林,译. ISBN 978-7-114-16205-3. 2020 年 4 月出版.

EN 1994-2 设计指南 Eurocode 4:钢与混凝土组合结构设计 第 2 部分:一般规定和桥梁规定. C. R. 亨迪,罗杰 · P. 约翰逊. 狄谨,秦凤江,徐骁青,译. ISBN 978-7-114-16206-0. 2020 年 4 月出版.

Eurocode 5 设计指南:房屋建筑木结构设计 EN 1995-1-1. 杰克 · 波蒂厄斯,彼得 · 罗斯. 杨会峰,凌志彬,译. ISBN 978-7-114-16214-5. 2020 年 4 月出版.

EN 1997-1 设计指南 Eurocode 7:岩土工程设计 第 1 部分:一般规定. R. 费兰克, C. 鲍德温,R. 德里斯科尔, M. 卡瓦达斯, N. 克富布斯 · 奥维森, T. 奥尔, B. 舒伯纳. 张寒,等,译. ISBN 978-7-114-16215-2. 2020 年 4 月出版.

Eurocode 8 设计指南:桥梁抗震设计 EN 1998-2. 巴兹尔 · 科里亚斯,麦克 · N. 法迪斯,阿兰 · 派克. 卫璞,王巍, 徐良晋,译. ISBN 978-7-114-16217-6. 2020 年 4 月出版.

EN 1998-1 和 EN 1998-5 设计指南 Eurocode 8:结构抗震设计 一般规定、地震作用、房屋建筑规定、基础和支挡结构. 麦克 · 法迪斯, E. 卡瓦略, A. 尔纳斯海, E. 费西奥利, P. 平托, A. 普鲁米尔. 沈文爱,译. ISBN 978-7-114-16216-9. 2020 年 4 月出版.

前言

《Eurocode:结构设计基础》(EN 1990),是全套欧洲结构设计标准(Eurocodes)的首部标准,描述了结构安全性、适用性和耐久性的原则和要求,旨在供 Eurocode 1:结构上的作用和 Eurocode 2 ~9 直接使用。因此,EN 1990 是欧洲结构设计标准中最重要的标准。

本指南的宗旨和目标

本指南的主要宗旨是为读者提供有关 EN 1990 的解释和使用的指导。本指南还提供了有关全套欧洲结构设计标准(Eurocodes)实施及配合国家附件使用的信息。在编写本指南时,作者努力为 Eurocode 前言中所描述的各类型读者提供对 EN 1990 条文的解释和评注 。虽然 Eurocode 主要用于房屋建筑和构筑物的设计,但 EN 1990 旨在服务于更多类型的读者,比如:

- 设计人员和施工人员(对于其他 Eurocodes)
- 标准起草委员会
- 用户
- 公共机构和其他立法机构

本指南的编排

EN 1990 包括前言、6 个章节和 4 个附录。本指南的引言对应于 EN 1990 的前言,第 1 章 ~ 第 6 章分别对应 EN 1990 的第 1 章 ~ 第 6 章,本指南的第 7 章 ~ 第 10 章则分别对应 EN 1990 的附录 A ~ 附录 D。本指南各章编号也与 EN 1990 各章编号相对应;例如,本指南第 7 章的 7.2 对应于 EN 1990 附录 A 的 A.2,第 6 章的 6.4 对应于 EN 1990 的 6.4。本指南中出现的对 EN 1990 的章节、条款、子条款、附录、图和表的所有引用均采用斜体。本指南自有的公式编号由字母 D 开头(D 表示设计指南),EN 1990 中无带前缀 D 的公式。直接复制的 EN 1990 中原文内容也用斜体表示。

本指南有两类附录。某些章节可能有独立的附录,用于进一步阐释特定条款,这种附录可能仅对某类读者有价值,必要时,会在方框内显示背景信息,比如第 4 章的附录 1。本指南还有 4 个主要的附录(附录 A ~ 附录 D)作为单独的章节,提供与整本指南相关的背景信息和有用的建议,适用于所有读者。

致谢

EN 1990 的顺利完成为本书的出版奠定了基础。特别感谢以下参与本书编写过程的团

队和个人:

■ 项目组成员:H. Gulvanessian 教授(召集人),G. Augusti 教授,J.-A. Calgaro 教授;B. Jensen 博士,P. Lüchinger 博士和 P. Spehl 先生;以及项目组的两位永久特邀专家 T. Hagberg先生和 G. Sedlacek 教授。

■ 在项目组成立之前,规范转换的基础由 CEN/TC 250 设计基础特设小组来制定,成员有 H. Gulvanessian 教授(召集人),J·-A. Calgaro 教授,J. Grünberg 教授,T. Hagberg 先生,P. Lüchinger 博士和 P. Spehl 先生。

■ 标准"Eurocode 7:岩土工程设计"委员会的一些成员,参与了 EN 1990 中有关"土-结构相互作用"的条款的编写,特别是分委员会 CEN/TC 250/SC 7 主席 R. Frank 教授。

■ 为 EN 1990 法文版和德文版翻译提出建议的同事,以及为最终编辑提供建议的同事,特别是 H. Mathieu 先生、Ziebke 教授、B. Haseltine 先生、J. Mills 教授和 C. Taylor 先生。

■ CEN/TC 250 技术委员会的各国代表及各国技术联系人为本指南提出了宝贵且具有建设性的意见。

■ CEN/TC 250 的两位前任主席 G. Breitschaft 博士和 D. Lazenby 先生,以及现任主席 H. Bossenmeyer 教授,他们的建议对于完成 EN 1990 至关重要。

■ L. Ostlund 教授、A. Vrouwenvelder 教授和 R. Lovegrove 先生,感谢他们给予项目组的建议和帮助。

■ H. Gulvanessian 教授的私人助理 C. Hadden 女士,对 EN 1990 和本指南的完成,给予了有力的文秘工作支持。

本书谨献给上述所有同事,以及:

■ 本指南作者的妻子们:Vera Gulvanessian,Elizabeth Calgaro,Nadia Holicka,感谢她们的支持和耐心。

■ 作者各自的工作单位:英国 BRE 建筑研究院、法国 SETRA、捷克工业大学 Klockner 研究所。

H. 古尔班尼西亚

J.-A. 卡尔加罗

M. 霍利基

目录

引言

引言的内容对应《Eurocode:结构设计基础》(EN 1990)的前言,具体内容有:

- Eurocode 计划的编制背景
- Eurocodes 的地位和应用领域
- 执行 Eurocodes 的国家标准
- Eurocodes 与产品统一技术规则(ENs 和 ETAs)之间的联系
- EN 1990 的补充规定
- EN 1990 的国家附件

引言还涉及欧盟各成员国对 Eurocodes 的实施和使用。关于这一点的重要背景文件是欧洲共同体委员会关于建筑产品指令-89/106/EEC 的 L 号指导文件《Eurocodes 的应用和使用》(CEC,2001),本引言中引用了该文件。此外,本指南的附录 A“建筑产品指令”提供了有关该指令的详细信息。

以下为各章节中涉及的简称:

CEC　欧洲共同体委员会
CEN　欧洲标准化委员会
CPD　建筑产品指令
EFTA　欧洲自由贸易联盟
EN　欧洲标准
ENV　欧洲试行标准
EOTA　欧洲技术认证组织
ER　基本要求
ETA　欧洲技术认证
ETAG　欧洲技术认证指南
EU　欧盟
hEN　建筑产品的统一欧洲标准(用于 CE 标志)
ID　解释性文件
NDP　国家定义参数
NSB　国家标准机构
PT　项目组
SC　分委员会
TC　技术委员会

以下定义有助于理解本指南引言和附录 A:

批准机构 授权签发欧洲技术认证(ETAs)的机构(CPD 第 10 条),是 EOTA 的成员。

建筑物 建筑物和构筑物。

欧洲技术认证(ETA)。基于(选用了某建筑产品的)房屋建筑对基本要求的满足程度,而对该建筑产品能适宜于预期用途作出有利的技术评估(CPD 第 8 条、第 9 条和第 4.2 条)。ETA 可以基于指南发布(CPD 第 9.1 条),也可以在没有指南的情况下发布(CPD 第 9.2 条)。

欧洲技术认证指南(ETAGs)。用于申请 ETA 的文件,内容针对产品提出特定要求,包括基本要求(ER)的含义,测试程序,评估和判断测试结果的方法,以及检查和合规程序。该文件基于 EOTA 从 CEC 获得的授权(CPD 第 11 条)而完成。

国家附件(针对欧洲标准 Eurocode 的某个部分)。作为 Eurocode 的附件,其内容包含国家定义参数(NDPs),用于在各成员国进行房屋建筑和构筑物设计。国家附件应遵循 CEN 规则。

国家规范。各级公共权力机关,或担负公共事务的私人机构,或基于垄断地位而充当公共机构的私人机构实施的国家法律、法规和行政规定。

国家定义参数(NDP)。允许各成员国自行选择的数值(在 Eurocode 中给出符号),Eurocode 中允许的一系列类别或备选方法。

技术规则。建筑产品的统一欧洲标准(hEN)和欧洲技术认证(ETA)(CPD 第 4.1 条)。

结构。承重结构(即各部分的有机连接体,旨在为工程提供力学抗力和稳定性)(1 号解释性文件,第 2.1.1 条;有关 1 号解释性文件的描述见附录 A)。

结构材料。参与结构计算或以其他方式涉及建(构)筑物及其部分的力学抗力和稳定性,和/或其耐火性的材料或组成产品,还包括耐久性和适用性方面。

结构组件。为建(构)筑物提供力学抗力、稳定性和/或耐火性的承重部分,还包括耐久性和适用性[1 号解释性文件,第 2.1.1 条(见附录 A)]。

结构部件。结构部件由结构组件组成,可在现场组装和安装。由结构部件制成的整体系统即“结构”。

Eurocode 计划的编制背景

Eurocodes 的目标和地位

1975 年,CEC 决定根据欧洲共同体条约第 95 条,在工程建设领域采取一项行动计划。该计划的目的是消除行业的技术壁垒,统一技术标准。

在此行动计划中,CEC 牵头制定了一套统一的建筑物结构设计技术规定,旨在:Eurocodes 为建筑物和构筑物设计制定了一套通用的技术规定,这套技术规定将最终替代各成员国的不同规定。

在各成员国代表组成的指导委员会的帮助下,CEC 用了 15 年的时间进行标准编制,于 20 世纪 80 年代形成了第一版欧洲标准。

1989 年,CEC 和 CEN 之间通过协议决定将 Eurocodes 的编写和出版任务移交给 CEN,以便其将来具备欧洲标准(EN)的地位。

这实际上将 Eurocodes 与所有的理事会指令和/或委员会关于欧洲标准的决议联系了起来,例如:

■ 建筑产品指令(本指南的附录 A 简要描述了该指令);

■ 公共采购指令(有关公共工程和土木工程的施工、设计等的服务)。

也可参阅本指南引言中的 Eurocodes 的地位。

至 2010 年,CEN 向各成员国标准机构提供了 Eurocodes 的 58 个部分(见附录 B)。2010 年 4 月是有冲突国家标准废止的截止日期。

Eurocode 的计划

EN 1990 列出了以下欧洲结构设计标准,一般来说,每部标准包含若干部分。目前,每部分可能处于不同的修编阶段。

■ EN 1990 Eurocode:结构设计基础

■ EN 1991 Eurocode 1:结构上的作用

■ EN 1992 Eurocode 2:混凝土结构设计

■ EN 1993 Eurocode 3:钢结构设计

■ EN 1994 Eurocode 4:钢与混凝土组合结构设计

■ EN 1995 Eurocode 5:木结构设计

■ EN 1996 Eurocode 6:砌体结构设计

■ EN 1997 Eurocode 7:岩土工程设计

■ EN 1998 Eurocode 8:结构抗震设计

■ EN 1999 Eurocode 9:铝结构设计

各部欧洲结构设计标准由 CEN/TC 250 技术委员会指导和协调下的分委员会分别完成。图 1 给出了 Eurocode 工作的组织机构图。

欧洲结构设计标准及其组成部分的草稿由相应分委员会选定的项目组来具体完成。项目组由代表各自分委员会的约 6 名专家组成。19 个 CEN 成员的代表参加 CEN/TC 250 技术委员会及其分委员会,按照 CEN 的规定投票。

本指南附录 B 列出了组成全套 Eurocode 的 58 个部分。

使用 Eurocodes 的潜在效益

使用 Eurocodes 的潜在效益包括:

■ 为业主、经营者和用户、设计人员、施工人员及建筑产品制造商提供关于结构设计的统一标准。

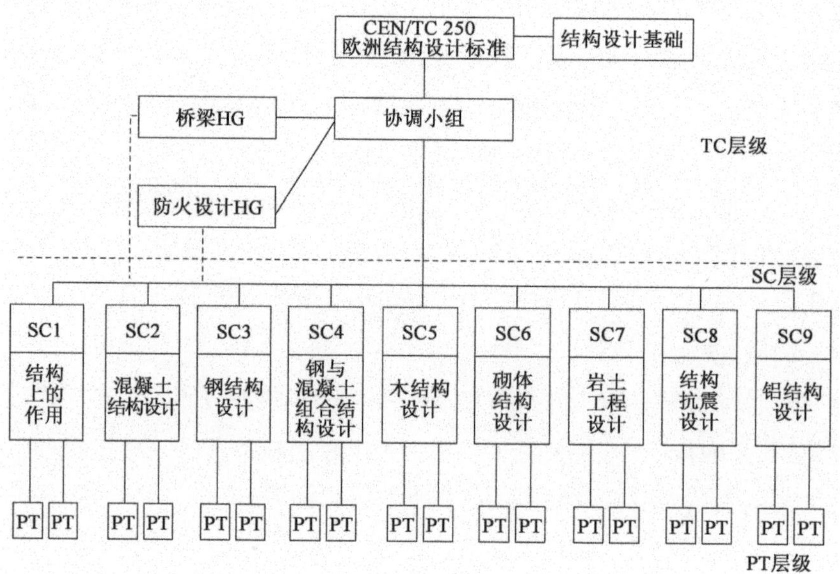

图1 Eurocode 工作的组织机构图(HG 表示平行小组;其他缩写见正文)

■ 提供通用的设计准则和方法,以满足力学抗力、稳定性和耐火性的明确要求,包括耐久性和经济性方面。

■ 促进结构组件和部件在欧盟成员国之间的市场流通和使用。

■ 促进材料和产品配件(其特性将参与设计计算)在欧盟成员国之间的市场流通和使用。

■ 作为研发的共同基础,Eurocodes 为在全欧洲开展标准版本升级的研究提供了机会,从而显著节约研究成本。

■ 允许实现通用的设计辅助工具和软件。

■ 有利于欧洲土木工程公司、承包商、设计人员和产品制造商参与全球市场,并提高其竞争力。

欧盟成员国的责任

EN 1990 以及整套欧洲结构设计标准的编排,考虑了欧盟成员国在执行Eurocodes中的责任,保证即使实施欧洲结构设计标准之后,建筑物和构筑物及其组成部分的安全水平以及耐久性与经济性仍在各成员国的承受能力范围内。

Eurocodes 的地位和应用领域

Eurocodes 的地位

CEN 与 CEC 之间的特别协议(BC/CEN/03/89)规定,欧盟各成员国认可Eurocodes作为参考文件用于下列用途:

■ 作为房屋建筑和构筑物符合欧盟理事会 89/106/EEC 号指令的基本要求的证明手段,特别是基本要求 1——结构抗力和稳定性及基本要求 2——发生火灾时的安全性能。Eurocodes 在产品技术说明中的使用规定见 CEC 的指导文件《Eurocodes 的应用和使用》(欧盟委员会,2001)。到 2013 年,建筑产品法规(CPR)将取代建筑产品指令(CPD)。在 CPR 中,基本要求(ER)将被称为基本工作要求(BWR)。BWR 1 ~ BWR 6 将复制 ER 1 ~ ER 6,但会新增一项要求:BWR 7(自然资源的可持续利用)。

■ 作为确定建筑物及相关工程服务合同的基本依据,这涉及以下理事会采购指令:

—工程指令 2004/18/EC(涵盖土木工程和建筑工程的公共机构采购),以及公用事业指令 2004/17/EC(涉及能源、水务等的经营,2010 年的金额门槛是 485 万欧元)。

—服务指令 2006/132/EC(涵盖公共机构的服务采购,2010 年政府部门的金额门槛是 12.5 万欧元,其他部门包括地方政府的金额门槛是 19.3 万欧元)。公用事业在 2010 年的金额门槛是 38.7 万欧元。

■ 作为制定建筑产品统一技术规则(ENs 和 ETAs)的框架性指导文件。

与解释性文件的关系

尽管 Eurocodes 与产品统一技术规则(见本指南附录 A)的性质不同,但对建筑工程本身而言,其与 CPD 第 12 条所述的解释性文件(ID)有直接关系。

根据 CPD 第 3.3 条,解释性文件(ID)中应给出基本要求(ER)的具体形式,以便在基本要求(ER)和建筑产品的统一欧洲标准(hEN)和欧洲技术认证(ETA)授权之间建立必要的联系。根据 CPD 第 12 条,解释性文件(ID)应包含以下内容:

■ 通过统一术语和技术基础,并在必要时标明每条基本要求(ER)的等级或水平,以给出基本要求的具体形式;

■ 说明将这些要求的等级或水平与技术规则相关联的方法,例如:计算方法、验证方法、项目设计的技术规定等;

■ 作为建立欧洲技术认证的统一标准与指南的参考。

Eurocodes 在基本要求 1(结构抗力及稳定性)和部分基本要求 2(发生火灾时的安全性能)中实际上具有类似的作用。

因此,CEN 技术委员会、EOTA 工作组和制定产品规则的 EOTA 机构,必须充分考虑 Eurocodes 工作中的技术问题,以期实现这些产品技术规则与 Eurocodes 完全兼容。完整解释请参阅文件《Eurocodes 的应用和使用》(CEC,2001)。

Eurocodes 的应用领域

欧洲结构设计标准的原则性规定和应用性规定适用于以下设计:

■ 整体结构;

■ 部件产品。

以上设计无论是对于传统结构还是新型结构,均适用。

但是,未涵盖一些建筑形式(例如:使用某些材料)或设计状况(极端危险,例如:强烈的外部爆炸),在这种情况下,设计者需另行咨询专家意见。

执行 Eurocodes 的国家标准

将 EN 1990 作为国家标准来执行,是每个国家标准机构(如英国 BSI、法国 AFNOR、德国 DIN 和意大利 UNI)的责任。

EN 1990(以及 Eurocode 的其他部分)作为国家标准时,应包括 CEN 出版的 Eurocode(含全部附录)全部文本,其文前可加上国家版书名页和国家前言,另可配套国家附件(见图 2)。

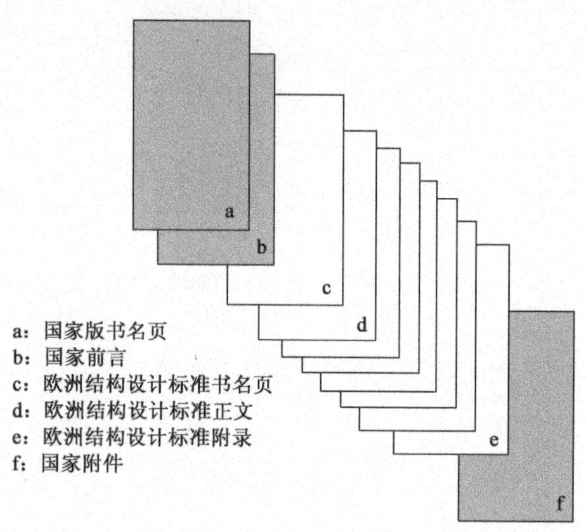

图 2 执行 Eurocode 的国家标准

国家附件

正如本引言中所述,EN 1990 承认每个欧盟成员国国内监管机构[例如英国运输、地方政府与区域发展部(DTLR)下属的建筑条例管理部门]或国家主管部门(例如英国高速公路局)的责任,并且通过国家附件的形式保障各成员国确定国家层面安全问题有关数值的权利,这些数值因国家而异。

对于地理或气候条件(例如风荷载或雪荷载)或生活方式可能存在的差异,以及国家、区域或地方层面可能普遍存在的不同保护水平,将通过在 Eurocodes 中先对具体数值、类别或替代方法设置开放性选择,最终由各国确定的方式予以考虑。

这些在国家层面选择或确定的数值、类别或方法,称为国家定义参数(NDP),它将允许欧盟成员国来选择安全水平,包括本国范围内工程的耐久性和经济性方面。

国家标准机构应代表国家主管部门并经其同意后发布国家附件。如果欧洲结构设计标准的某部分与某些成员国无关,则不需要国家附件(如一些国家的抗震设计)。

国家附件通过直接规定或参考具体规定,可能仅包含 Eurocodes 中为国家选

择而开放的那些参数的信息(NDP),用于相关国家的拟进行的建筑物和构筑物设计,即:

■ Eurocodes 中给出备选方法的值和/或级别;

■ Eurocodes 中仅给出符号时,其对应的取值;

■ 国家特有的数据(地理、气候等方面),例如雪荷载分布图;

■ Eurocodes 中给出备选方法的使用方法。

国家附件还可能包含以下内容:

■ 关于使用资料性附录的决定;

■ 非矛盾性补充信息,以协助用户正确使用 Eurocode。

国家附件不能以任何方式改变或修改 Eurocodes 的内容,除非规范文本显示可以通过国家定义参数的方式进行选择。

例如,在 EN 1990 中,所有分项系数都以符号形式表示,并在以注的形式给出符号的推荐值(参见本指南第 7 章)。国家附件可以采用推荐值或给出替代值。

此外,EN 1990 给出了荷载组合表达式的备选方法,以及处理土-结构相互作用的不同方法(见第 6 章和第 7 章)。此处,国家附件需要选择在本国使用的方法。

各欧盟成员国使用的国家附件都不相同——必须使用建筑物或构筑物所在国的国家附件。例如,英国设计师在英国设计建筑时,必须使用 EN 1990 和英国国家附件。而同一位设计师在意大利设计建筑时,则必须使用 EN 1990 和意大利国家附件。

Eurocodes 与产品统一技术规则(ENs 和 ETAs)之间的联系

建筑产品技术规则(hENs 和 ETAs)与工程技术规则之间需保持一致。

对于有助于工程的结构抗力和稳定性的建筑产品,根据验证方法,区分两种类型的特性:

■ 通过试验确定的特性(通常为结构材料和产品:混凝土、混凝土用钢筋、结构钢等);

■ 采用 Eurocodes 给出的方法通过计算确定的特性,这些方法也用于工程的结构设计(通常用于预制结构组件和部件,例如预制混凝土构件、预制楼梯、木框架建筑部件等)。

对于这两种类型的产品特性,所得到的值会显示在带有 CE 标记的产品信息中,并用于工件或其部件的结构设计中。

因此,为了在统一产品规则和 ETAGs 中考虑或使用 Eurocodes,分为以下两部分内容:

■ 材料和产品配件,其特性由试验确定;

■ 结构组件或部件,其特性按照 Eurocode 中的方法来计算。

EN 1990 的补充规定

EN 1990 的技术目标

EN 1990 描述了结构安全性、适用性和耐久性的原理和要求,旨在供《Eurocode 1:结构上的作用》和 Eurocode 2 ~ 9 直接使用。

图 3 显示了欧洲建筑物和构筑物的标准体系的结构,以《Eurocode 2:混凝土结构设计》为例。

此外,EN 1990 还为 Eurocodes 未涵盖的设计案例的安全性、适用性和耐久性相关的结构可靠性方面提供了指南(例如其他作用、其他材料和未涉及的结构类型),并作为与结构工程有关的其他 CEN 委员会的参考文件。

EN 1990 的编排和组织

为了方便使用,EN 1990 的章节编排如下:

■ EN 1990 的*第1 章*至*第6 章*适用于定义了要求和准则的 Eurocodes 应用领域内的所有类型的建筑物。

■ 单独的规范性附录(例如*附录 A1*"建筑应用"),它源自总则,专门用于各种结构类型(如建筑、桥梁、塔架和桅杆)。

■ 适用于所有结构的资料性附录。

EN 1990 的目标用户

相比其他 Eurocodes,EN 1990 可适用于更多类型的用户。目标用户如下:

■ 结构设计标准、有关产品标准、测试标准和施工标准的标准起草委员会;

■ 对可靠度水平和耐久性有特定要求的用户;

■ 设计人员;

■ 承包商;

■ 相关部门。

这些用户都将从不同角度来理解 EN 1990 的各项条款。

EN 1990 的用途

EN 1990 旨在用于 Eurocodes 范围内的结构设计(见第 1 章)。此外,它还可以用作 Eurocodes 范围之外的结构设计的指导文件:

■ 评估其他作用及其作用组合;

■ 建模材料和结构特性;

■ 评估可靠性表达的数值。

当 EN 1990 被其他 CEN 委员会用作参考文件时,应使用文件中提供的分项系数的数值。

EN 1990 的国家附件

EN 1990 允许通过 EN 1990 *附录 A1*"建筑应用"中的若干条款进行国家选择。

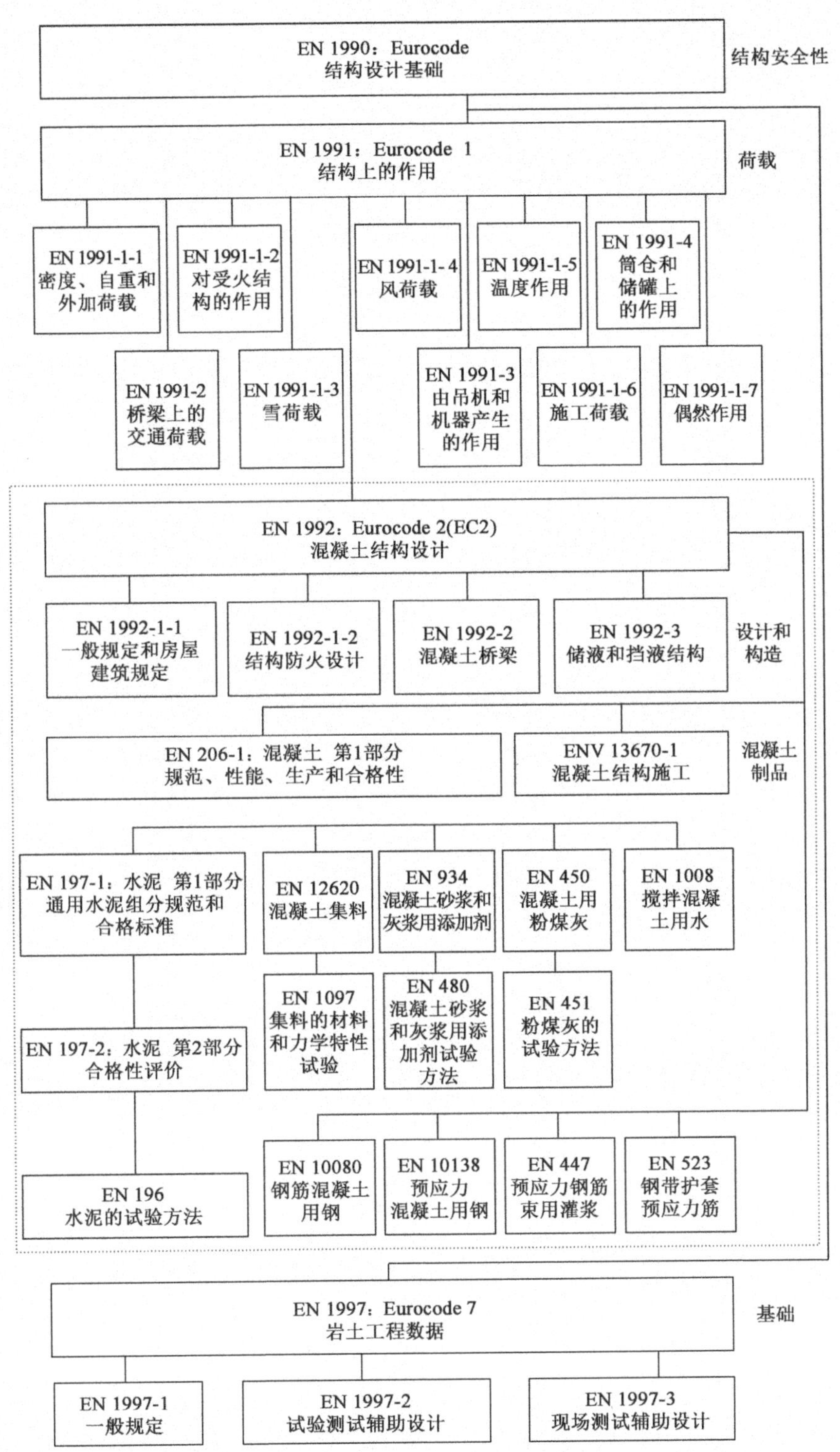

图3 欧洲建筑物和构筑物标准体系的结构(以 Eurocode 2 为例)

该选择主要涉及选择分项系数和组合系数,其中已提供符号(以及推荐值),并给出备选方法。

EN 1990 作为国家标准时应包括一份国家附件,其中包含用于相关国家设计建筑物和构筑物时所需的所有国家定义参数。

允许各国自行选择的 EN 1990 条款列于 EN 1990 的前言中。

本指南的附录 D 给出了相关的国家标准组织的名称和地址,供特定国家查询其国家附件的适用性。

参考文献

European Commission（2001）*Guidance Paper L*（*Concerning the Construction Products Directive*-89/106/*EEC*）. *Application and Use of Eurocodes*. EC, Brussels.

第1章　总则

本章论述了 EN 1990 的一般问题。本章所述内容参见*第1章*中的以下条款:

- 范围　　*条款1.1*
- 规范性引用文件　　*条款1.2*
- 假定　　*条款1.3*
- 原则性规定与应用性规定的区别　　*条款1.4*
- 术语与定义　　*条款1.5*
- 符号　　*条款1.6*

1.1　范围

1.1.1　主要范围

EN 1990(《Eurocode:结构设计基础》)是整套欧洲结构设计标准的首要文件,它为所有欧洲结构设计标准确定了针对结构安全性、适用性和耐久性的原则和要求;它进一步描述了设计和验算的基础,并为结构可靠性的相关方面提供了指南。 ***条款1.1(1)***

最重要的是,除了确定原则和要求外,它还为房屋建筑和构筑物的设计(包括岩土工程、结构防火设计和涉及地震、施工和临时结构的状况)提供了基本原则和一般原则,旨在与 EN 1991 ~ EN 1999 配合使用。 ***条款1.1(2)***

在整套欧洲结构设计标准中,仅 EN 1990 提供了所有材料的独立规定(例如:作用的分项系数,承载能力极限状态和正常使用极限状态时的荷载组合公式)。因此,未提供材料独立指南的 EN 1992 ~ EN 1999,须与 EN 1990 结合使用。

图1.1显示了 Eurocodes 之间的关系。

1.1.2　Eurocodes 未涵盖的设计范围

EN 1990 的一些原则可用于特殊建筑物(例如核设施、大坝)的设计,但同时借助 Eurocodes 以外的规定可能也是必要的,特别是当确定特定的作用和有特定的附加要求时。 ***条款1.1(2)***

正如引言中"EN 1990 的补充规定"部分所述,针对 Eurocodes 以外的设计状况,EN 1990 可用在与安全性、适用性和耐久性相关的结构可靠性方面,例如: ***条款1.1(3)***

■ 评估 EN 1991 未涵盖的作用及其作用组合；

■ 为 Eurocodes 未涵盖的材料(例如新型材料、玻璃)及其结构性能建模；

■ 评估可靠性要素(例如 EN 1990 ~ EN 1999 未涵盖的分项系数和组合系数)的数值。

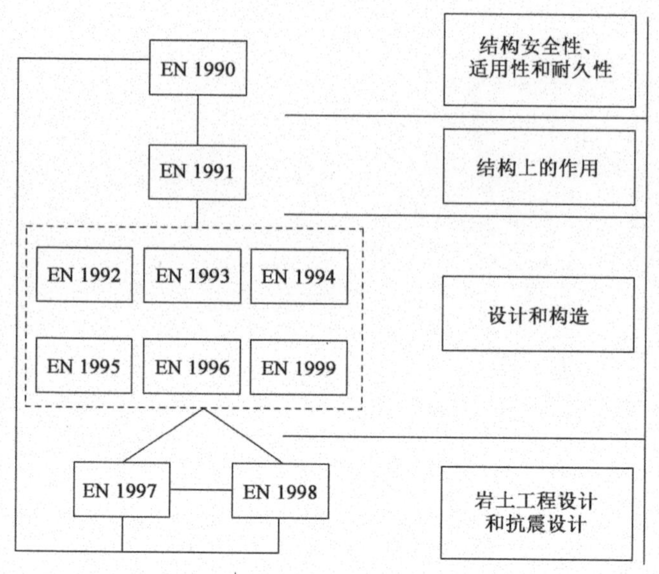

图 1.1　Eurocodes 之间的关系

1.1.3　施工阶段和临时结构的结构设计范围

条款1.1(2)

EN 1990 也适用于施工阶段和临时(或辅助)结构的结构设计。有关施工阶段的更多信息参见 EN 1991-1-6(施工荷载)，有关临时结构的更多信息参见 EN 1990 的*附录A* 和*附录B* 以及本指南第 7 章和第 8 章。

1.1.4　与既有建筑评估有关的范围

条款1.1(4)

EN 1990 适用于对既有建筑的结构评估、修复和变更设计或对用途变化的评估。但是***条款1.1(4)***也认为在适当情况下可能需要对规定和条款进行补充。例如，评估中用到的材料特性应使用既有结构的实测(实际)材料特性进行估算，其中可能使用统计技术，并且需要额外的指导。

目前没有直接适用于既有结构鉴定的 CEN 规范或标准。但 ISO 13822 标准《结构设计基础——既有结构的评估》(ISO，2001)给出了可与 EN 1990 共同使用的附加条款和修订条款。

目前在英国，《英国建筑条例》建议可以从出版物《既有结构评估》(结构工程师学会，1980)和《BRE 摘要 366》(建筑研究院，1991)获得指导。另外一些国家，例如瑞士(瑞士工程师和建筑师学会，1994)和捷克(捷克标准、计量和测试办公室，1987)也对此提供了指导。

1.2　规范性引用文件

条款1.2

本节无须评述。

1.3　假定

EN 1990 的要求“*如果满足以下假定，则认为采用‘原则性规定与应用性规定’的设计符合*”。　**条款1.3(1)**

需要满足的假定[**条款1.3(2)**]有：　**条款1.3(2)**

■ “*由具有相应资格和经验的人员选择结构体系和进行结构设计*”。

■ “*由具备相应技能和经验的人员进行施工*”。

EN 1990 *附录B*(见本指南第8章)为上述假定1和假定2中提到的“具有相应资格和经验的人员”提供了更多指导。

■ “*在设计和施工期间(例如在工厂、车间以及现场)进行充分的监督和质量控制*”。

EN 1990 *附录B* 也为假定3中提到的“充分的监督和质量控制”给出了指导，这是基于建筑物失效及暴露于灾害中的假设后果。

■ “*采用的建筑材料和产品符合EN 1990、EN 1991 ~ EN 1999 或相关施工标准、相关材料或产品规范的规定。*”

假定4表明，应将EN 1992 ~ EN 1999与EN 1990和EN 1991及其支持标准组成标准包共同使用。标准包中应包含用于设计特定类型结构的部分Eurocode。例如，混凝土建筑的标准包会包括EN 1990、EN 1991-1-1 ~ EN 1991-1-7、EN 1992-1-1和EN 1992-1-2、EN 1997-1以及EN 1998的某些部分(共包括Eurocodes的14个部分)。L号指导文件(EC,2001)中描述了不同类型结构和材料的标准包。对于新型材料，可以采用EN 1990中的原则。

■ “*结构得到充分的维护。*”

■ “*结构按照设计假定使用。*”

假定5和假定6涉及业主/用户的责任，他们必须承担有关结构维护的责任，并确保不发生超载。结构设计师应向业主提出维护制度的建议，并说明对设计荷载(例如最大荷载、除雪制度等)的假定。

根据需设计与施工的建筑物的复杂程度，可能需要对假定1 ~ 假定6进行补充。

1.4　原则性规定与应用性规定的区别

EN 1990中的条款被视为原则性规定或应用性规定：　**条款1.4(1)**

■ “*原则性规定包括没有备选项的一般陈述，以及不允许有备选项(除非有特殊规定)的要求和分析模型。*”　**条款1.4(2)**

■ “*原则性规定通过在条款编号后加字母P来标识。*”原则性规定条款中均使用动词“应”。　**条款1.4(3)**

■ “*应用性规定一般是指遵循原则性规定且满足其要求的公认的规定。*”　**条款1.4(4)**

条款1.4(5)　■ *"如果能够证明备选规则符合基本原理,并且至少要与使用欧洲结构设计标准时所期望的结构安全性、适用性和耐久性要求相当时,允许使用不同于EN 1990中应用性规定的备选设计方法。"*

EN 1990 在*条款1.4(5)*中以注的形式说:

"如果一个备选规则取代了一个应用规则,那么设计结果尽管也符合EN 1990中的原理,但不能声称其完全符合EN 1990。当按照列于产品标准附录Z或ETAG(欧洲技术认证指南)的性质使用EN 1990时,备选设计规则的使用可能得不到CE标志的认可。"

关于***条款1.4(5)***的注释,欧盟委员会指导文件《Eurocodes 的应用和使用》(CEC,2001)中规定:

"国家规范应避免采用国家规定(规范、标准、监管条款等)替换任何 Eurocode 规定,例如应用性规定。

但是,当国家规范确实允许设计师可以(即使在共存期结束后)不同于或不应用 Eurocodes 或其中某些规定(例如应用性规定),那么该项设计将不能被称为'符合 Eurocodes 的设计'。"

Eurocodes 最初选择原则性规定和应用性规定的形式是为了鼓励创新,当工程师认为 Eurocodes 正在妨碍创新,他就可以考虑使用不同的个性化应用性规定(例如基于新的研究、试验)。虽然这对于建筑物的个性化设计是可行的,但是当 Eurocode被用来设计要申请 CE 标志的产品时,可能会产生问题。

条款1.4(6)　*"应用性规则只用带括号的数字来标识。"*动词"宜"通常用于应用性规定。动词"可"也常使用,如用于备选应用性规定。动词"是"和"能"用于确定性陈述或"假定"。

1.5　术语与定义

条款1.5　EN 1990 中给出的定义大部分源自 ISO 8930(ISO,1987)。EN 1990 给出了适用于 EN 1990 至 EN 1999 的术语与定义的清单,确保全套 Eurocode 都基于共同的基础。

条款1.5　***条款1.5***中的定义在用法上与现行的国家规范和标准存在显著差异(例如英国规范中的定义),这是为了提高含义的准确度并便于翻译成其他欧洲语言。

对于全套 Eurocode,需要注意以下关键定义,它们可能与现行国家规范中的含义不同:

条款1.5.3.1　■ "作用"表示荷载,或外加变形(例如温度效应或沉降);

条款1.5.2.16　■ "强度"是指材料的力学性能,以应力为单位;

条款1.5.2.15　■ "抗力"是部件或构件截面或构件或结构的力学性能;

条款 1.5.3.2　■ "作用效应"是由作用引起的内力矩和内力、弯矩、剪力以及变形。

EN 1990 中的定义又细分为以下部分：

- ■ *条款1.5.1*："欧洲结构设计标准中的通用术语"；
- ■ *条款1.5.2*："与一般设计相关的专用术语"；
- ■ *条款1.5.3*："与作用有关的术语"；
- ■ *条款1.5.4*："与材料特性有关的术语"；
- ■ *条款1.5.5*："与几何参数有关的术语"；
- ■ *条款1.5.6*："与结构分析有关的术语"。

条款1.5.6 中与结构分析有关的定义未必与 EN 1990 所使用的术语相关，放在这里是为了与 EN 1991 ~ EN 1999 中的结构分析术语一致。 *条款 1.5.6*

但由于没有按字母顺序列出，即使在分段落中也难以找到这些定义。为了方便读者，本章附录提供了按字母排序的定义索引。

以下注释旨在帮助读者理解特定的定义。大部分注释考虑了 ISO 2394《结构可靠性的一般原则》(ISO，1998)中提供的定义。当没有另外解释时，EN 1990 中的定义会符合或非常类似于 ISO 2394 中的定义。

■ ***条款 1.5.2.4***："持久设计状况"。该定义通常与正常使用条件相关。正常使用包括在使用年限(一般建筑按 50 年考虑)内可能出现的风荷载、雪荷载和外加荷载。 *条款 1.5.2.4*

■ ***条款1.5.2.9***："灾害"。另一个例子是：设计和施工过程中的显著人为错误是经常发生的灾害。 *条款 1.5.2.9*

■ ***条款1.5.2.12***："极限状态"。ISO 2394 对此定义提供的注释为"将期望状态与非期望状态区分开的一组指定状态"，能够补充 EN 1990 中的定义。 *条款 1.5.2.12*

■ ***条款 1.5.2.14***："正常使用极限状态"。ISO 2394 中的定义为"与正常使用相关的功能标准的极限状态"，补充了 EN 1990 中的定义。 *条款 1.5.2.14*

■ ***条款 1.5.2.20***："维护"。在定义中，"使用年限"是结构的实际物理时间，在此期间用预期的维护即可按照预定目的使用，而"设计使用年限"(***条款1.5.2.8***)则是假定的时期。 *条款 1.5.2.20* *条款 1.5.2.8*

■ ***条款1.5.3.18***："可变作用的准永久值"。EN 1990 定义中的"在大部分基准期内被超越的"，在最新的 ISO 2394 草稿中表述为"在一半时期内被超越的"。ISO 的定义仅适用于房屋建筑。 *条款1.5.3.18*

■ ***条款 1.5.4.1***：ISO 2394 的定义补充了 EN 1990 中的定义。 *条款 1.5.4.1*

"材料特性的标准值"：在相关材料标准范围内生产供应的材料特性的统计分布的某一先验分位值。

1.6　符号

条款1.6 中的符号基于 ISO 3898(ISO 1997)。 *条款 1.6*

关于作用的符号，前面已经提到，作用不仅指直接施加在结构上的力，还指外 *条款 1.5*

加变形。作用又进一步细分为永久作用(G)(自重)、可变作用(Q)(外加荷载、雪荷载等)、偶然作用(A)和地震作用(A_E)。

所有参数的标准值都由下标“k”区分,设计值由下标“d”区分,下标“inf”表示作用或材料特性的下限标准值或设计值,而下标“sup”则表示上限值。

附录 定义索引(按字母顺序排列)

下面给出了每个术语定义所在标准条款号。

自由作用	条款 1.5.3.9
可变作用的频遇值,$\psi_1 Q_k$	条款 1.5.3.17
土工作用	条款 1.5.3.7
整体分析	条款 1.5.6.2
危害	条款 1.5.2.9
不可逆正常使用极限状态	条款 1.5.2.14.1
极限状态	条款 1.5.2.12
荷载布置	条款 1.5.2.10
荷载工况	条款 1.5.2.11
维护	条款 1.5.2.20
施工方法	条款 1.5.1.4
材料或产品性能的名义值, X_{nom}或 R_{nom}	条款 1.5.4.3
名义值	条款 1.5.2.22
永久作用, G	条款 1.5.3.3
持久设计状况	条款 1.5.2.4
可变作用的准永久值, $\psi_2 Q_k$	条款 1.5.3.18
准静力作用	条款 1.5.3.13
基准期	条款 1.5.3.15
可靠性	条款 1.5.2.17
可靠性区分	条款 1.5.2.18
修复	条款1.5.2.21
作用代表值,F_{rep}	条款 1.5.3.20
抗力	条款1.5.2.15
可逆正常使用极限状态	条款1.5.2.14.2
刚塑性分析	条款 1.5.6.11
二阶理想弹塑性分析	条款 1.5.6.9
二阶线弹性分析	条款 1.5.6.5
二阶非线性分析	条款1.5.6.7
地震作用, A_E	条款1.5.3.6
地震设计状况	条款1.5.2.7
正常使用准则	条款1.5.2.14.3
正常使用极限状态	条款1.5.2.14
单独作用	条款1.5.3.10
静力作用	条款1.5.3.11
强度	条款1.5.2.16
结构分析	条款1.5.6.11
结构构件	条款1.5.1.7

结构模型	*条款1.5.1.10*
结构体系	*条款1.5.1.9*
结构	*条款1.5.1.6*
短暂设计状况	*条款1.5.2.3*
建筑或构筑物的类型	*条款1.5.1.2*
结构类型	*条款1.5.1.3*
承载能力极限状态	*条款1.5.2.13*
可变作用,Q	*条款1.5.3.4*

参考文献

Building Research Establishment (1991) Structural Appraisal of Existing Buildings for Change of Use. *BRE*, *Garston. BRE Digest* 366.

Czech Office for Standards, Metrology and Testing (1987) CSN 730038-1988. Navrhování a posuzování stagebních konstrukcí pri prestavbách [Design and assessment of building structures subjected to reconstruction]. ÚNM, Prahe.

European Commission (2001) *Guidance Paper L* (*Concerning the Construction Products Directive*-89/106/*EEC*). *Application and Use of Eurocodes*. EC, Brussels.

Institution of Structural Engineers (1980) *Appraisal of Existing Structures*. Institution of Structural Engineers, London.

ISO (1987) ISO 8930. General principles on reliability of structures-lists of equivalent terms. Trilingual edition. ISO, Geneva.

ISO (1997) ISO 3898. Basis of design for structures-notation-general symbols. ISO, Geneva.

ISO (1998) ISO 2394. General principles on the reliability of structures. ISO, Geneva.

ISO (2001) ISO 13822. Basis of design of structures-assessment of existing structures. ISO, Geneva.

Société Suisse des Ingé nieurs et des Architectes (1994) *Evaluation de la Sécurité Structurale des Ouvrages Existants. SIA Directive 462*. SIA, Zü rich.

第2章　要求

本章论述了 EN 1990 的基本要求。本章所述内容参见 EN 1990 第2章中的以下条款：

- ■ 基本要求　*条款2.1*
- ■ 可靠性管理　*条款2.2*
- ■ 设计使用年限　*条款2.3*
- ■ 耐久性　*条款2.4*
- ■ 质量管理　*条款2.5*

2.1　基本要求

2.1.1　主要要求

对于任何结构及结构构件的承载能力，都有4项主要的基本要求，分别在***条款2.1(1)P***、***条款2.1(2)P***、***条款2.1(3)P*** 和***条款2.1(4)P*** 中，并可总结如下：　***条款 2.1(1)P*** ***条款2.1(2)P*** ***条款 2.1(3)P*** ***条款 2.1(4)P***

结构和结构构件的设计、施工和维护应在预期寿命内具有适当的可靠度且经济实用，并且能够：

■ 承受在施工和预定使用期间中发生的作用和影响（与承载能力极限状态要求有关）［***条款2.1(1)P***］；　***条款2.1(1)P***

■ 满足结构或结构构件规定的适用性要求（与正常使用极限状态要求有关）［***条款2.1(1)P***］；　***条款2.1(1)P***

■ 具有足够的结构抗力、适用性和耐久性［***条款2.1(2)P***］；　***条款 2.1(2)P***

■ 发生火灾时，具有足够的结构抗力，以满足一定的所需耐火时间要求［***条款2.1(3)P***］；　***条款 2.1(3)P***

■ 受爆炸、撞击或人为错误后果等事件损坏后，不会受损至与起因不相称的破坏程度（稳固性要求）［***条款2.1(4)P***］。　***条款 2.1(4)P***

设计宜考虑上述所有要求，因为任何一条要求都可能对某些结构或结构构件起决定性作用。这些要求通常相互关联并且部分重叠。

结构安全性和抗力、适用性、耐久性及稳固性是结构可靠性概念的四个方面。图2.1 阐释了这个概念，本章将展开介绍。

2.1.2　正常使用极限状态和承载能力极限状态的要求

前两个要求［***条款2.1(1)P***］总体上涉及对正常使用极限状态和承载能力极　***条款2.1(1)P***

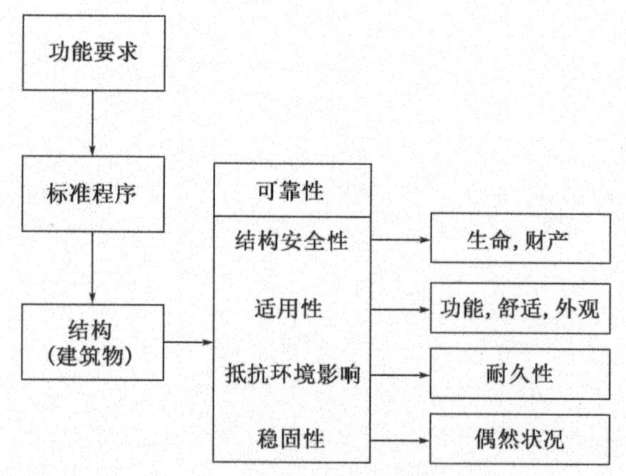

图 2.1　结构可靠性概念示意图

限状态的要求,并且相互关联。在许多常见情况下,具有足够承载力的结构也具有足够的刚度。然而,使用新技术和改进技术、先进分析技术和更高强度的材料,以及更加强调经济性,会出现更细长的结构与结构构件,此时刚度设计至关重要。例如,大跨结构可能具有足够的强度但不具备所需的刚度。因此,应同时适当考

条款2.1(2)P 虑安全性和适用性,包括两种情况下的耐久性[***条款2.1(2)P***]。

2.1.3　防火设计要求

条款2.1(3)P ***条款2.1(3)P*** 要求结构或结构构件应在一定的所需时间内具有足够的结构抗力。由于火灾发生时结构或结构构件会出现较大位移和约束力,在限定的时间段内必须确保维持足够的承载能力和结构整体性,以便:

- 使居住者疏散;
- 为消防救援提供适当的保护;
- 保护房屋建筑和相关财产免受火毁。

"所需时间"通常在国家主管机关制定的法规中规定(例如《英国建筑条例》)。"所需时间"或"最小耐火时间"取决于建筑的用途、建筑的高度以及建筑或隔间的大小。对于地下室,规定通常比同一建筑的地面或上部楼层更加严格,因为地下室灭火难度更大。

结构或结构构件的耐火验算可按以下方式进行:

- 遵循 EN 1991-1-2 和 EN 1992 ~ EN 1996 中防火部分的要求;
- 对结构构件进行标准防火测试;
- 通过试验数据验证计算。

2.1.4　稳固性要求

稳固性[即结构(或其部件)抵抗事件(例如爆炸)或人为错误后果,不会受损

条款2.1(4)P 至与起因不相称的破坏程度的能力]要求[***条款2.1(4)P***]是对正常使用极限状态和承载能力极限状态要求的补充,涉及如何限定结构因为爆炸、撞击或人为错误的后果等事件导致的损坏。需要考虑的事件可能是由国家主管机关规定的,而且各个项目的结构形式、规模和失效后果也与要考虑的事件有关。EN 1991-1-7"偶

然作用”中也提供了进一步的指导，其中描述了在一般偶然状况下可能的安全策略，并涵盖了由于撞击和内部爆炸引起的偶然作用。目前，EN 1991-1-7 不涵盖外部爆炸、战争和蓄意破坏所引起的作用。

本指南为房屋建筑和桥梁的设计提供实用指导，使偶然事件发生时不会造成与起因不相称的破坏。

为了避免结构损坏或确保不会出现与起因不相称的破坏，EN 1990 的***条款2.1(5)P***和***条款2.1(6)***中要求适当采取以下一项或多项措施。这里复制了 EN 1990中的措施原文，并提供了辅助解释： *条款2.1(5)P* *条款 2.1(6)*

1 *“避免、消除或减少结构可能遭受的危害。”*

第一个措施可以通过下述方式满足，比如：

—设置障碍物或护柱以避免重型车辆撞击建筑物或桥梁的柱；

—避免在建筑内或箱形梁桥面内安装可能引发内部爆炸的燃气管道系统；

—通过质量管理减少人为错误引发的后果。

2 *“选择对所考虑的危害具有低敏感性的结构形式。”*

对于该措施：

—结构应安全地抵抗 EN 1992 ~ EN 1996 中规定的名义水平设计荷载；

—结构应具有连续性，例如采用水平和垂直连接的形式；

—特别是对于砌体建筑，有必要考虑结构平面布置、墙端的转角墙、交叉墙之间的相互支撑，以及砌体墙与结构其他部分之间的相互作用；

—应依次检查每个承重结构构件，以确保该构件被移除后仍有其他路径足以将荷载传递到基础。

3 *“选择结构的形式和设计，使结构的个别构件或有限部分被突然移除，或发生可接受的局部损坏时，该结构仍具有足够的承载能力。”*

对于该措施：

—依次检查结构的每个承重构件，判断移除该构件后是否会导致超过允许限度的坍塌；

—如果失效就会超过允许限度损坏的结构构件，将被设计为关键构件。

4 *“尽可能避免使用在结构倒塌时没有预兆的结构体系。”*

例如，依赖于单一结构构件的结构类型被认为是非常脆弱的。在达到可能坍塌的条件之前，这种结构或结构构件要具有大的（和可见的）位移、变形或损坏是关键。

5 *“将结构构件连接在一起。”*

基于 EN 1991-1-7 和英国实践的实用指南总结如下（英国环境部和威尔士办事处，1985）。指南中提供了有关避免以下建筑出现与起因不相称的破坏：

—多层（例如超过 4 层）房屋建筑；

—屋顶净跨大（例如超过 9m）的房屋建筑。

2.1.5 多层建筑

为了降低建筑发生与事故不相称的倒塌破坏的敏感性,建议采用以下方法:

1 某些规范和标准[英国标准协会(BSI),1978,1985a,b,1990;英国环境部和威尔士办事处,1985]中给出了有效的横向和纵向连接的适当建议。如果遵循这些措施,则可能不需要采取进一步行动,尽管这取决于国家主管机关制定的条例。

2 如果可以提供有效的水平连接但不能提供任何竖向承重构件的有效竖向连接,那么每个这样的未连接构件应被假设依次从各层一次一个地移除,以检查构件移除后结构的剩余部分是否仍能处于基本变形状态。在考虑这一选项时,应认识到结构的某些区域(例如悬臂或简支楼板)仍然容易倒塌。在这种情况下,有倒塌风险的结构区域应仅限于下文第3段规定的范围内。如果无法忽略被移除构件,则该构件应被设计为受保护构件[见下文第4段]。

3 如果不能对任何承重构件进行有效的水平和竖向连接,则应验证以下偶然状况:假设依次从各层一次一个地移除各个支撑构件,并应验算本层和紧邻上下楼层的结构倒塌风险区域仅限于以下两者中的较小值(见图2.2):

—15%的楼层面积;

—$100m^2$。

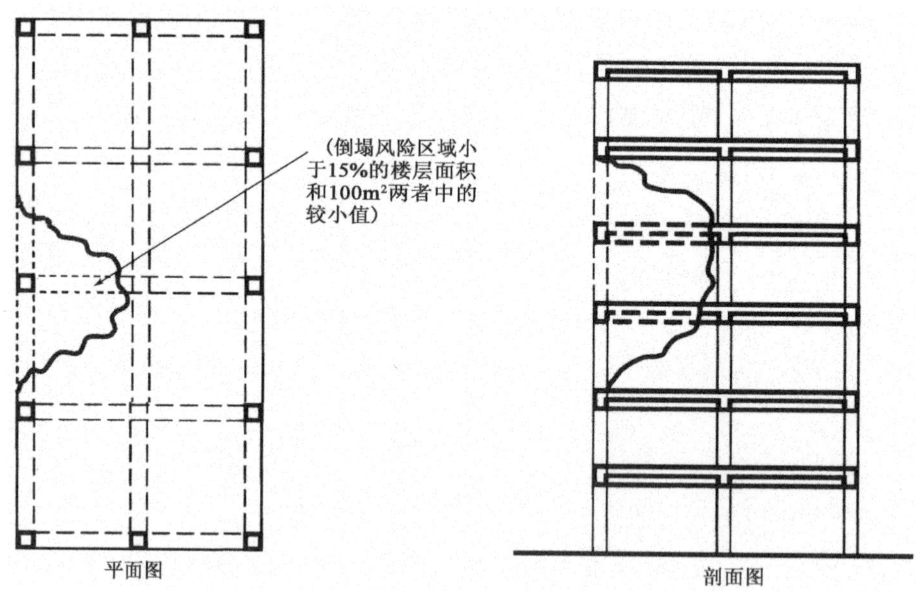

图2.2 发生事故时的倒塌风险区域

应注意的是,危险区域是因为移除构件而存在倒塌风险的楼面区域,并不一定是该构件与其他构件一起支撑的整个区域。

如果在移除某个构件时,不可能如上所述限定面临倒塌风险的区域,则该构件应被设计为受保护的构件[见第4段]。

4 受保护的构件(有时称为"关键"构件)的设计应遵循诸如英国规范和标

准(BSI,1978,1985a,b,1990;英国环境部和威尔士办事处,1985)等相应文件中的建议。

2.1.6　屋顶净跨大的建筑

为了降低建筑在屋顶结构或其支撑构件局部失效的情况下发生与起因不相称的倒塌破坏的敏感性,建议采用以下方法(英国环境部和威尔士办事处,1985)。假设一次一个地依次移除屋顶结构的每个构件及其直接支撑,以检查移除构件不会导致建筑倒塌。在这种情况下,可以接受:

- 由假设移除的构件支撑的其他构件倒塌(见图 2.3);和/或
- 建筑大幅变形。

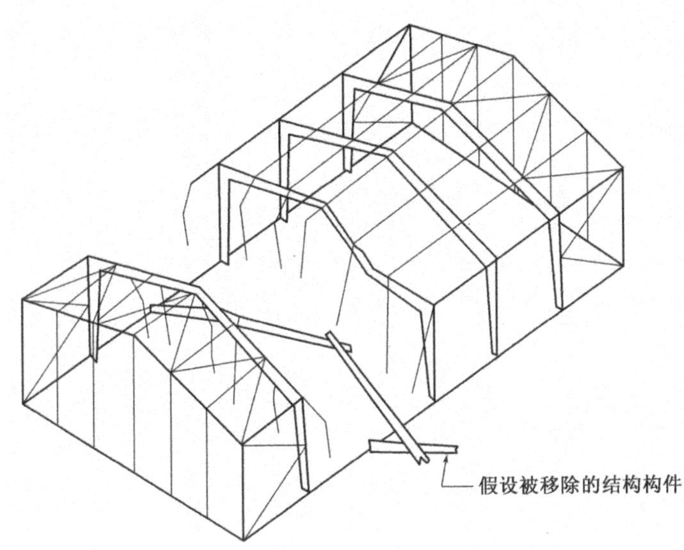

图 2.3　屋面支撑结构局部失效时可接受的倒塌程度

尽管有上述方法,还应考虑通过以下方式降低屋顶结构及其支撑局部失效的风险:

- 保护结构免受可预见的物理损坏;
- 保护结构免受恶劣环境条件的影响;
- 仔细评估结构的位移和变形并做好对应预案;
- 提供检查主要结构部件和节点的通道。

EN 1990 的*条款2.1(7)*强调了应由具有相应资质的人员和组织(另见本书第 8 章)来解释第2 章的基本要求的重要性。　*条款2.1(7)*

2.1.7　桥梁

对于桥梁,大多数导致倒塌的意外情况源于施工期间的严重错误或使用时的撞击。可以通过适当的设计和施工措施(例如稳定装置)并严格控制质量程序来避免或极力限制这些类型的风险。在其使用年限内,桥梁的倒塌可能是由于:

- 可能的意外情况(例如桩基周围的异常冲刷);
- 撞击(例如由于货车、船舶或火车碰撞桥墩或桥面,甚至由于自然现象造

成的撞击,见图 2.4);

■ 在低冗余度结构中隐蔽疲劳裂纹的发展(例如在钢-混凝土组合桥面板的两个大梁之一上的焊接节点中的裂缝),关于这个问题,设计类 Eurocodes 明确了耐损伤和易损伤结构之间的区别;

■ 某些建筑材料的脆性,例如钢材的低温脆性(这种类型的风险在近期或新桥的情况下发生的可能性不大,但对于旧桥则非常有可能发生)。

图 2.4 意外撞击桥面的示例

2.2 可靠性管理

2.2.1 基本概念

条款 2.2

条款2.2 以概念的形式解释了实现不同"可靠度水平"的方法。EN 1990 还包含*附录B"建筑工程结构可靠性管理"*,其中提供了进一步的操作指导(在本指南第 8 章中有解释)。

条款2.2(1)P

条款2.2(1)P 给出了非常重要的陈述:"*应通过按EN 1990 ~ EN 1999 进行设计以及合理的施工和质量管理措施来满足EN 1990 适用范围内给出的结构可靠度要求*。"关于结构或结构构件的术语"可靠性"应被认为是在设计使用年限内其满足规定要求的能力(见本指南 2.3"设计使用年限")。从狭义上讲,它是在规定的基准期内结构不会超过规定的极限状态(承载能力极限状态和正常使用极限状态)的概率。

条款2.2(2)

EN 1990[***条款2.2(2)***]允许对结构抗力(在第 8 章中进一步说明)和适用性采用不同的可靠度水平。

2.2.2 可靠度水平的选择

EN 1990 允许在设计中调整可靠度水平[*条款2.2(3)*],但为此提供的指导更偏概念性而非具体指导。可靠度的采用应考虑到: *条款2.2(3)*

■ 失效的原因和方式。这意味着,例如,对于一个在没有预警的情况下可能会突然倒塌的结构或结构构件(例如一个低延性的构件),应将其设计为比倒塌前有某种警告的情形具有更高的可靠度,以便可以采取措施来限制后果;

■ 在生命危险、人员受伤、潜在经济损失和造成社会运转不便程度方面可能的失效后果;

■ 公众对失效的反感程度,以及特定地点的社会和环境条件;

■ 降低失效风险所需的费用、投入水平和必要措施。

更多信息见本指南第 8 章。

2.2.3 可靠度水平和分类

通过对整体结构进行分类或对结构组件和构件进行分类,可以区分结构安全性和适用性所需的可靠度[*条款2.4(4)*]。因此,可以根据失效后果选择可靠度,示例如下: *条款2.2(4)*

■ 生命危险低,经济、社会和环境后果小或微不足道;

■ 生命危险中等,或经济、社会或环境后果相当严重;

■ 生命危险高,或经济、社会或环境后果非常严重。

作为示例,表 2.1 示出了建筑物和构筑物的一种可能分类,可用于按照失效后果选择适当的可靠度。

按生命危险、经济损失和社会运转不便区分可靠性的示例 表 2.1

可靠度	生命危险、经济与社会损失	建(构)筑物示例
非常高	高	核电反应堆 主要水坝及屏障结构 战略防御结构
高于正常	高	重要桥梁 大型看台 失效后果严重的公共建筑
正常[由 EN 1990 *条款2.2(1)*和*表B2* 获得]	中等	住宅和办公楼 失效后果中等的公共建筑
低于正常	低	人们通常不进入的农业建筑 温室 避雷塔

2.2.4 可靠性管理的建议措施

可以实现所需可靠度水平的各种可能措施,包括下述方面的相关措施[*条款2.2(5)*]: *条款2.2(5)*

■ 预防性和保护性措施[*条款2.2(5)(a)*和*条款2.2(5)(d)*]; *条款2.2(5)(a)* *条款2.2(5)(d)*

条款2.2(5)(b) 条款2.2(5)(e) 条款 2.2(5)(f)

■ 设计相关的事项(例如基本要求和稳固程度,耐久性和设计使用年限的选择,岩土勘察,所用模型的准确性,构造)[*条款2.2(5)(b)*和*条款2.2(5)(e)*];

■ 有效的施工[*条款2.2(5)(f)*];

条款2.2(5)(c) 条款2.2(5)(g)

■ 质量管理,包括旨在减少设计、施工中的错误以及显著的人为失误的措施[*条款2.2(5)(c)*和*条款2.2(5)(g)*]。

条款 2.2(6)

在适当情况下,采取的不同水平的上述措施可以在有限范围内互换,但必须保持必要的可靠度水平[*条款2.2(6)*]。例如,在建筑整修时,经权威部门批准后采用适当的质量管理水平来补偿略微降低的分项系数。

行业内人员试图验算各种材料(例如结构钢和钢筋混凝土)和不同的结构包括岩土工程方面的可靠性。然而,目前对于用不同材料建造的结构,其可靠度水平可能不同。

2.3 设计使用年限

条款2.3 条款1.5.2.8 条款2.3(1) 条款A1.1(1)

设计使用年限(*条款2.3*)是指结构或结构的一部分仅通过预期的维护而不需进行大修即可按预定目的使用的年限(*条款1.5.2.8*)。EN 1990 中*表2.1*[*条款2.3(1)*](复制为指南的表2.2)给出了参考性分类以及一些常见类型建筑工程的参考性设计使用年限。根据各国惯例,可以通过国家附件[*条款A1.1(1)*],在各国范围内采取或不改变,或改变和/或扩展的方式采用这些值。建筑工程的业主和所有者越来越多地使用全寿命周期成本来在初始成本和运行成本之间进行优化平衡,他们会发现参考性数据是非常有用的指导。

参考性设计使用年限 表2.2

设计使用年限类别	参考性设计使用年限(年)	示 例
1[a]	10	临时结构
2	10~25	可替换的结构部分,例如:龙门式横梁、支座(见相关标准)
3	15~30	农用及类似结构(用于动物,人通常不进入)
4	50	建筑结构和其他普通结构(例如医院、学校)
5	100	纪念性建筑结构、桥梁和其他土木工程结构(例如教堂)

数据来自 EN 1990 的*表2.1*。

[a] 对于设计使用年限类别 1 的临时结构,可被拆卸并将重新使用的结构或部分结构,不能视为临时结构。

条款2.1(1)P

设计使用年限的概念与*条款2.1(1)P*中定义的基本要求有关。在设计中要考虑设计使用年限,例如可能存在腐蚀(例如,化学腐蚀性水或土中的板桩、钢桩,或加筋土)或疲劳(例如,钢桥或组合钢-混凝土桥)问题。但对于重要的建筑物,设计使用年限的概念越来越多地被使用,例如涉及耐久性、氯化物对混凝土的渗透速度,或其他类似的物理化学现象。

还应注意的是,建筑物的所有部分不一定具有相同的设计使用年限。例如对于桥梁，结构支座或防水层可能必须定期更换（见表2.2）；因此，如果桥梁设计的预期使用年限为100年，则应明确该使用年限适用于承重结构（桥面板、桥墩和基础）。

目前的有关知识水平不足以精确预测结构的寿命，只能估计材料和结构在长时间内的性能。然而，可以确定结构维护的可能周期或结构各组件的更换时间。

EN 1990的*表2.1*（本指南表2.2）建议临时结构的最小设计使用年限为10年，以确保合理的可靠度水平。

但是，设计使用年限的概念在以下方面有用：

■ 选择设计作用（例如风荷载或地震作用）和考虑材料性能退化（例如疲劳或徐变）；

■ 不同设计方案的比较和材料选择，每个方案都会在不同的初始成本和一个商定时期内的成本之间取得平衡，需要核算生命周期成本以评估不同解决方案的相对经济性；

■ 不断发展的管理方法和策略，用于系统维护和整修结构。

如果业主制订维护（包括更换）策略，则按Eurocodes设计的结构应在适当的时间内工作并保持良好状态。在制订此类策略时，应考虑以下方面：

■ 设计、施工成本；

■ 因影响使用而产生的费用；

■ 工程在使用年限内失效的风险和后果，以及为这些风险投保的保险费用；

■ 计划的部分整修；

■ 检查、维护、保养和维修的成本；

■ 运营和管理成本；

■ 处置；

■ 环境方面。

2.4 耐久性

结构耐久性是指在适当维护下结构在设计使用年限内保持适合使用的能力［*条款2.4(1)P*］。结构宜以某种方式被设计或得到保护，以免结构在连续两次检查之间的时间内发生显著的劣化。在无须复杂拆卸的情况下，即可对结构的关键部分进行检查的需要，应成为设计的一部分。 *条款2.4(1)P*

图2.5中适当的“性能指标”用于描述结构在其使用年限内的可能演变，该指标被假定为时间的单调递减函数。它可以用多种单位表示：力学单位、经济学单位、可靠性等。这个“性能指标”在一定时间内保持不变，例如对钢结构采用正确防腐措施的情况下。在其他情况下，结构方面的指标数值可能随着时间而增加，例如混凝土结构中的混凝土抗力的增长。

在所有情况下，经过一段时间后，“性能指标”会降低，例如由于钢的腐蚀、混

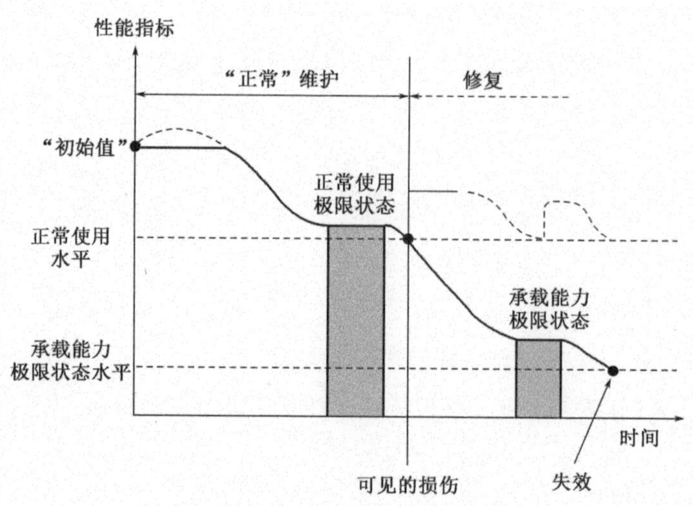

图2.5 结构随时间的演变

凝土的碳化、混凝土构件中裂缝的重复(不可逆)开展等。假设有定期检查,可能会出现某些类型的损坏,例如由于钢筋腐蚀导致的混凝土破坏、混凝土构件的宽裂缝保持打开,或钢构件的疲劳裂缝。这种损坏表明结构已经达到或超过了某不可逆的正常使用极限状态。

假设在此阶段没有维护,结构的损坏增加并且状况恶化,发展到可能的结构失效。

如果修复了结构,则确保可靠度水平高于图中用"正常使用水平"所对应的水平。

条款2.4(1)P

条款2.4(1)P 应按以下方式解释:在其设计使用年限结束时,结构的可靠度水平不应低于如图2.5所示的"正常使用水平"。

条款2.4(2)

主要***条款2.4(2)***列出了为确保结构具有足够的耐久性而应考虑的其他相关因素,以下对每个因素予以考虑和解释:

1 "结构的预定和预期用途。"需要考虑的一个例子是因机械荷载而产生的工业楼面磨损。例如,当房间的局部气候变化(例如洗衣房的湿度)或暴露条件改变时,应考虑用途变化对结构耐久性的影响。

条款2.3

2 "要求的设计准则。"***条款2.3***中给出的设计寿命要求是在实现耐久性的总体策略中要考虑的主要要求:特别是关于结构构件所要求的寿命性能的决定,以及个别构件是否可更换、可维护或应具有长期的设计寿命。

3 "期望的环境影响。"混凝土和木材的性能劣化以及钢的腐蚀受到环境的影响,在考虑实现耐久性策略时需要审查是否有足够的措施。此外,环境作用(例如风、雪和温度作用)的变异性及其对结构耐久性的影响是需要考虑的重要因素。例如,使用"无维修设计"技术(例如外挂板)可以帮助保护结构的易损部分免受外部环境的影响,尽管耐久性仍然是外挂板本身的关键问题。

4 "材料的组成、特性和性能。"在耐久性的整体策略中应考虑使用提高耐久性的材料，例如使用防腐处理木材、环氧涂层钢筋、不锈钢墙体拉结件或低渗透性混凝土。对于仓储结构，结构材料的选择对于耐久性而言是关键(例如，对于存储钾肥之类的腐蚀性物质，层板胶合木结构体系优于钢筋混凝土结构或结构钢)。

5 “结构体系的选择。”在设计阶段选择的结构形式应是稳固的，并且设计时应针对已知灾害的后果考虑在结构体系中提供冗余度。设计中应避免结构体系的内在脆弱性以及对可预测损害和劣化的敏感性，结构应具有“内置”的适应性，以能够应对环境条件变化和位移等。例如，良好的排水可以最大限度地降低结构(如多层停车楼)中钢筋腐蚀的风险。另一个例子是，取消桥上的变形缝能够消除冰盐在路面迁移并进入结构构件的路径，从而减少氯化物引起的钢筋腐蚀。

6 “构件形状和结构构造。”构件形状及其构造将影响结构的耐久性，例如角钢或槽钢可根据截面方向积聚或不积聚水分。对于混凝土，横向钢筋可以限制钢筋腐蚀和碱-硅酸反应等过程产生的有害影响。

7 “工艺质量和控制水平。”施工过程中的工艺控制水平可能会影响结构的耐久性。例如，压实不良会在钢筋混凝土中产生蜂窝，从而降低耐久性。另见本章2.5。

8 “特殊保护措施。”为了提高耐久性，应保护结构构件免受有害环境的影响。例如，可以对木材进行防腐处理和/或涂覆保护涂层，钢构件可以镀锌或用油漆或混凝土包覆。还应考虑其他措施，比如钢材的阴极保护。

9 “在预期寿命期间的维护。”在设计中应考虑维护，并制订与设计思路统一的维护策略。如果这是性能概况的一部分，则应对检查、维护和可能的更换作出规定。在可能的情况下，结构的设计和构造应能实现可以毫无困难地更换易受损坏但又重要的构件。例如更换腐蚀性环境中预应力混凝土结构的后张法预应力筋。

针对各种结构材料的相应措施可在 EN 1992 ~ EN 1999 中找到。

在设计阶段有必要评估环境条件及其与耐久性相关的重要性[*条款2.4(3)P*]。 *条款2.4(3)P*

劣化率是可估算的[*条款2.4(4)*]。有许多因素可以影响劣化率，因此设计使用年限(在耐久性的背景下，本章中称为服役寿命)的预测是一个复杂的问题。但是，有许多方法可用于预测使用寿命，包括： *条款2.4(4)*

- 利用从实验室和现场试验中获得的知识和经验进行半定量预测；
- 基于类似环境中类似材料的性能估算；
- 使用加速试验；
- 对劣化过程建模；
- 上述方法的组合。

所有上述方法都有优缺点。应用从实验室和现场试验中获得的经验和知识，以及现有结构的性能，对于在不太恶劣的环境中设计使用年限较短的结构可能是足够的。然而，对于在新环境和恶劣环境中对使用寿命要求高的结构，或者在使用新材料的情况下，则该方法可能不太适用。原则上，加速试验可用于预测相同使用条件下的使用寿命并确定加速因子,前提是两种情况下劣化机制相同。但是,缺乏可用于校准测试的长期使用数据是一个问题。

2.5　质量管理

2.5.1　一般规定

条款2.5(1)

EN 1990 假定[*条款2.5(1)*],参与施工过程全寿命周期所有阶段管理的各方都贯彻相应的质量方针,以满足2.1中描述的基本要求。EN 1990中强调的措施包括:

■ 明确可靠性要求;

■ 组织措施;

■ 设计、施工及维护阶段的控制。

实践经验表明,包括组织措施和设计、施工、使用及维护阶段的控制在内的质量体系是达到适当的结构可靠性水平的最重要手段。其他说明请参阅第8章。

各组织的质量体系受组织目标、产品或服务,以及组织作出的实际规定的影响。因此,质量体系因组织而异。CEN 系列 EN 29000 和一系列国际标准(ISO 9000 ~ ISO 9004)体现了该领域众多国家方法的合理化总结。

2.5.2　建筑工程领域质量方针的特定方面

建筑项目的主要关注点是建筑工程的质量,特别是结构的可靠性。在这方面,建筑工程宜:

■ 满足明确的需求、符合明确的用途或达到明确的目的;

■ 满足业主的期望;

■ 符合适用的规范、标准和规格要求;

■ 符合社会中法定(和其他)的要求。

质量管理的目标是满足这些要求。

2.5.3　对建筑工程寿命周期进行全程质量管理

在所有建筑工程的设计使用年限的每个阶段,质量管理都是必不可少的考虑因素。图2.6中的质量循环图和表2.3中表示了建筑工程寿命周期的各个阶段,以及相关的特定质量保证活动。

建设流程和质量管理　　表2.3

质量循环的各阶段	质量管理活动
概念	为建筑工程和结构组件确定适当的性能水平; 设计标准; 供应商标准; 施工和维护的初步标准; 选择具有相应资质人员和组织的中介方

续上表

质量循环的各阶段	质量管理活动
设计	材料、组件及组装品的性能标准规定； 确认性能的可接受性和可实现性； 测试方案（如原型测试、现场测试等）的标准； 材料标准
招标	审查设计文件，包括性能标准； 接受要求（承包商）； 接受投标（业主）
施工	审查流程和产品； 抽样和测试； 缺陷纠正； 根据设计文件规定的符合性测试进行认证工作
竣工和移交	调试； 验证已完工建筑的性能（例如通过试验对预期的运行荷载进行检验）
使用和维护	监测性能； 检查是否劣化或遇险； 问题调查； 工作认证
修复（或拆除）	与上述类似

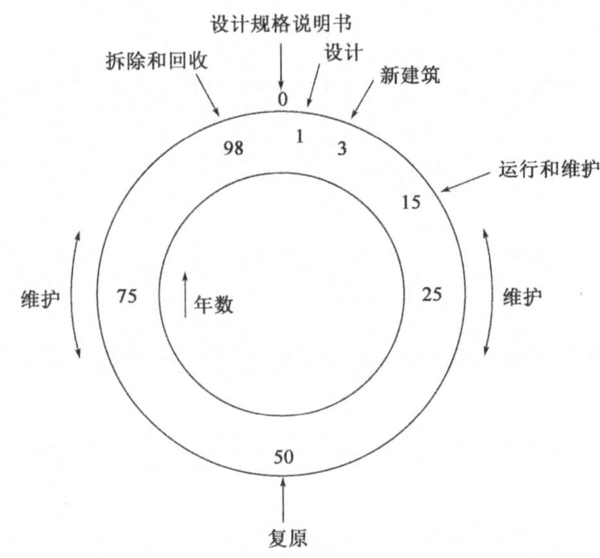

图 2.6　建筑工程的质量循环

2.5.4　质量方针

为实施质量方针而选择的质量管理方法应考虑以下因素：

■ 结构的类型和用途；

■ 质量缺陷的后果（例如结构失效）；

■ 相关各方的管理文化。

在建筑工程的结构设计中，可靠性是保证质量的最重要方面。有关结构设计的规范和标准应提供可保证结构可靠性的准则，如下所述：

■ 提供可靠性要求；

- 指定规则以验证是否满足可靠性要求；
- 指定结构设计的规则和相关条件。

要满足的条件将涉及,例如结构体系的选择,信息技术在设计和施工方面的应用,包括所用材料的供应链、工艺水平和维护制度,这些通常在结构设计标准中得到详细规定。条件还应考虑材料性能的变异性、质量控制和材料验收标准。

参考文献

BSI (1978). BS 5628-1. Code of practice for use of masonry. Part 1: Structural use of unreinforced masonry. BSI, London.

BSI (1985a). BS 8110-1. Structural use of concrete. Part 1: Code of practice for design and construction. BSI, London.

BSI (1985b). BS 8110-2. Structural use of concrete. Part 2: Code of practice for special circumstances. BSI, London.

BSI (1990). BS 5950-1. Structural use of steelwork in building. Part 1: Code of practice for design in simple and continuous construction: hot rolled sections. BSI, London.

UK Department of the Environment and The Welsh Office (1985). *Approved Document A (Structure) to the UK Building Regulations*, 1985. HMSO, London.

第 3 章　极限状态设计原则

本章论述了设计状况和极限状态的一般概念。本章所述内容参见 EN 1990 *第3章*中的以下条款：

- 一般规定　*条款3.1*
- 设计状况　*条款3.2*
- 承载能力极限状态　*条款3.3*
- 正常使用极限状态　*条款3.4*
- 极限状态设计　*条款3.5*

3.1　一般规定

传统上，根据极限状态的基本概念，任何结构的状态都可以被分为符合要求的（安全的、可供使用的）或不符合要求的（失效的、不能使用的）。将结构符合要求的状态和不符合要求的状态明显区分开的条件称为极限状态（另见第 2 章），换言之，极限状态是对不良事件或现象的理想化表达。有时在设计中，这些不良事件之前的某些状态被视作极限状态。通常，结构超过某一特定状态就不能满足设计准则，此状态即为极限状态（见***条款1.5.2.12***给出的定义）。因此，每个极限状态都与结构的某个性能要求相关。然而，这些性能要求通常没有被足够清楚地表达，因而无法精确（清晰）地定义相应的极限状态。 ***条款1.5.2.12***

通常，可能难以定性地表述性能要求和明确地定义极限状态（特别是由延性材料建成的结构的承载能力极限状态，以及影响用户舒适度或结构外观的正常使用极限状态）。在这种情况下，只能用适当的近似表述（例如金属的常规屈服点，竖向挠度或振动频率的极限值）。图 3.1 阐释了上述原理，以便读者理解极限状态概念的这种不确定性。根据前面叙述的极限状态的传统（清晰）概念，在荷载效应未达到特定值 E_0之前，给定结构是完全符合要求的，荷载效应超过 E_0后，该结构则完全不符合要求[图 3.1a)]。然而，可能很难精确地定义这样一个将良好的和不良的结构条件截然区分的特定值 E_0，图 3.1a) 中的简化可能并不适用。这种情况下，设定荷载效应 $E_1 \sim E_2$的过渡区，在此区间结构性能逐步偏离要求，提供了更现实（模糊）的极限状态概念[图 3.1b)]。模糊的极限状态概念中的不确定性可能只能在使用特定数学方法的可靠性分析中体现，目前版本的 Eurocodes 尚未涵盖。

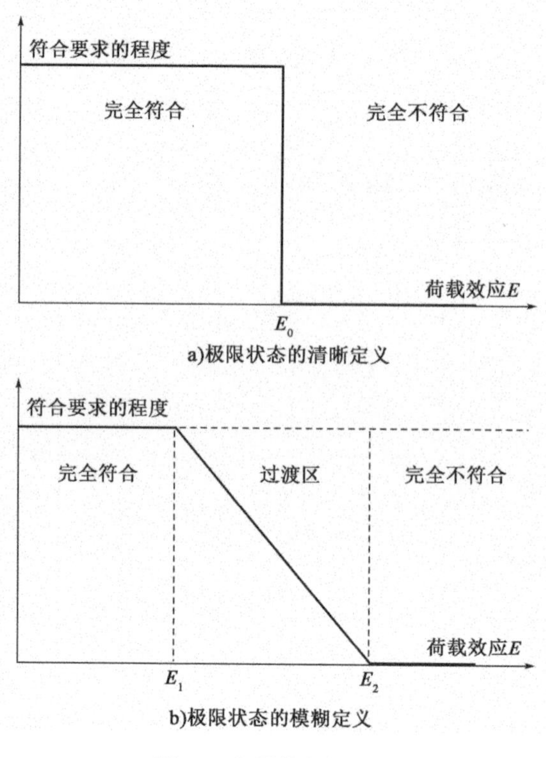

图3.1 极限状态的定义

条款3.1(1)P 为了简化设计程序,通常认可两种基本不同类型的极限状态[***条款3.1(1)P***]:

条款1.5.2.13 ■ 承载能力极限状态(另见***条款1.5.2.13***中的定义)

条款1.5.2.14 ■ 正常使用极限状态(另见***条款1.5.2.14***中的定义)。

承载能力极限状态与倒塌或其他类似结构失效形式有关。正常使用极限状态对应于结构的正常使用条件(挠度、振动、裂缝等)。一般而言,设计应同时考虑安全性和适用性,以及两种极限状态下的耐久性[***条款2.1(2)P***]。承载能力极限状态与正常使用极限状态的性质在本质上不同。造成这种区别的两个主要原因如下:

条款2.1(2)P

1 虽然超过承载能力极限状态几乎总是导致结构失效及结构拆除或结构大修,但是超过正常使用极限状态通常不会给结构造成这种致命后果,并且在撤掉导致超过正常使用极限状态的作用后结构或许还可以正常使用。然而,可逆和不可逆的正常使用极限状态之间存在区别(参见3.4)。

2 承载能力极限状态的标准仅涉及结构的参数和适当的作用,但正常使用极限状态的标准还取决于业主和用户的要求(有时非常主观),以及已安装设备或非结构构件的特性。

承载能力极限状态和正常使用极限状态的差异使得可靠性条件的公式不同,以及在验算两种类型极限状态时假定的不同可靠性水平。但是,如果能够提供足够的信息确保两种极限状态中的一种极限状态的要求满足另一种极限状态的要求,则可省略对该极限状态的验算[***条款3.1(2)***]。例如,钢筋混凝土梁在满足承载能力极限状态的条件下,如果高应力混凝土梁的跨度/有效高度比小于18(或低

条款3.1(2)

应力混凝土梁小于25)，则可省略挠度验算。

应注意的是，并非所有不良事件或现象都可以简单地被区分为承载能力极限状态或正常使用极限状态。例如，铁路桥桥面板的一些正常使用极限状态可以被认为是轨道的承载能力极限状态：轨道的显著变形可能导致火车脱轨并造成人员死伤。另一个例子是建筑楼面或人行天桥的振动：这会令人非常不舒服，甚至对人的健康有害，但不会损害结构。对于旨在防止诸如雪崩等偶然现象的建筑工程，其设计中也需要将可接受的损坏程度反映在要考虑的极限状态中。

设计中应选择不同的设计状况(持久、短暂、偶然和地震)来考虑作用、环境影响和结构特性在结构全寿命期内随时间发生的变化，设计状况代表存在相关危害的特定时间段[***条款3.1(3)P*** 和 ***条款3.1(4)***]。实际上，设计状况的概念对极限状态概念进行了补充。例如，跨越河流的桥梁的一个设计状况可以对应于桥墩周围的给定冲刷深度。在所有这些设计状况中，应全面考虑承载能力和正常使用极限状态[***条款3.2(1)P***、***条款3.2(2)P*** 和 ***条款3.2(3)P***]，并且选择的设计状况宜覆盖可以合理预见的或将在结构施工期间和使用期间发生的所有情况。如果两个或多个独立荷载同时起作用，则宜根据第 6 章考虑它们的组合(另见 EN 1990 第6章)。在每个荷载工况下，宜假设一些现实可行的布置情况，以建立在设计中宜考虑的作用效应的包络。

条款3.1(3)P
条款3.1(4)
条款3.2(1)P
条款3.2(2)P
条款3.2(3)P

如果设计中考虑的极限状态依赖于时变效应(由作用和/或抗力变量描述)，则结构验算宜与结构的设计使用年限相关[***条款3.1(5)***，另见 ***条款1.5.2.8*** 中的定义和本指南第 2 章]。宜注意的是，大多数时变效应(例如疲劳)具有需要考虑的累积特点。

条款3.1(5)
条款1.5.2.8

3.2　设计状况

在设计中，宜选择不同的设计状况来考虑作用、环境影响和结构特性在结构设计使用年限内随时间发生的变化，设计状况代表存在相关危害或情况的特定时间段[***条款3.2(1)P***]。

4 种设计状况分类如下[***条款3.2(2)P***]：

条款3.2(1)P
条款3.2(2)P

■ 持久设计状况是指正常使用的情况。它们通常与结构的设计使用年限有关。正常使用可包括可能的极端荷载情况，包括风荷载、雪荷载、外加荷载等。

■ 短暂设计状况，就其使用或外部环境而言(如在施工期间或维修期间)，是指结构的临时情况。例如，为了维护桥梁，单向的一条车道可能临时关闭，从而造成桥梁的使用条件变化，这仅是比设计使用年限短得多的时间段。需要定义适当的作用代表值(参见本指南第 4 章)。对于施工期间的荷载，在 EN 1991-1-6 中给出规定。

■ 偶然设计状况是指结构或其外部环境的意外情况(例如由于火灾、爆炸、撞击或局部失效导致的情况)。这意味着相对较短的时间段,但不适用于局部失效可能仍未被发现的情形。偶然状况的例子在一般情况下可以容易地被预见到,但是,在某些特定情况下,作用不能明显地被认定为偶然作用。例如,当设有防护结构时,雪崩或山体塌方的影响可能并不被视为偶然作用。

■ 地震设计状况是指地震发生时结构遭受的意外情况。

条款3.2(3)P 所选择的设计状况应涵盖可以合理预见的或将在结构施工期间和使用期间发生的所有情况[***条款3.2(3)P***]。例如,由于诸如火灾或撞击之类的作用而经历偶然设计状况之后的结构可能需要(在大约1年的短期内)得到修复,此时应按短暂设计状况考虑。通常,与持久设计状况相比,较低的可靠度水平和较小的分项系数可能适用于这段时期。但应该注意的是,在设计维修方案时应考虑所有其他可预见的设计状况。

一个主要问题是,在这些设计状况中如何考虑风险。当然,基本原则通常是适用的,但是应用时,数据在大多数情况下是特定的;特别是,它通常可能避免或减轻突发事件的后果(例如,通过设置安全护柱来保护机场建筑)。

让我们来比较短暂设计状况和持久设计状况下的可接受失效概率。失效概率作为时间的函数,很难对其进行科学计算:持久设计状况在各个年份之间的失效概率不是相互独立的(许多数据是相同的,例如永久作用和材料特性;并且,对于既有结构,通常情况下一些基本变量的分布可以逐步截断);此外,尽管涉及某些特定的基本变量,短暂设计状况下的失效概率并不完全独立于持久设计状况下的失效概率。然而,一般情况下,只有当永久作用 G(的影响)明显大于可变作用 Q 时,相关性才会对可靠度水平产生非常显著的影响。因此,人们普遍认为短暂设计状况和持久设计状况应具有相等的失效概率。在短暂设计状况下,估算标准值的问题将在本指南第4章中讨论。

3.3 承载能力极限状态

条款1.5.2.13
条款3.2(1)P
条款3.3.1(1)P
条款3.3(2)

承载能力极限状态是与结构的倒塌和其他类似结构失效形式有关的状态[见***条款1.5.2.13***和***条款3.2(1)P***中的定义]。正如第3.1节所述,承载能力极限状态涉及人员安全和/或结构安全[***条款3.3(1)P***]。但是,在某些情况下,承载能力极限状态也可能涉及内部设施的保护[***条款3.3(2)***](例如,某些化学品、核物质或其他废物,甚至是博物馆中的珍贵藏品)。

条款3.3(3) 在几乎所有涉及承载能力极限状态的情况下,第一次超过极限状态即等同于失效。在某些情况下(例如当过度变形起决定作用时),为简单起见,可用结构倒塌前的状态替换倒塌本身来作为承载能力极限状态[***条款3.3(3)***]。在指定结构设计和质量保证的可靠性参数时,应考虑这些重要条件。例如,对于旋转机械的基础,过度变形是决定性指标并且完全控制设计。

条款3.3(4)P 列出的清单引用了需要在设计中考虑的承载能力极限状态，展开叙述如下：

条款3.3(4)P

■ 结构或结构的任一部分作为刚体失去平衡；

■ 由于断裂、疲劳或过度变形(过度变形引起的缺陷会因受力不稳定而使得结构失效)导致结构或结构的任一部分失效；

■ 结构或结构的任一部分不稳定；

■ 结构或结构的任一部分转变为机构；

■ 结构系统突然转变为新系统(例如弹性跳变)。

静力平衡的承载能力极限状态主要是指结构的支承条件，包括以下极限状态：

■ 倾覆；

■ 顶升(例如由浮托力引起)；

■ 具有界面效应的滑动(如摩擦)。

通常在这种验算中，结构被视作刚体。然而，在某些情况下，例如，在结构对变形(二阶效应)或振动(冲击效应)敏感的情况下，也可以考虑结构的弹性特性。

通常，结构的支座也可以被认为是点式支座，因此是刚性的；然而，在某些情况下，必须考虑支座的刚度特性(例如用地基土来代表支座时)。这可能导致平衡的承载能力极限状态也可用于确定支座或稳定装置的设计作用效应，并因此构成强度的承载能力极限状态。

术语“强度的承载能力极限状态”是指 Eurocodes EN 1992 ~ EN 1999 所涉及材料的极限强度引起的失效对应的承载能力极限状态。承载能力极限状态还包括因丧失稳定性而引发的失效(即由于刚度不足引发的失效，因为稳定性失效可能是由缺陷引发的二阶效应造成的，并最终导致强度问题，例如由于屈服导致失稳)。

强度承载能力极限状态还包括大的挠度导致的失效(例如，因挠度过大，结构从支座上脱落)。

强度承载能力极限状态所有模式的共同特征是以极高的操作性(即没有真实的物理基础)设计荷载水平来对其进行验算。

对于承受变幅重复作用的结构，疲劳失效可能在远低于通常预期的失效荷载水平的情况下发生。当这种疲劳失效是由裂纹扩展现象引起时，完整的失效机制包括 3 个阶段：

1 初始阶段，裂纹萌生；

2 裂纹扩展阶段，其间每个荷载循环裂纹都稳定扩展；

3 最终失效阶段，其间由于脆性断裂或韧性撕裂而发生不稳定的裂纹扩展，或者由于一般屈服而导致横截面面积锐减而失效。

当在裂纹扩展阶段出现大的交变塑性区时，在相对较少的循环之后发生失效，该机制称为低周疲劳。当塑性区域较小时，该机制称为高周疲劳。对此有两种主要分析方法：

■ S-N 曲线法；

■ 断裂力学方法。

由于各种原因，要将疲劳极限状态与承载能力极限状态和正常使用极限状态区分开：

■ 疲劳荷载与其他荷载不同，因为它取决于使用条件下的作用大小和范围以及时间效应（例如循环次数）。

■ 疲劳效应是材料的局部劣化，当裂缝导致约束减少时，疲劳效应可能是良性的并最终停止，或者当裂缝导致更严苛的、加速裂纹扩展的加载条件时，结构最终会破坏。

■ 满足特定条件时（例如材料的韧性很好），在因为强度不足或韧性不足造成致命的影响之前，可以通过定期检查来检测裂纹扩展情况。

■ 考虑到这种情况，已经为疲劳极限状态引入一种考虑了预警可能性和失效后果的安全体系。

一般来说，区分两种类型结构是有用的：耐损伤（即稳固的）和易损伤（对轻微干扰或建筑缺陷敏感）。应根据结构类型考虑各种劣化机制对承载能力极限状态的影响。

通过适当的质量控制流程也可以确保易损伤结构具有足够的可靠度水平。对于耐损伤结构，疲劳损伤可被视为正常使用极限状态。需注意的是，不同的承

条款6.4.1 载能力极限状态可能会使用不同的分项系数，见第6章（***条款6.4.1***），在*附录A1*中提供了相应的分项系数。

3.4 正常使用极限状态

条款1.5.2.14 正常使用极限状态与正常使用条件相关（参见***条款1.5.2.14***中的定义）。特别是，正常使用极限状态涉及结构或结构构件的功能、人员的舒适度和建筑物的

条款3.4(1)P 外观[***条款3.4(1)P***]。

考虑到荷载效应的时间相关性，区分两种类型的正常使用极限状态很有用，

条款3.4(2)P 如图3.2[***条款3.4(2)P***]所示：

■ 不可逆正常使用极限状态[图3.2a)]，在撤除导致超过正常使用极限状态的作用后仍然永久保持超过极限的极限状态（例如永久性局部损坏或永久性不可接受变形）。

■ 可逆正常使用极限状态[图3.2b)]，当撤除导致超过正常使用极限状态的作用后恢复到极限以内的极限状态（例如预应力组件中的裂缝、临时挠度或过度的振动）。

例如，钢筋混凝土梁的弯曲裂缝，荷载不大时，裂缝会在卸载后闭合。荷载很大时，即使卸载后裂缝可能也不会闭合，在这种情况下，裂缝现象是不可逆的，并

且可能与特定的不可逆正常使用极限状态相关。超过这种极限状态后可能需要对结构进行一定的修复。

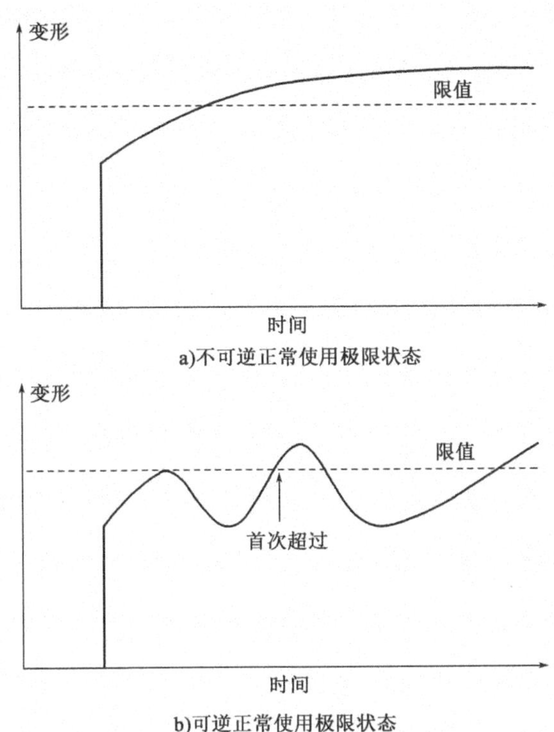

图3.2　两种正常使用极限状态

对于不可逆极限状态,其设计准则类似于承载能力极限状态。首次超过极限状态是关键(图3.2)。在确定合同或设计文件中的适用性要求时,应考虑不可逆极限状态的这一重要方面。对于可逆极限状态,首次超过极限状态不一定导致失效和丧失适用性。

考虑对超过极限状态的可接受程度、频次和持续时间,可以制定各种适用性要求。通常,以下3种类型的正常使用极限状态适用:

■ 超过极限状态不被接受;

■ 可以接受指定持续时间和频次的情况下超过极限状态;

■ 接受指定的长期性超过极限状态。

正确的适用性标准将与可变作用的标准值、频遇值和准永久值相关联(参见EN 1990的*4.3*)。对应于上述3种极限状态的作用组合通常用于验算不同设计状况下的正常使用极限状态(见第6章):

■ 如果不接受极限状态被超过应采用标准组合;

■ 如果可以接受指定持续时间和频次的情况下的超过极限状态应采用频遇组合;

■ 如果接受指定的长期性超过极限状态应采用准永久组合。

需要在设计中考虑的***条款3.3(3)***列出的影响结构外观或有效使用的正常使用极限状态,可归纳如下: ***条款3.3(3)***

■ 过度变形、位移、下挠和倾斜，这可能会影响结构的外观、用户舒适度和结构功能，并可能对装修和非结构构件造成损坏；

■ 过度振动（加速度、振幅、频率），可能引起人们的不适，并影响结构使用；

■ 可能对结构的外观（局部损坏和开裂）、耐久性或功能产生不利影响的损坏。

根据结构类型，与正常使用极限状态相关的其他要求另见标准 EN 1992 ~ EN 1999中与材料有关的规定。例如，混凝土结构的承载能力极限状态可以由结构变形引起。EN 1992 提供了有关各种混凝土构件设计方法的附加指南。

3.5 极限状态设计

条款3.5(1)P
条款1.5.3.21
条款1.5.4.2
条款1.5.5.2
条款3.5(2)P

使用极限状态概念的设计方法包括为相关的承载能力极限状态和正常使用极限状态建立结构模型和荷载模型，在各种设计状况和荷载工况下都要考虑这些极限状态［***条款3.5(1)P***］。极限状态设计的目的是，在适当的结构模型和荷载模型中使用相关作用、材料或产品特性和几何特性的设计值［分别见***条款1.5.3.21***、***条款1.5.4.2***、***条款1.5.5.2*** 中给出的定义］时，应验算不得超过所有极限状态［***条款3.5(2)P***］。

条款3.5(3)P
条款3.5(4)
条款3.4(3)

必须使用第 6 章中的组合规定来考虑所有相关的设计状况和荷载工况［***条款3.5 (3)P***］。为了确定各种基本变量的设计值，第 4 章中定义了标准值或代表值，并且应使用 EN 1990 *第4章*的内容［***条款3.5(4)***］。应注意的是，当明确定义的模型和足够的数据可用时，（参见第 5 章和 EN 1990 *第5章*），应特别使用直接确定的设计值［***条款3.4(3)***］。在这种情况下，应谨慎选择设计值，并且对于各种极限状态应保证至少相同的可靠度，正如分项系数法所表明的那样。

条款3.5(4)
条款3.5(5)

结构可靠性的验算应使用第 6 章中所述的分项系数法［***条款3.5(4)***］，或者采用概率方法作为替代方法［***条款3.5(5)***］。

在遵守相关权威部门规定的条件下，概率方法可以应用于非常规结构。*附录3*中描述了概率方法的基础（参见 EN 1990 的*附录C*）。例如，核电建设工程的可靠性验证可能需要概率方法，以提供全方位风险分析所需的数据。

条款3.5(6)P
条款3.5(7)

对于验算的每种设计状况，应确定最不利荷载工况［***条款3.5(6)P***］。这可能是项复杂的任务，可能需要比较若干相关的荷载工况。然而，应注意的是，所选择的荷载工况应代表与所有可能的作用相容的荷载分布［***条款3.5(7)***］。显然，各种可变作用的相容性要求可以减少相关荷载工况的数量，因此可以简化对最不利荷载工况的识别。

第4章 基本变量

本章论述了表示建筑物中的作用和环境影响、材料和产品特性及几何数据的基本变量。本章所述内容参见 EN 1990 *第4 章*中的以下条款：

- 作用和环境影响 *条款4.1*
- 材料和产品特性 *条款4.2*
- 几何数据 *条款4.3*

条款4.1"作用和环境影响"又细分为*条款4.1.1* ~ *条款4.1.7*。

4.1 作用和环境影响

4.1.1 作用分类

EN 1990 中引入的作用分类[***条款4.1***，主要见***条款4.1.1(1)P*** 和 ***条款4.1.1(4)P***]为作用建模和控制结构可靠性提供了基础。分类的目的是确定各种作用的相似或不相似的特征，并使结构设计中能够采用适当的理论作用模型和可靠性要素。完整的作用模型描述了作用的几个属性，例如其大小、位置、方向和持续时间。在某些情况下，应考虑作用与结构响应之间的相互作用（例如风振、土压力和外加变形）。 ***条款4.1*** ***条款4.1.1(1)P*** ***条款4.1.1(4)P***

条款4.1.1(1)P 和***条款4.1.1(4)P*** 中的作用分类从下述方面考虑了作用和环境的影响： ***条款4.1.1(1)P*** ***条款4.1.1(4)P***

- 随时间的变化；
- 来源（直接或间接）；
- 随空间的变化（固定或自由）；
- 性质和/或结构响应（静力和动力）。

按随时间的变化分类

考虑随时间的变化，作用分为以下类别[***条款4.1.1(1)P***]： ***条款4.1.1(1)P***

1 永久作用 G[EN 1990 的***条款1.5.3.3*** 给出的定义是"*在给定的基准期内始终存在且其大小随时间的变化可以忽略不计的作用，或其变化总是沿着相同的方向（单调的递增或递减）并趋于某个限值的作用*"]，例如，结构自重或固定设备和道路路面的重量，以及由收缩或不均匀沉降引起的间接作用。 ***条款1.5.3.3***

2 可变作用 Q（EN 1990 ***条款1.5.3.4*** 给出的定义是"*量值随时间的变化既不能忽略又不是单调变化的作用*"），例如，施加在建筑楼层或桥面板上的荷载，风 ***条款1.5.3.4***

荷载或雪荷载。

条款1.5.3.5 3　偶然作用 A(EN 1990 ***条款1.5.3.5*** 给出的定义是“在结构的设计使用年限期间不一定出现,而一旦出现其量值很大,且持续时间很短的作用”),例如,火灾、爆炸或冲击荷载。

地震引起的作用通常被认为是偶然作用(见下文),并由符号 A_E 表示。

对作用的分类用于建立作用组合。但是,其他分类对于评定作用代表值也很重要。在所有情况下,必须通过工程判断来确定某些作用的性质:例如,固定式起重机的自重是一种永久作用,但它的吊重是可变作用。这在选择作用组合中的分项系数时非常重要。

按作用来源分类

关于直接作用和间接作用之间的区别,显然直接作用“直接”施加于结构,其模型通常可以独立于结构特性或结构响应来确定。混凝土收缩是一个间接作用的例子:有约束时它产生结构效应(注意:混凝土徐变不是一种作用,其效应是其他作用的结果)。

不均匀沉降也被视为间接作用(通常是无意的外加变形),因为它们在结构超静定时产生作用效应:这意味着作用效应只能通过考虑结构响应来确定。一般来说,外加变形显然可以视作永久(例如支座的不均匀沉降)或可变(例如温度效应)作用。通常,仅在木结构和砌体结构中考虑含水量变化(参见 EN 1995 和 EN 1996)。

按随空间的变化分类

关于空间变化,自由作用是一种可以施加于结构指定范围内任意位置的作用。例如,道路交通荷载模型相当于自由作用:它们被施加在桥面板的不同位置以获得最不利的效应。相比之下,固定设备的自重是固定作用,因为其必须被施加在正确的位置。

实际上,对于大多数自由作用,其空间变异性是有限的,并且,宜根据其所受限制和结构响应对这种变异性的敏感程度(例如静力平衡对自重的空间变异性非常敏感),选择直接或间接考虑甚至忽略这种变异性。

以一个或多个标量表示自由作用时,必须通过荷载分布来补充说明,荷载分布确定作用的位置、大小和方向。

实例

表 4.1 给出了最常见作用类型的分类示例。但是,该分类仅对应于典型情况,并且可能不适用于某些特定情况。根据场地位置和实际情况,某些作用,如地
条款4.1.1(2) 震作用和雪荷载,可作为偶然和/或可变作用[***条款4.1.1(2)***]。同样,由水引起
条款4.1.1(3) 的作用,可视其随时间的变化量而作为永久和/或可变作用,[***条款4.1.1(3)***]。
按照上述分类原则对某特定作用分类时,还取决于特定的设计状况。

作用分类　　表4.1

永久作用	可变作用	偶然作用
结构、装置和固定设备的自重	施加于楼面的荷载	爆炸
预应力	雪荷载	火灾
水压力和土压力	风荷载	车辆撞击
间接作用，如支座沉降	间接作用，如温度效应	

在欧洲的一些国家或地区，地震并不是罕见事件时，地震作用可被视作可变作用。例如，对于铁路桥，可以定义两种水平的地震作用：中等水平地震作用，对应于相当短的重现期（例如50年，重现期的概念见4.1.2），此时由桥面支撑的轨道严禁受损；第二种是更高水平的地震作用（例如对应于重现期475年，见后文），此时轨道可能被损坏但桥梁结构仍然可用（或多或少需要修理）。可以在《雪荷载》（EN 1991-1-3）中找到另一个例子：这本Eurocode允许在某些情况下将雪荷载作为偶然作用处理——在特定的气候区，屋顶上的局部飘雪被认为形成异常的雪荷载，由于根据EN 1990这种罕见性而被视作偶然荷载。

预应力P通常被认为是一种永久作用（见4.1.2）；有关这方面的更多详细信息，参见EN 1992、EN 1993和EN 1994。

如上所述，完整的作用模型描述了作用的几个属性，例如其大小、位置、方向和持续时间。大多数情况下，作用的大小由一个定量来描述。某些作用则可能需要更复杂的幅值表示方法，如多维作用、动力作用和导致结构材料疲劳的可变作用［***条款4.1(7)***］。例如，在进行疲劳分析时，通常有必要以统计术语确定应力波动的完整时程，或描述一组应力循环和相应的循环次数。 *条款4.1(7)*

按性质和/或结构响应分类

考虑作用的性质和结构响应，所有作用都可被归为以下两类之一［***条款4.1.1(4)P***］： *条款4.1.1(4)P*

- 静力作用，不会导致结构或结构构件出现明显的加速度；
- 动力作用，导致结构或结构构件出现明显的加速度。

通常，通过增大静力作用的大小或引入等效静力作用，将作用的动力效应当作准静力作用。一些可变（静力或动力）作用可能引起应力波动，这可能导致结构材料的疲劳。

大多数情况下，作用由某个标量表示，该标量可能具有若干代表值［***条款4.1.1(5)***］。一个例子是具有很大变异性的材料的自重［根据结构类型，变异系数在0.05～0.1之间变化，见***条款4.1.2(3)***的注］，它会产生有利的和不利的荷载效应。那么，在设计计算中可能需要下限和上限两个标准值［另见***条款4.1.2(2)P***］。 *条款4.1.1(5)* *条款4.1.2(3)* *条款4.1.2(2)P*

除上述作用分类外，EN 1990还将化学、物理和生物特征的环境影响当作一组独立的作用（***条款4.1.7***）。这些影响与力学作用有许多共同之处；特别是，它们可以根据随时间的变化而被分类为永久的（例如化学影响）、可变的（例如温度和 *条款4.1.7*

湿度的影响）和偶然的（例如腐蚀性化学品的扩散）。通常，环境影响可能导致材料性能随时间劣化，并因此可能造成结构可靠性的逐渐降低。

4.1.2 作用的标准值

一般规定

条款4.1.2(1)P

条款4.1.2(1)P

包括环境影响在内的所有作用，都作为各种代表值被纳入设计计算。作用 F 的最重要代表值是标准值 F_k［***条款4.1.2(1)P***］。根据可用的数据和经验，标准值在相关的欧洲标准中应被规定为平均值、上限值、下限值或名义值（不涉及任何统计分布）。（在所有 Eurocodes 中，术语“名义值”表示因为无法评估标准值，在设计规范或法规中，甚至在特定项目的设计标准中给出的值。）在特殊情况下，如果遵守 EN 1990 中的一般规定，也可以在设计中指定或由有关主管部门规定作用的标准值［***条款4.1.2(1)P***］。

条款4.1.2(1)P

关于各种作用和环境影响的相关统计数据很少。因此，确定作用的代表值不仅可能涉及对可用观测和试验数据的评估和分析，而且通常当完全没有足够的统计数据时，也可能是相当主观的评估、判断（例如对于某些特殊偶然作用）或决定（例如对于既有结构上允许的荷载）。对于这些情况，当统计分布未知时，标准值将被规定为名义值［***条款4.1.2(1)P***］。然而，无论最初确定标准值的方法是什么，在 EN 1990 中都以相同方式对待所有标准值。

永久作用

条款4.1.2(2)P

条款4.1.2(2)P

关于确定永久作用 G［***条款4.1.2(2)P***］，特别是对于确定传统结构材料的自重，可以获得足够的统计数据。如果永久作用的变异性小，则采用单个标准值 G_k。然后，G_k 应取平均值［***条款4.1.2(2)P***］。

条款4.1.2(3)

当永久作用的变异性较大时，必须使用两个值：上限值 $G_{k,sup}$ 和下限值 $G_{k,inf}$［***条款4.1.2(3)***］。

例如，对于桥梁：

■ 桥面板的自重（用于计算弯矩、剪力、扭矩等）使用平均值，因为其变异性很小（桥梁施工通常由具有资质的人员严格控制）；

■ 车辆护栏、防水、涂料和铁路道砟等的自重则使用上限和下限标准值，因为（甚至随时间的）变异性也可能较大（参见 EN 1991-1-1）。

条款4.1.2(3)

根据结构类型，如果设计使用年限内永久作用的变异系数仅在0.05 ~ 0.1 之间［***条款4.1.2(3)*** 的建议值］变化，则通常可以假设永久作用的变异性很小。实际上，这个数值范围旨在解释一般建筑物中自重的效应。对于桥梁，特别是大跨度桥梁，自重效应的变异系数会在更小的范围内，例如在 0.02 ~ 0.05 之间。

条款4.1.2(6)

但是，如果结构对 G 的变化非常敏感（例如某些类型的预应力混凝土结构），即使变异系数很小，也必须考虑两个值［***条款4.1.2(6)***］。

在自重的情况下，可以使用单个值，并且可以假设 G_k 取平均值 μ_G（见图 4.1；本指南附录 C 给出了基本统计参数的定义），使用《结构上的作用 第 1-1 部分：一般作用——房屋建筑的密度、自重和外加荷载》(EN 1991-1-1)中提供的数值,在名义尺寸和平均单位质量的基础上计算[**条款*4.1.2(5)***]。在其他情况下,当使用两个值时[**条款*4.1.2(2)P*** 和**条款*4.1.2(4)***],下限值 $G_{k,inf}$和上限值 $G_{k,sup}$应分别取 0.05 分位值或 0.95 分位值,如图 4.1 所示。通常可以假定自重服从正态分布(高斯分布)。 条款*4.1.2(5)* 条款*4.1.2(2)P* 条款*4.1.2(4)*

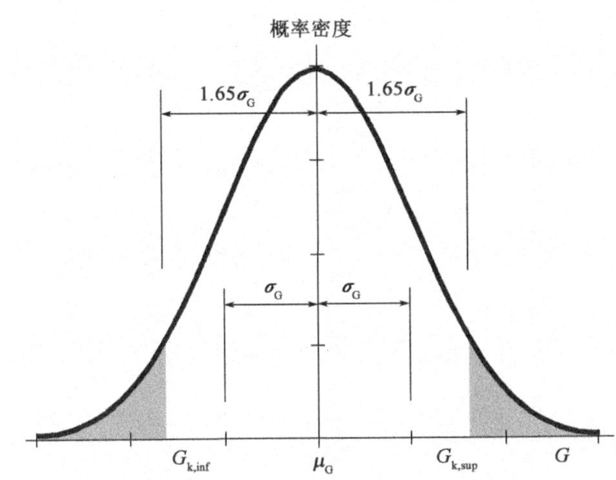

图 4.1　基于正态分布的永久作用的下限标准值($G_{k,inf}$)和上限标准值($G_{k,sup}$)

假设自重服从正态分布,可以使用以下关系(参见本章附录 2 中关于统计术语的定义和所涉及的基本统计技术)来确定下限值 $G_{k,inf}$和上限值 $G_{k,sup}$:

$$G_{k,inf} = \mu_G - 1.64\sigma_G = \mu_G(1 - 1.64V_G) \quad \text{(D4.1)}$$

$$G_{k,sup} = \mu_G + 1.64\sigma_G = \mu_G(1 + 1.64V_G) \quad \text{(D4.2)}$$

其中,V_G表示 G 的变异系数。由上式(另见图 4.1)可以得出,当变异系数为 0.10(这是永久作用的低变异性和高变异性之间的假设分界)时,$G_{k,inf}$和 $G_{k,sup}$比均值 μ_G小或者大 16.4%。

可能存在特定设计状况下的特殊情况(例如当考虑挡土墙的抗倾覆性和强度时),在设计中宜同时使用下限值 $G_{k,inf}$和上限值 $G_{k,sup}$(另见第 6 章)。

一种特殊类型的荷载由预应力(P)表示(表 4.1),宜被视为永久作用[**条款*4.1.2(6)***]。由 P 引起的永久作用可能是由强制力(例如拉索预应力)或强制变形(例如通过支座处的外加变形产生预应力)引起的。然而,在物理上,P 是一个依赖于时间的作用(单调的),因此其标准值可能取决于时间[参见**条款*4.1.2(6)*** 的注]。必须注意的是,根据《结构上的作用　第 1-6 部分:一般作用——施工荷载》(EN 1991-1-6)对于锚固区,施加预应力时的张拉力宜归类为可变作用。 条款*4.1.2(6)* 条款*4.1.2(6)*

可变作用

最常见的可变作用的可用统计数据量允许通过概率方法确定其标准值 Q_k。

条款4.1.2(7)P　如***条款4.1.2(7)P***所述,在某些情况下,标准值可以取名义值。

例如,在大多数欧洲国家,可以获得过去40年的气候数据,因而可以允许科学地确定风、雪和温度变化引起的作用。为了校准公路桥梁上的交通荷载(EN 1991-2),使用了一条主要的欧洲高速公路上的超过20万辆重型车辆的交通记录。对于建筑楼面荷载或人行桥上行人引起的动力作用,情况则不太乐观,但Eurocode 1给出了正确的数量级。

当可以进行统计处理时,标准值 Q_k 对应于假定基准期内与不被超越的期望概率对应的上限值(最常见的情况),或者与达到的期望概率对应的下限值。因此,定义标准值要利用两项信息:观察极值(最大值或最小值)的基准期,以及这些极值不宜超过或不宜低于标准值的期望概率。一般而言,确定持久设计状况下气候作用和建筑楼面外加荷载的标准值 Q_k 的(不被超越的)期望概率为0.98,基准期为1年[见***条款4.1.2(7)P***注2]。

条款4.1.2(7)P

背景

基准期的概念如图4.2所示,图中给出了可变作用 Q 随时间 t 的变化。在横坐标上,将基准期 τ 设为特定的时间段(例如1年)。在每个基准期 τ 内,可变作用 Q 达到其最大值 Q_{max}(例如年极值)。以这种方式,可以获得 $Q_{1,max}$、$Q_{2,max}$、$Q_{3,max}$ 等一系列值。这些 Q_{max} 值的分布(例如年极值的分布)即图4.2中的概率密度函数 $\varphi_{Qmax}(Q)$,其中 Q 是自变量。然后,可以通过仅在有限的概率 p(比如0.02)被 Q_{max}(年极值)超过的要求来定义标准值 Q_k(图4.2)。因此,标准值 Q_k 是极值 Q_{max} 的 p-分位值("分位值"的定义见本指南附录C)。

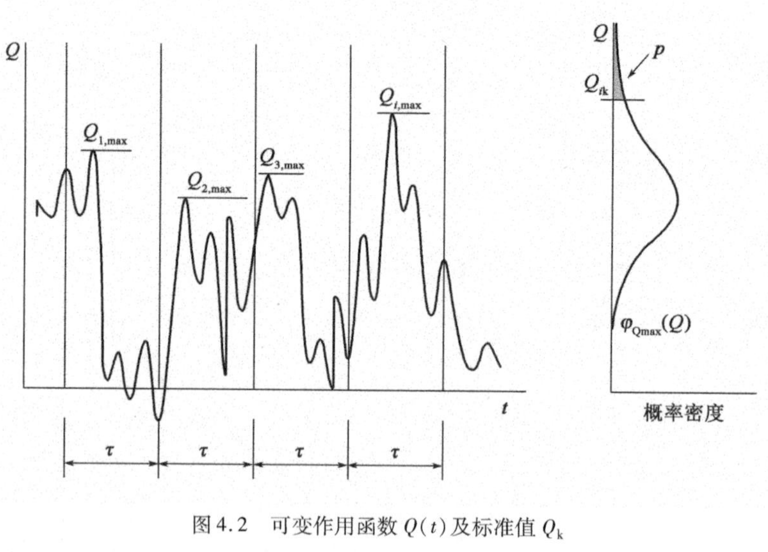

图4.2　可变作用函数 $Q(t)$ 及标准值 Q_k

不超过标准值的概率 p 和基准期 τ 的关系式为:

$$T = \frac{\tau}{p}$$

其中，T 是对应于概率 p 值的重现期（连续两次出现超过标准值之间的预期时间段）。因此，对于概率 $p=0.02$ 和基准期1年，标准值的重现期为 $T=1/0.02=50$ 年。根据***条款4.1.2(7)P*** 的注2，不同的基准期可能更适合不同的可变作用的特征，这将改变标准值不被超过的期望概率和重现期。 *条款4.1.2(7)P*

注意，某些可变作用可能没有类似于气候或交通作用的周期性特征，对此上述基准期和重现期的概念可能不再适合。在这种情况下，考虑其实际性质，可以用不同的方式确定可变作用的标准值。例如，通常宜通过考虑水位波动和适当的几何参数的变化（如结构或结构组件暴露于水中部分的轮廓）来计算由水引起的可变作用。

偶然作用

与永久作用和可变作用相比，偶然作用的统计信息较少。***条款4.1.2(8)*** ~ ***条款4.1.2(9)*** 可以非常简单地总结如下。应为不同项目特别规定设计值 A_d，在《结构抗震设计》（EN 1998）中给出了地震作用的数值［***条款4.1.2(9)***］。需要注意的是： *条款4.1.2(8)* *条款4.1.2(9)* *条款4.1.2(9)*

- 地震作用在《结构抗震设计》（EN 1998）中定义；
- 因火灾引起的偶然荷载在《结构上的作用 第1-2部分：对受火结构的作用》（EN 1991-1-2）中规定；
- 爆炸和一些冲击作用在《结构上的作用 第1-7部分：一般作用——偶然作用》（EN 1991-1-7）中定义（另见本指南第2章）；
- 桥梁在偶然设计状况下的作用在《结构上的作用 第2部分：桥梁上的交通荷载》（EN 1991-2）中定义。

对于多个分量的作用和某些类型的验算（例如静力平衡验算），其特征作用宜由对应于每个分量的若干数值表示［***条款4.1.2(10)***］。 *条款4.1.2(10)*

4.1.3 可变作用的其他代表值

除了作用标准值外，EN 1990 还为可变作用规定了其他代表值。3种代表值通常用于可变作用：组合值 $\psi_0 Q_k$、频遇值 $\psi_1 Q_k$ 和准永久值 $\psi_2 Q_k$［***条款4.1.3(1)P***］。ψ_0、ψ_1 和 ψ_2 是可变作用标准值的折减系数，但它们具有不同的含义。 *条款4.1.3(1)P*

ψ_0 称为组合值系数，用于体现同时发生两个（或更多）独立的可变作用的概率减小。

对于承载能力极限状态的持久和短暂设计状况以及正常使用极限状态的标准组合，只有伴随可变作用才能用 ψ 系数折减。在其他情况下（对于偶然设计状况和正常使用极限状态的组合），主导作用和伴随作用都可以用 ψ 系数折减（参见表4.2和第6章）。如果难以确定主导作用（在考虑作用组合时），那么将需要进行比较研究。

主导可变作用及伴随可变作用的系数 ψ_0、ψ_1 和 ψ_2 在承载能力极限状态和正常使用极限状态下的应用 表4.2

极限状态	设计状况或组合	ψ_0	ψ_1	ψ_2
承载能力	持久和短暂	伴随可变作用	—	—
	偶然	—	（主导可变作用）	（主导可变作用）和伴随可变作用
	地震	—	—	所有可变作用
正常使用	标准	伴随可变作用	—	—
	频遇	—	主导可变作用	伴随可变作用
	准永久	—	—	所有可变作用
—表示不适用				

条款*A.1.2.2*

建筑的所有3个系数 ψ_0、ψ_1 和 ψ_2 的推荐值见 EN 1990 的*附录A*（**条款*A.1.2.2***）。它们在承载能力极限状态和正常使用极限状态验算中的应用如表4.3所示（另见本指南第6章）。

用于确定5%和0.1%下分位值的系数 $k_{P,\alpha}$ 表4.3
（假定三参数对数呈正态分布）

偏度系数	系数 $k_{P,\alpha}$（$P=5\%$）	系数 $k_{P,\alpha}$（$P=0.1\%$）
-2.0	-1.89	-6.24
-1.0	-1.85	-4.70
-0.5	-1.77	-3.86
0.0	-1.64	-3.09
0.5	-1.49	-2.46
1.0	-1.34	-1.99
2.0	-1.10	-1.42

组合值 $\psi_0 Q_k$、频遇值 $\psi_1 Q_k$ 和准永久值 $\psi_2 Q_k$ 的示意图见图4.3。

条款*4.1.3(1)P*

组合值 $\psi_0 Q_k$ 与承载能力极限状态和不可逆正常使用极限状态的作用组合相关，以便考虑同时发生几个独立作用的最不利值时的概率减小[**条款*4.1.3(1)P***]。用于确定 ψ_0 的统计技术见 EN 1990 的*附录C*（另见本指南第9章）。用于建筑的某些外加作用的组合值系数 ψ_0 通常等于0.7（参见 EN 1990 的*附录A1* 和本指南第7章）；该值如图4.3所示。

频遇值 $\psi_1 Q_k$ 主要与正常使用极限状态下的频遇组合相关，并且也被认为适合于验算承载能力极限状态的偶然设计状况。在这两种情况下，折减系数 ψ_1 要与主导可变作用相乘。根据 EN 1990，可以根据在选定时间段内 $Q>\psi_1 Q_k$ 的总时间仅是该选定时间段的规定（小）部分，也可以根据 $Q>\psi_1 Q_k$ 的总频数小于给定值来确定可变作用 Q 的频遇值 $\psi_1 Q_k$。超过 $\psi_1 Q_k$ 的总时间等于时间段 Δt_1、Δt_2…的总和，在图4.3中用水平线的加粗部分来表示频遇值 $\psi_1 Q_k$。

条款*4.1.3(1)P*
条款*4.1.3(1)P*

根据**条款*4.1.3(1)P*** 的注1，基准期（建筑物为50年）建议取值为0.01。特定条件适用于桥梁上的交通荷载[**条款*4.1.3 (1)P*** 的注1和注2]。EN 1991-2中提供了有关交通荷载的详细介绍，EN 1991-1-5 中针对温度作用，EN 1991-1-4中

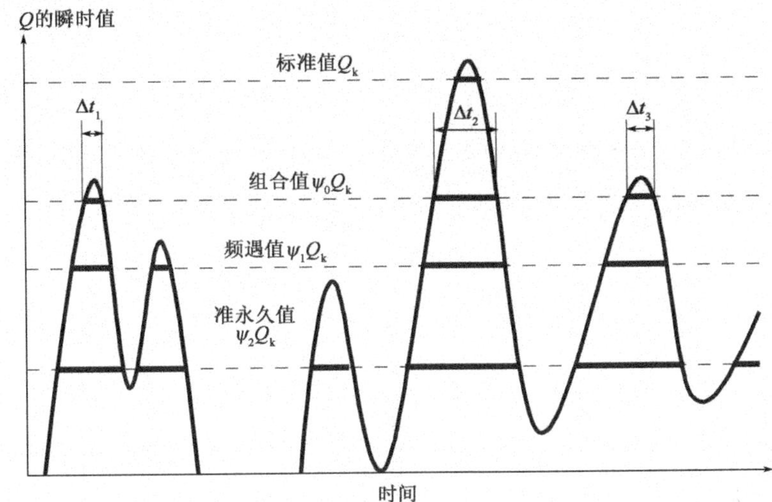

图4.3 可变作用的代表值

针对风荷载给出了详细介绍；本指南中未作进一步评述。

建筑中某些外加作用和停车场中作用的频遇值系数 ψ_1 等于 0.5（参见 EN 1990的*附录A1* 和本指南第7章）；该值如图4.3所示。

注意，推荐值也可能会更改，具体取决于建筑工程的类型和设计中考虑的设计状况。某些情况下，要使用两个（上限值和下限值）或更多频遇值。

准永久值 $\psi_2 Q_k$ 的主要用途是评估长期效应（例如预应力混凝土连续梁的徐变效应）。但是，它们也用于偶然和地震作用组合（承载能力极限状态下），以及用于验算正常使用极限状态的频遇和准永久组合（长期效应）[***条款4.1.3(1)P***]。 *条款4.1.3(1)P*

根据 EN 1990，可以用在选定时间段内 $Q > \psi_2 Q_k$ 的总持续时间占选定时间段的相当大的一部分（如0.5）来确定准永久值 $\psi_2 Q_k$ [***条款4.1.3(1)P*** 的注(c)]。 *条款4.1.3(1)P* 该值也可以确定为在选定时间段内的平均值。对于某些作用，系数 ψ_2 会非常小。例如，公路桥梁的交通荷载，准永久值等于0（城市区域的重载桥梁除外，特别是在地震设计状况下）。

超过 $\psi_2 Q_k$ 的总时间等于各时段的总和，在图4.3中用水平线的加粗部分表示准永久值 $\psi_2 Q_k$。在某些情况下，外加作用的准永久值系数 ψ_2 等于 0.3（参见 EN 1990*附录A1* 和本指南第7章）；该值如图4.3所示。

代表值 $\psi_0 Q_k$、$\psi_1 Q_k$ 和 $\psi_2 Q_k$ 以及标准值用于定义作用的设计值和作用组合，如第6章所述。它们在承载能力极限状态和正常使用极限状态验算中的应用如表4.2所示。对于特定结构和特殊类型的荷载，可能需要用到上述数值之外的代表值[例如疲劳荷载(***条款4.1.4***)]。 *条款4.1.4*

4.1.4 疲劳作用的表示法

众所周知，荷载的波动可能会导致疲劳。疲劳作用的模型应取自 EN 1991 中与所考虑结构相关的适当部分[***条款4.1.4(1)***]。 *条款4.1.4(1)* 如果 EN 1991 中没有相关信息，则应使用对预期荷载谱的测量的评估[***条款4.1.4(2)***]。 *条款4.1.4(2)* 在评估波动荷载的效应时,应从 EN 1992 ~ EN 1999 获取所需信息,因此本指南不再作进一步评述。

4.1.5 动力作用的表示法

条款4.1.5(1) *条款4.1.5(2)* *条款5.1.3*

EN 1991 中提供的特征疲劳模型通常包括时变作用引起的加速度效应,一般隐含在标准荷载中,或明确以动力放大系数表示[***条款4.1.5(1)***]。但是,时变作用可能会引起显著的动力效应,应对整个结构体系进行动力分析[***条款4.1.5(2)***]。关于结构分析的一般指南见 EN 1990 的***条款5.1.3*** 和本指南的第 5 章。

4.1.6 岩土工程作用

EN 1990 没有提供关于岩土工程作用的具体信息。EN 1997 为岩土工程作用提供了指南,但这超出了本指南的范围。

4.1.7 环境影响

条款4.1.7(1)P

环境影响(CO_2、氯化物、湿度、火灾等)可能会显著影响材料性能,从而对结构的安全性和适用性产生不利影响。这些效应在很大程度上依赖于材料,因此必须在 EN 1992 ~ EN 1999 中规定每种材料的具体特性[***条款4.1.7(1)P***]。

条款4.1.7(2) *条款4.1.7(1)P*

当环境影响可以用理论模型和数值来描述时,可以通过适当的计算方法定量估算材料的退化[***条款4.1.7(2)***]。然而,在许多情况下这可能是困难的,且只能进行近似评估。通常,各种环境影响的组合对于给定条件下的特定结构的设计可能是决定性的。各种作用的组合在 EN 1990 的*第6章*和本指南第 6 章中将进一步考虑。在 *EN 1992 ~ EN 1999* 中给出关于使用不同材料的各种结构的环境影响的其他详细规定[***条款4.1.7(1)P***]。

4.2 材料和产品特性

4.2.1 一般规定

本节讨论建筑物设计中使用的建筑材料和产品的各种特性,这部分内容在 EN 1990的 *4.2* 中的 10 个条款中涵盖。本章的附录提供了关于材料特性建模的一般信息(附录 1)和确定材料及产品特性标准值与设计值的基本统计技术(附录 2)。

4.2.2 标准值

条款4.2(1) *条款1.5.4.1* *条款4.2(2)* *条款4.2(6)*

材料和土的特性是决定结构可靠性的重要的一组基本变量。在设计计算中,材料(包括土和岩石)或产品的特性由标准值表示,其对应于不被超越的规定概率[***条款4.2(1)***,标准值的定义见***条款1.5.4.1***]。当材料特性是极限状态验算中的重要变量时,应考虑使用材料特性的上限和下限标准值[***条款4.2(2)***,参见***条款4.2(6)***](图 4.4)。

条款4.2(3) *条款4.2(3)*

通常,材料或产品特性的下限值不利时,标准值应考虑采用 5%(较低)分位值[***条款4.2(3)***]。然而,存在需要估算强度上限值的情况(例如用于计算间接作用效应时的混凝土抗拉强度)。在这些情况下,应考虑使用强度的上限标准值。当上限值不利时,标准值应考虑采用 95%(较高)分位值[***条款4.2(3)***]。有关强度和刚度参数的一般信息见本章附录 1。

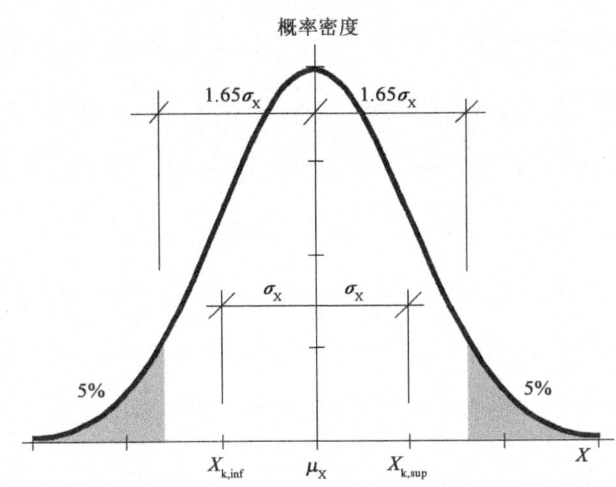

图 4.4　材料或产品特性的下限标准值($X_{k,inf}$)和上限标准值($X_{k,sup}$)示意图

4.2.3　标准值的确定

材料特性通常通过在特定条件下进行的标准试验确定[***条款4.2(4)P***]。必要时,应采用换算系数将试验结果转化为可假定用来表示结构或地基特性的值。标准试验的这些因素和其他详细内容在 EN 1992 ~ EN 1999 中给出。对于传统材料(例如钢和混凝土),已有先前的经验和大量测试,各种设计规范已经给出了适当的换算系数(见本指南第 6 章和第 10 章)。新材料的特性应从广泛的测试方法中获得(包括对整体结构的测试),以探寻相关特性和相应的换算系数。只有在有关其特性的(由试验证据支撑的)综合信息可用时,才应引入新材料。 *条款4.2(4)P*

假设材料特性随机性的理论模型已知,或有足够数据可用于确定该模型,则本章附录 2 中描述了获得特定分位值的基本操作规则。如果仅有有限的测试数据,则应考虑由于数据有限而导致的统计不确定性,上述操作规则应由更复杂的统计技术代替(见 EN 1990 的*附录D* 以及本指南第 10 章和附录 C)。

根据***条款4.2(5)***,当缺乏一种特性的统计分布信息时,可以在设计中使用名义值。在对特性的变异性不敏感的情况下,可以将平均值作为标准值。材料特性及其定义的相关数值可在 EN 1992 ~ EN 1999 中获得[***条款4.2(7)***]。 *条款4.2(5)* *条款4.2(7)*

注意,刚度参数通常采用平均值表示[***条款4.2(8)***]。这可以通过以下方式解释:刚度参数通常用于相互作用模型(例如土-结构相互作用)或用于关联多种材料的有限元模型中。材料的刚度特性不能因为分项系数而改变,因为计算结果会失真。因此,建议不要改变刚度参数。然而,在某些情况下(例如在计算桩顶部承受水平力时),可能需要考虑这些参数的下限值和上限值,这通常根据工程判断来评估。 *条款4.2(8)*

通常,若要从测试中得到下限或上限标准值,对于使用包含多个类别的分级体系对材料(例如木材或钢材)进行分类的情况,应仔细检查可用数据,以考虑制造商可能将高等级不达标试件又归入低等级从而扭曲低等级试件的统计特征(包

括平均值、标准差和分位值)的可能性(图4.5)。显然,两个等级的这种“混合”可能显著影响下限和上限标准值。

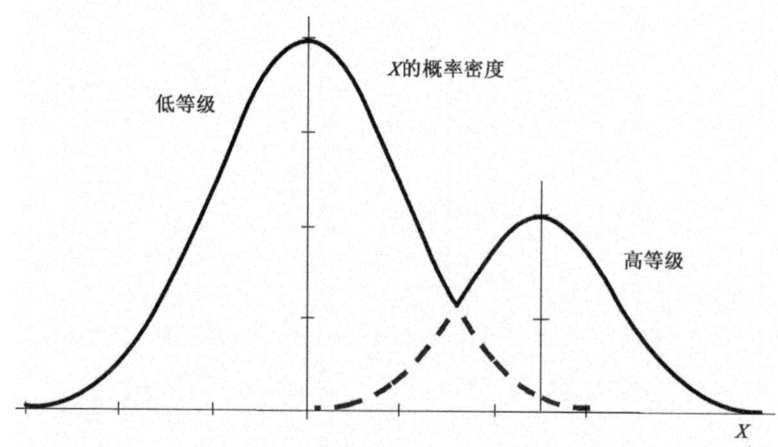

图4.5 材料两个等级的组合导致的统计分布失真

条款4.2(9)
条款4.2(10)P
条款4.2(10)P

材料和产品特性的具体值在EN 1992 ~ EN 1999[***条款4.2(9)***]中给出,其中还规定了相应的分项系数[***条款4.2(10)P***]。除非有适当的统计信息,否则应使用分项系数的保守值[***条款4.2(10)P***]。

4.3 几何数据

条款4.3(1)P
条款4.3(2)
条款4.3(3)
条款4.3(4)
条款4.3(5)P

本节涉及结构建筑结构和土木工程设计中使用的几何数据,所述内容包含在EN 1990的5个条款中[***条款4.3(1)P***,***条款4.3(2)***,***条款4.3(3)***,***条款4.3(4)***和***条款4.3(5)P***]。本章的附录提供了有关几何数据标准值(见附录3)和整体缺陷容差(见附录4)的信息。

条款4.3(1)P
条款4.3(2)
条款4.3(3)

几何变量用于描述结构、结构构件和横截面的形状、尺寸和整体布置。在设计中,应考虑其大小的可能变化,这取决于制造和施工过程(放线、施工等)的工艺水平。在设计计算中,几何数据应由其标准值表示,或者在存在缺陷的情况下,由其设计值直接表示[***条款4.3(1)P***]。根据***条款4.3(2)***,标准值通常对应于设计中规定的尺寸,即名义值(见图4.5)。但是,在相关情况下,几何量可能对应于可用统计分布的规定分位值[***条款4.3(3)***]。该值可以使用本章附录3中的公式(D4.14)来确定。

条款4.3 (3)

可能对结构可靠性产生重大影响并且应在设计中考虑的一类重要几何数据包括各种类型的缺陷[***条款4.3(3)***]。根据材料和结构类型,EN 1992 ~ EN 1999中对缺陷作了具体规定。

条款4.3(5)P

根据***条款4.3(5)P***的重要原则,连接部分的容差应相互兼容。为了验证所有规定容差的相互兼容性,可能需要考虑对其他标准(EN 1992 ~ EN 1999)中提供的缺陷和偏差的单独分析。这种分析尤其重要,例如对于大跨度预制组件用作结构构件或内部填充墙或外部(围护墙)构件的情况。BS 5606中所述的统计方法给出了关于可用于验证所有考虑容差的相互兼容性的方法的详细描述。

注意,《混凝土结构施工　第1部分:通用规定》(ENV 13670-1)中给出了混凝土构件的各种几何数据的允许偏差。

附录1　材料特性的建模

一般注意事项

结构分析和设计中使用的材料特性应通过与计算模型中考虑的特性相对应的可测量物理量来表示。通常,这些物理量是与时间相关的,并且还可能取决于温度、湿度、加载历史和环境影响。它们还取决于有关制造、供应和验收标准的特定条件。

材料特性及其变化通常应使用标准试件进行测试。测试应基于代表所考虑总体的随机样本。为了确定与计算模型中的假设相对应的特性,从试件获得的特性通常需要使用适当定义的换算系数或函数进行转换。在计算模型中还应考虑换算系数的不确定性。换算系数通常涵盖尺寸效应、形状效应、时间效应以及温度、湿度和其他环境影响的效应。

对于岩土和既有结构,材料不是新生产的,而是就在现场。因此,必须采用适当的测试方法为每个项目确定特性的取值。此外,基于测试结果的详细调查可以提供比纯统计数据更精确和完整的信息,特别是关于系统性趋势或空间分布的薄弱环节。然而,均质材料的波动以及测试的有限精度及其物理解释可以通过统计方法来处理。对于这些材料,调查范围是其结构可靠性的重要因素,通常很难量化。

在设计阶段,需要对建筑工程的预期材料作出假设。因此,必须从先前的经验和被认为适合于建筑工程的现有总体中推导出相应的统计参数。应使用合适的(较好的统计)质量控制方法在施工阶段检查所选参数的质量。确定足够均匀的总体(例如批量生产的适当分批)和样本的大小是指定结构可靠性的适当要素的其他重要方面。

重要的材料特性

设计计算中引入的最重要的材料特性描述了建筑材料的基本工程参数:

■ 强度f;

■ 弹性模量E;

■ 屈服应力(如适用)σ_y;

■ 比例极限ε_y;

■ 断裂应变ε_f。

图4.6给出了一维应力(σ)-应变(ε)关系的典型示例,以及上述基本参数。

在设计计算中,强度参数标准值通常定义为下5%分位值;刚度参数采用平均值(参见本指南4.2)。然而,当刚度影响结构承载能力时,应适当选择相应的分项系数来抵消选用平均值这一因素。如本指南4.2所述,在某些情况下,强度的上限标准值很重要(例如在计算间接作用影响时的混凝土抗拉强度)。上述一些

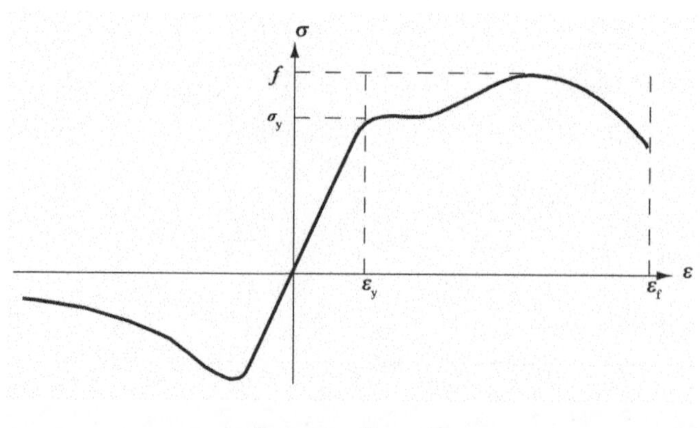

图 4.6 一维 σ-ε 图

特性(例如断裂应变),可以通过对横截面或结构构件性能的理论模型有效性的条件进行适当约定,隐含在设计计算中。

除了上面的一维应力(σ)-应变(ε)图中的基本材料特性(见图 4.6),还需要考虑其他重要方面:

■ 多轴应力条件(例如泊松比、屈服面、流动法则和硬化法则、裂纹产生和裂纹发展);

■ 温度效应(例如膨胀系数,以及对包括极端条件在内的材料特性的影响);

■ 时间效应(例如内部和外部影响的效应、徐变、徐变断裂、土的固结和疲劳劣化);

■ 动力效应(例如质量密度和材料阻尼,以及加载速率的影响);

■ 湿度效应(例如收缩对强度、刚度和延性的影响);

■ 缺口和缺陷效应(例如不稳定裂纹扩展、脆性断裂、应力强度因子、延性和裂纹几何形状的效应,以及韧性)。

疲劳特性

一个非常重要的材料特性是结构构件的疲劳特性。通常用简化试验来研究重复加载结构构件随时间变化的效应,其中构件经历等幅重复荷载,直到由于裂缝出现而过度变形或破裂。然后,通过表征 5% 失效分位值的特征 $\Delta\sigma$-N 曲线来定义疲劳强度。试验评估按照 EN 1990 *附录 D* 和 EN 1992 ~ EN 1999 的相应规定进行。

$\Delta\sigma$-N 特征曲线通常以双对数坐标轴表示,如图 4.7 所示。相应的等式如下:

$$\Delta\sigma^m N = C = 常数 \tag{D4.3}$$

其中,$\Delta\sigma$ 表示使用适当的材料和几何特性并考虑应力集中系数按照荷载范围计算得出的应力范围,N 表示循环次数。在某些情况下,应力集中系数是作为名义应力范围的显式系数引入的。

通常,$\Delta\sigma$-N 曲线取决于几何应力集中和金属材料的疲劳性能。EN 1992 ~ EN 1999 给出了不同材料的特征 $\Delta\sigma$-N 曲线的更多详细规定。

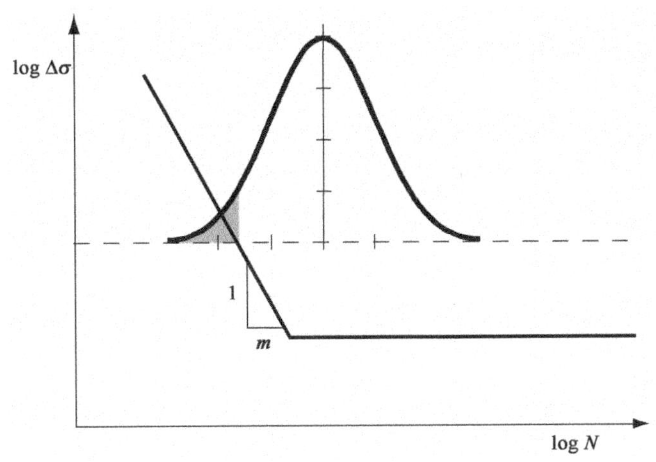

图4.7 Δσ-N特征曲线

附录2 确定标准值的基本统计技术

正态分布和三参数对数正态分布

由于大多数材料特性是相当分散的随机变量，因此使用的标准值应始终基于适当的统计参数或分位值。通常，对于给定的材料特性 X，考虑以下统计参数：均值 μ_X、标准差 σ_X、偏度系数（不对称）α_X 或其他统计参数，如分布上限值和下限值。在对称分布时（例如正态分布），系数 $\alpha_X = 0$，仅考虑均值 μ_X 和标准差 σ_X。在图4.8中，由实线表示这种类型的分布。

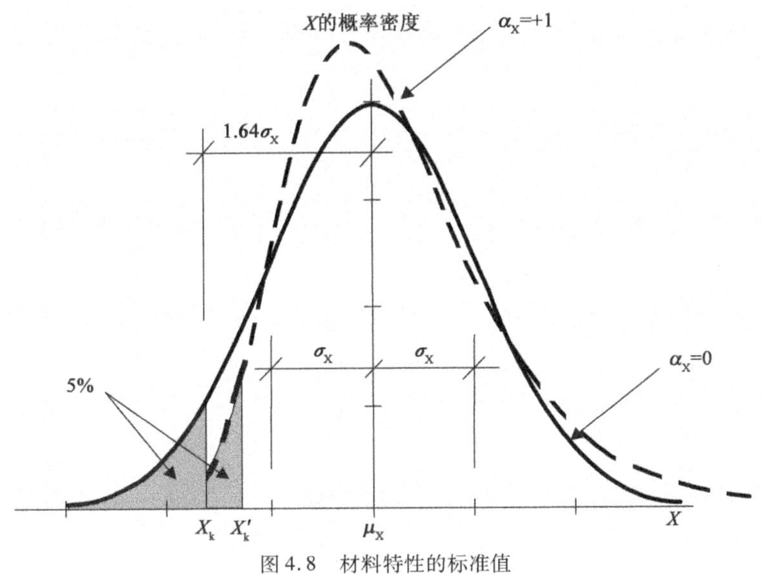

图4.8 材料特性的标准值

材料特性的标准值和设计值定义为适当分布的特定分位值。通常考虑下5%分位值用于强度标准值，以及考虑更小的（约0.1%）分位值用于设计值。如果假设为正态分布，则将下5%分位值定义为标准值 X_k，并用统计参数 μ_X 和 σ_X 计算如下：

$$X_k = \mu_X - 1.64\sigma_X \tag{D4.4}$$

其中，系数 -1.64 对应于概率5%分位值。图4.8给出了统计参数 μ_X、σ_X 和

标准值 X_k,以及变量 X 的正态分布概率密度函数(实线)。当考虑下 0.1% 分位值(设计值)时,宜使用系数 -3.09。

然而,通常材料特性 X 的概率分布可能是不对称分布的(具有正或负偏度 α_X)。图 4.8中的虚线曲线示出了具有正偏度系数 $\alpha_X = 1$,并因此上限为 $X_0 = \mu_X + 3.10\sigma_X$ 的一般三参数(单侧)对数正态分布。

在不对称分布的情况下,对应于概率 P 的分位值 X_P 的计算式为:

$$X_P = \mu_X + k_{P,\alpha}\sigma_X \tag{D4.5}$$

其中,系数 $k_{P,\alpha}$取决于概率 P 和偏度系数 α_X。假设服从三参数对数正态分布,表 4.3 给出了用于确定下 5% 和 0.1% 分位值时系数 $k_{P,\alpha}$的选定值。

从表 4.3 和式(D4.5)得出,正态分布(当 $\alpha_X = 0$ 时)的下 5% 和 0.1% 的分位值可能与不对称对数正态分布的相应值明显不同。当偏度系数为负($\alpha_X < 0$)时,对数正态分布的预测下分位值比具有相同均值和标准差的正态分布的预测下分位值更小(不利)。当偏度系数为正($\alpha_X > 0$)时(见图 4.8),对数正态分布的预测下分位值比正态分布预测下分位值更大(有利)。

下限为 0 的对数正态分布

一种普遍的下限为 0 的对数正态分布(常用于各种材料特性)总是具有正偏度 $\alpha_X > 0$:

$$\alpha_X = 3w_X + w_X^3 \tag{D4.6}$$

其中,w_X表示 X 的变异系数。例如,当 $w_X = 0.15$(现浇混凝土的典型值)时,$\alpha_X \approx 0.45$。对于这种特殊类型的分布,根据式(D4.6)计算偏度 α_X,然后可以从表 4.3中查得系数 $k_{P,\alpha}$。或者,可以通过下式确定下限为 0 的对数正态分布的分位值:

$$X_P = \mu_X \exp\left[k_{P,0}\sqrt{\ln(1 + w_X^2)}\right] / \sqrt{1 + w_X^2} \tag{D4.7}$$

该式常被简化(对于 $w_X < 0.2$)为:

$$X_P = \mu_X \exp(k_{P,0} w_X) \tag{D4.8}$$

注意,$k_{P,0}$是偏度 $\alpha_X = 0$(正态分布)时从表 4.3 中得到的。通常,对于标准值,假设概率 $P = 0.05$,即 $X_{0.05} = X_k$,对于设计值,近似考虑概率 $P = 0.001$,即 $X_{0.001} \approx X_d$。图 4.9 给出了式(D4.8)确定的重要分位数与均值 μ_X 的比值,即 $X_{0.05}/\mu_X$和 $X_{0.001}/\mu_X$与变异系数 w_X的函数关系。图4.9 还显示了式(D4.6)给出的相应的偏度 α_X。

图 4.9 中给出的偏度 α_X应用于验证下限为 0 的假设对数正态分布是否为合适的理论模型。如果按给定 w_X的可用数据确定的实际偏度与图 4.9[由式(D4.6)给出]中所示的显著不同,那么应使用更通用的三参数对数正态分布或其他类型的分布。在这种情况下,式(D4.5)和从表 4.3 中得到的系数

$k_{P,\alpha}$可以提供好的近似。如果实际偏度很小，比如$|\alpha_X|<0.1$，则正态分布就是很好的近似。

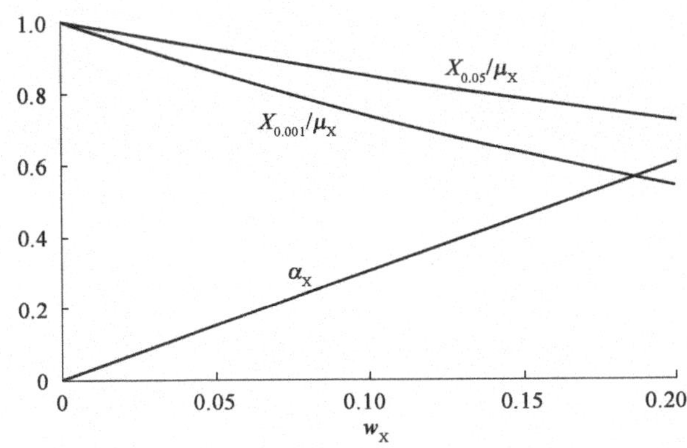

图4.9　α_X、$X_{0.05}/\mu_X$、$X_{0.001}/\mu_X$ 与 w_X的关系

当使用正态分布并且实际分布具有负偏度系数（$\alpha_X<0$）时，预测的下分位值将具有不利的误差（即，将大于正确的值）。对于正确的分布具有正偏度系数（$\alpha_X>0$）的情况，预测的下分位值将具有有利的误差（即，将小于正确的值）。对于偏度系数在区间[-1,1]内的5%下分位值（通常用于标准值），如果变异系数小于0.2，那么产生的误差约为6%。

当不对称效应显著时，0.1%分位值（近似作为设计值）可能会出现相当大的差异。例如，在$\alpha_X=-0.5$（通过统计数据表示某些等级的钢和混凝土的强度）的负不对称性和变异系数为0.15（适用于混凝土）的情况下，0.1%分位值的正确值对应于假定正态分布的预测值的78%。当变异系数为0.2时，则正确值减小到假设正态分布预测值的近50%。

然而，当材料特性服从具有正偏度的分布时，从正态分布获得的估计下分位值可能比相应的不对称分布的理论正确值低得多（因此保守且不经济）。通常，每当变异系数大于0.1或偏度系数在区间[-0.5,0.5]之外时，建议考虑不对称性以确定材料特性（参见本指南的附录B）。这是为什么材料特性的设计值更适宜确定为对不对称性不敏感的标准值和适当的分项系数γ_m的乘积的原因之一。

当需要用上分位值表示上限标准值时，可以使用式（D4.5），条件是表4.3中的偏度系数α_X和$k_{P,\alpha}$的所有数值都采用相反的符号。但是，在这种情况下，应仔细检查试验数据，以避免材料未通过更高等级的质量测试的可能影响（见本指南图4.2～图4.4）。

当已知（例如通过广泛的试验数据或先前的经验）概率分布的理论模型时，上述操作规定是适用的。但是，如果只有有限的试验数据，则应使用更复杂的统计技术（参见EN 1990 *附录D*），以考虑由于信息有限而导致的统计不确定性。

例 4.1

设混凝土材料的均值 $\mu_X = 30\text{MPa}$，标准差 $\sigma_X = 5\text{MPa}$（变异系数 $w_X = 0.167$），则 5% 分位值（标准值）计算如下：

■ 假设服从正态分布[式(D4.5)]，则

$$X_{0.05} = \mu_X - k_{P,0}\sigma_X = 30 - 1.64 \times 5 = 21.7\text{MPa} \tag{D4.9}$$

■ 假设服从下限为 0 的对数正态分布[式(D4.8)]，则

$$X_{0.05} = \mu_X \exp(k_{P,0} w_X) = 30 \times \exp(-1.64 \times 0.167) = 22.8\text{MPa} \tag{D4.10}$$

0.1% 分位值（设计值）为：

■ 假设服从正态分布[式(D4.5)]，则

$$X_{0.001} = \mu_X - k_{P,0}\sigma_X = 30 - 3.09 \times 5 = 14.6\text{MPa} \tag{D4.11}$$

■ 假设服从下限为 0 的对数正态分布[式(D4.8)]，则

$$X_{0.001} = \mu_X \exp(k_{P,0} w_X) = 30 \times \exp(-3.09 \times 0.167) = 17.9\text{MPa} \tag{D4.12}$$

显然，假设的分布类型引起的差异在 0.001 分位值时要比在 0.05 分位值时大得多（23%）。正态分布的 0.05 分位值（标准值）只比对数正态分布的值小 5%，而 0.001 分位值（设计值）却小 23%。

注意，根据式(D4.7)，下限为 0 的对数正态分布具有正偏度，则

$$\sigma_X = 3w_X + w_X^3 = 3 \times 0.167 + 0.167^3 = 0.5 \tag{D4.13}$$

应根据实际数据进行检查，但是，通常由于缺乏可用数据（估计偏度的最小样本量应至少为 30 组）而无法确定可信的偏度。建议将下限为 0 的对数正态分布作为首选近似分布。

附录 3 几何量的标准值

几何数据通常是随机变量。与作用和材料特性相比，大多数情况下认为它们的变异性较小或可忽略不计。可以假设这些量是非随机的，如设计图所示（例如有效跨度或有效翼缘宽度）。然而，当某些尺寸偏差会对结构的作用、作用效应和抗力产生显著影响时，应明确地将几何量视为随机变量，或将其隐含在作用或结构特性的模型中（例如偶然的偏心、倾斜以及影响柱子和墙的曲率）。一些几何量的相关值及其偏差通常在 EN 1992 ~ EN 1999 中提供。挑选出的一些描述结构的形状、尺寸和总体布置等几何量的数值见本章附录 2。

与设计相比，制造和施工过程（例如放线、安装等）以及物理和化学原因通常会导致竣工结构几何数据的偏差。一般会出现两种类型的偏差：

■ 由于装载、生产、放线和安装造成的初始偏差（与时间无关）；

■ 由于加载及各种物理和化学原因导致的与时间相关的偏差。

由制造、放线和安装引起的偏差也称为诱导偏差；由荷载和各种物理和化学

原因（例如徐变、温度和收缩的效应）引起的与时间相关的偏差被称为固有偏差（或结构材料固有特性引起的偏差）。

对于一些建筑结构（特别是当使用大跨度预制构件时），对于结构的特定部件（例如节点和支撑长度），诱导偏差和固有偏差可以是累积的。在设计中，应考虑累积偏差对结构可靠性（包括美学和其他功能要求）的影响。

尺寸的初始偏差可以通过适当的随机变量来描述，与时间相关的偏差可以通过尺寸的时间相关性系统偏差来描述。为了阐明这些基本术语，在图4.10中示出了结构尺寸 a 的概率分布函数，及其公称（基准）尺寸 a_{nom}、系统偏差 $\delta a_{sys}(t)$、极限偏差 Δa 和容限范围 $2\Delta a$。公称（基准）尺寸 a_{nom} 是设计图纸和文档中使用的基本尺寸，所有偏差都与之相关。系统偏差 $\delta a_{sys}(t)$ 是一个与时间相关的量，其代表了与时间相关的偏差。在图4.10中，极限偏差 Δa 对应概率0.05，其通常用于规定标准强度的概率值，此时，极限偏差 $\Delta a = 1.64\sigma_a$。但在特殊情况下，也可以使用其他概率值并应用其他数值代替系数1.64。对应概率 p 的尺寸 a 的分位值 a_p 通常可以表示为：

$$a_p = a_{nom} + \delta a_{sys}(t) + k_p\sigma_a \qquad (D4.14)$$

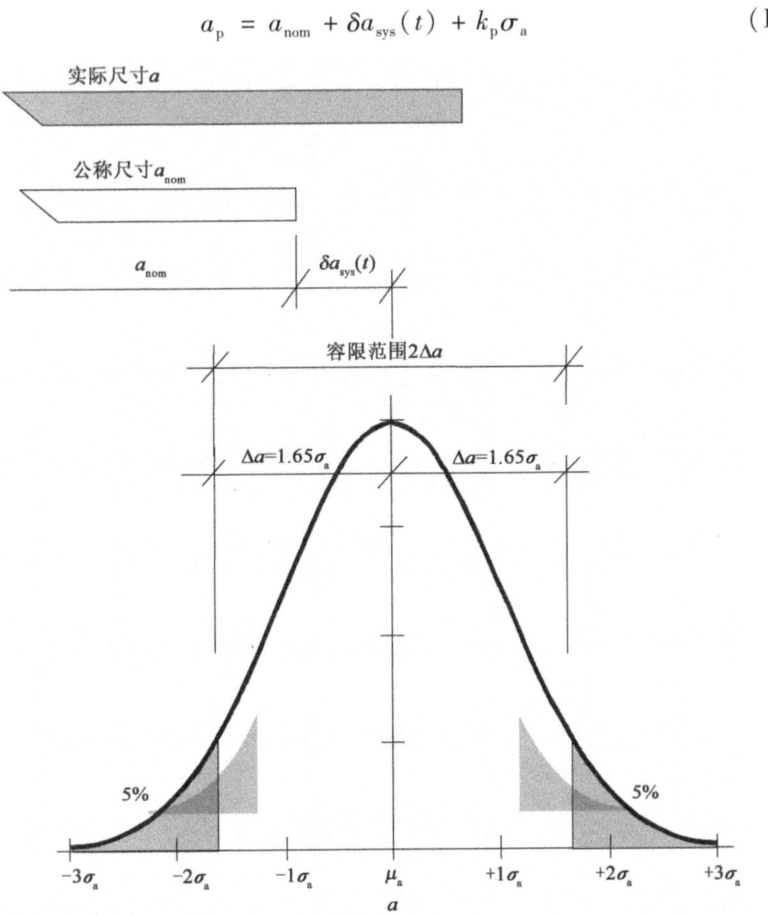

图4.10　尺寸 a 的标准值

此处，系数 k_p 取决于概率 p 和假设的分布类型（另见本章附录4和本指南附录B）。

例 4.2

考虑图 4.11 所示的简单装配结构,一个预制水平组件架立在两个垂直组件上。从图 4.11 中可以看出描述组件放样、安装和尺寸的相关尺寸。水平组件的支撑长度 b(图 4.11 中所示长度 b_1 和 b_2 之一)的公称值 $b_{nom}=85$mm。考虑到放样、制作和安装中的偏差,假定支撑长度近似服从系统偏差 $\delta b_{sys}(t)=0$ 和标准差 $\sigma_b=12$mm 的正态分布。

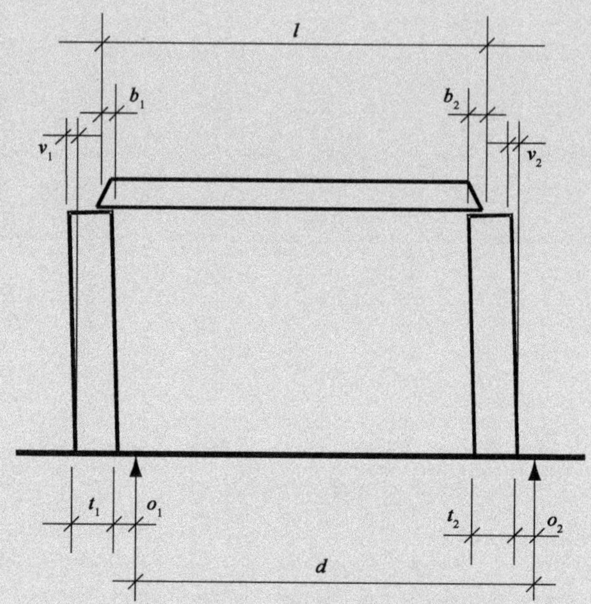

图 4.11 一个水平组件安放于两个垂直组件上

根据式(D4.4)和本指南附录 B 中给出的数据,该长度的 5% 下分位值为:

$$b_{0.05}=85-1.64\times12=65\text{mm} \tag{D4.15}$$

而 95% 上分位值为:

$$b_{0.95}=85+1.64\times12=105\text{mm} \tag{D4.16}$$

因此,支撑长度将以 0.90 的概率在 85mm ± 20mm 的范围内变化,并且由水平组件传递到垂直组件的荷载的偏心距将与假设值相差 ± 10mm。

初始偏差和与时间相关的偏差可能导致结构及其一部分的形状和尺寸发生相当大的变化,如下所示:

1 横截面、支座区域、节点等的形状和大小;

2 组件的形状和大小;

3 结构体系的整体形状和尺寸。

对于情况 1 和 2,结构尺寸的变化会影响结构的安全性、适用性和耐久性,在相关标准 EN 1992 ~ EN 1999 中给出了规定的允许偏差或容差。这些容差表示为正常容差,如果设计中未指定其他更小或更大的容差,则应予考虑。当偏离 EN 1992 ~ EN 1999 所规定的容差时,应注意确保设计已考虑其他偏差对结构可靠性的影响。对于情况 3,本章附录 2 给出了一些容差限值,以供参考。

附录4 整体缺陷的容差

竣工后的结构应满足表4.4和图4.12～图4.15中规定的标准。应将每个标准视为独立于任何其他容差标准的单独要求。

竣工后的正常容差 表4.4

标准	允许偏差
相邻柱之间距离的偏差	±5mm
多层建筑中柱子层间位移与层高 h 的关系(见图4.12)	$0.002h$
多层建筑中各层柱子顶部相对基础的水平位移(见图4.13)	$0.0035\sum h/\sqrt{n}$
单层建筑(非门式刚架且不带桥式起重机)的柱层间位移(见图4.14)	$0.0035h$
门式刚架(不带桥式起重机)柱的层间位移(见图4.15)	平均值:$0.002h$ 单个构件:$0.001h$

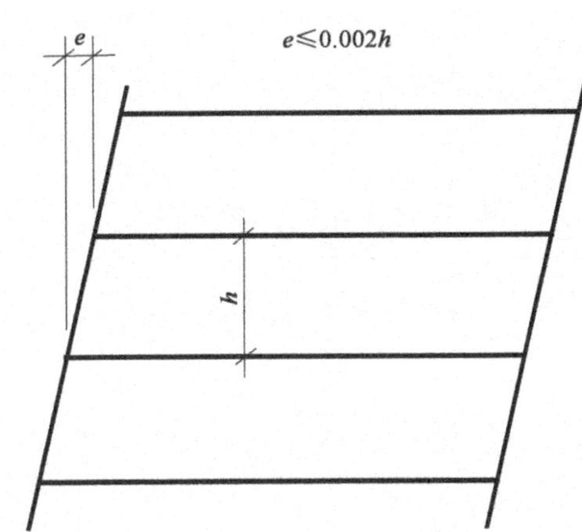

图4.12 柱的层间位移

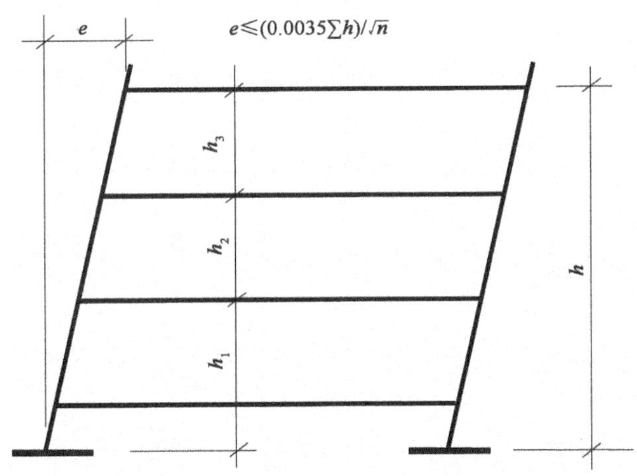

图4.13 各层柱子顶部相对于基础的水平位移

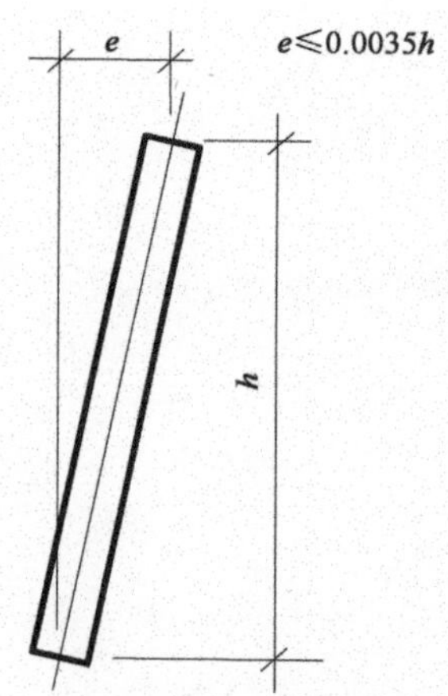

图 4.14　单层建筑中柱的层间位移

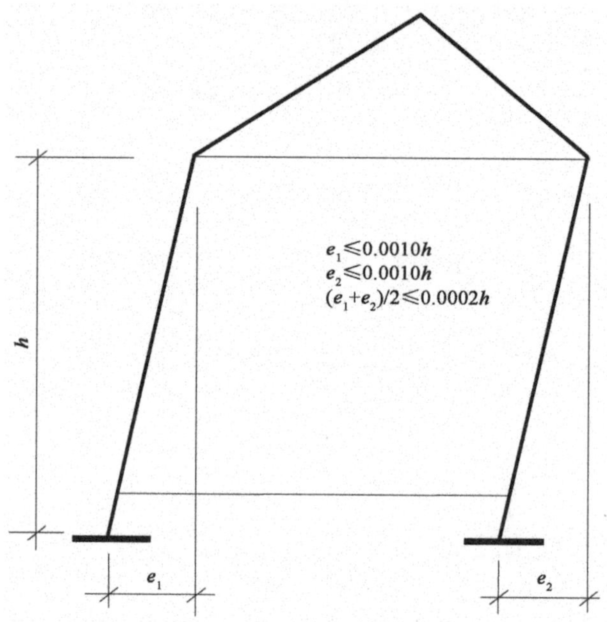

图 4.15　门式刚架柱的层间位移

第 5 章　结构分析和试验辅助设计

本章论述了建筑和土木工程结构的建模问题，以确定作用效应和抗力。本章所述内容参见 EN 1990 *第5* 章中的以下条款：

■ 结构分析 *条款5.1*

■ 试验辅助设计 *条款5.2*

5.1　结构分析

5.1.1　结构建模

EN 1990 *第5章*中提出的原则性规定和应用性规定主要涉及结构建模。通过结构建模和分析确定的横截面、节点或构件中的作用效应，可用于验证房屋建筑和构筑物在不同极限状态下的可靠性。在设计计算中，应全面考虑直接和间接作用引起的结构响应，以及环境影响的效应（例如火灾与强度的关系，应力与腐蚀的关系）。 ***条款5.1.1***

应按照预定的使用要求以及预定作用下的安全性和适用性来选择建筑物或构筑的整体结构形式。假定结构体系是由具有相应资质和经验的人员来选择，并满足所有其他要求，例如关于施工、质量控制、建筑材料、维护和使用（***条款1.3***）。 ***条款1.3***

通常，结构体系包含 3 个子体系：

■ 主结构体系：房屋建筑或构筑物中的承载构件及其共同工作的方式。

■ 次结构构件：例如将荷载传至主结构体系的梁和檩等。

■ 其他构件：例如围护墙、屋面、隔墙或外立面，它们仅将荷载传递到主、次结构构件。

主结构体系承载能力极限状态失效可能导致整体倒塌并产生重大后果，而次结构构件或其他构件的承载能力极限状态失效通常可能只会导致局部倒塌并引起轻微后果。因此，可能需要为这些子结构体系或其组合选定不同的结构模型和可靠度水平。对于一些结构体系（如带刚性连接围护填充墙和隔墙的框架），应考虑次结构构件或其他构件与主结构体系之间的相互作用。

根据***条款5.1.1(1)P*** 和***条款5.1.1(2)***，合适的设计模型应包含相关变量，并能以一定的精度来预测结构性能和考虑的极限状态。模型应基于已有的工程理论和实践，并在必要时进行试验验证[***条款5.1.1(3)P***]。EN 1990 非常强调*条款5.1.1(3)P*。 ***条款5.1.1(1)P*** ***条款5.1.1(2)*** ***条款5.1.1(3)P***

设计中将会用到各种假定,比如力-变形关系或应力-应变关系,横截面中的应变分布和充分的边界条件等假定。设计中还可能需要试验验证,特别是对于新型结构体系和材料,或者使用新的理论或数值方法来分析结构时。

通常,应将任何结构模型都视为理想化结构体系。简化模型应考虑重要因素并忽略不重要因素。可能影响结构模型选择的重要因素通常包括:

■ 几何特性(例如结构布置、跨度、横截面尺寸、偏差、缺陷和预期的变形);

■ 材料特性(例如强度,本构关系,时间和应力状态的相关性,塑性,温度和湿度的相关性);

■ 作用(例如直接作用或间接作用、随时间变化的作用、随空间变化的作用,以及静力作用或动力作用)。

应根据以往的结构性能经验和知识选择合适的结构模型。模型的复杂性应考虑结果的预期用途,通常包括考虑适当的极限状态、结果的类型和预期的结构响应。一般地,可以使用具有等价特性的简单整体分析来识别需要更复杂和精细化建模的区域。

按照整体的结构布置,结构可以被看作三维结构体系或平面框架体系和/或梁体系。例如,没有显著扭转响应的结构可以认为是由一组平面框架组成的。对于刚度中心和质心被设计成不重合的结构或偶然不重合的结构(例如缺陷引起的不重合),研究其扭转响应很重要,例如,当需要考虑由柱直接支撑的连续平板和刚度和/或质量不对称的结构的三维特性时。在许多情况下,根据给定作用引起的预期结构变形的形式,能够明显地指出结构的可行简化,并因此得出合适的结构模型。

在考虑结构的稳定性时,不仅应关注单个构件,还要重视整体结构:对各构件均进行了合理设计的结构仍可能受到整体失稳(例如均匀格构式塔吊柱的扭转屈曲)的影响。

5.1.2 静力作用

条款5.1.2(1)P

根据***条款5.1.2(1)P***,静力作用的建模(原则上)应基于对构件及其连接以及构件和地基之间力-变形关系适当的选择。在几乎所有的设计计算中,对力和变形之间的关系进行一些假设是必要的。通常,这些假设取决于所选择的设计状况、极限状态和考虑的荷载工况。

塑性理论假定了梁塑性铰和板屈服线的发展,但鉴于以下原因应谨慎使用:

■ 确保结构塑性性能需要的变形不符合正常使用极限状态的规定,特别是对于大跨度框架和连续梁;

■ 这些变形通常不应频繁重复,以避免所谓的低周疲劳;

■ 应特别注意承载能力受脆性破坏或不稳定性限制的结构。

通常使用不同的设计模型分别计算作用效应和结构抗力。这些模型原则上应相互一致。但是,在许多情况下,可以修改此规定以简化分析。例如,通常采用弹性理论分析框架或连续梁的作用效应,但是确定横截面、节点或构件的结构抗力时,或许会考虑材料的各种非线性和非弹性特性。

设计人员要注意到作用于模型的边界条件与结构模型本身一样重要[**条款5.1.2(2)P**]。在复杂有限元分析的情况下尤其如此,此时设计边界条件应准确地模拟建成后结构的实际边界条件。 条款5.1.2(2)P

根据 EN 1990,如果位移和变形导致作用效应明显增大,应在承载能力极限状态验算(包括静力平衡)中考虑位移和变形的效应(即结构分析中的二阶效应)[**条款5.1.2(3)P**]。 条款5.1.2(3)P

背景

在之前版本的 Eurocode(ENV 1991-1)中,曾提出将作用效应增大 10% 以上,但人们认识到该数值取决于具体的建筑和/或其结构材料。

可以通过假设等效的初始缺陷并进行适当的几何非线性分析,来考虑二阶效应。或者,可以将对应倒塌情况的变形的一组附加非线性力引入一阶分析中。

通常认为有两类二阶效应:

■ 整体二阶效应(结构侧移的效应);

■ 构件二阶效应。

符合下述条件的结构可以被归为非侧移结构,忽略整体二阶效应:

■ 由于二阶变形而增加的相关弯矩或侧移剪力分别小于一阶弯矩或层剪力的 10%;

■ 结构的轴向力不超过理论屈曲荷载的 10%。

对于规则的钢或混凝土框架,整体分析可以基于一阶方法,然后构件分析可以考虑整体二阶效应和构件二阶效应。该方法不宜用于非对称或不常见的情形。

用于验证正常使用极限状态和疲劳的设计模型通常基于结构材料的线弹性性能,而用于验证承载能力极限状态的设计模型通常考虑结构的非线性特性和后临界性能。然而,EN 1990 指出,间接作用应被引入分析,在线弹性分析中可直接将其引入或作为等效力,在非线性分析中将其直接作为外加变形[**条款5.1.2(4)P**]。特别是当不均匀沉降和结构整体稳定等现象可能影响静力条件下的结构设计时,结构建模中还应考虑基础及地基。土-结构相互作用可以通过同时分析土-结构体系或对每个体系进行单独分析来解决。 条款5.1.2(4)P

5.1.3　动力作用

一般而言,动力作用[即"使结构或结构构件产生明显加速度"的作用[见**条款1.5.3.12**]与相应结构或结构构件相互作用,因此需要正确建模。除考虑质量、强度、刚度、阻尼特性和非结构构件的特性外[**条款5.1.3(1)P**],建模还应考虑静力作用下的准确且实际的边界条件[**条款5.1.3(2)P**]。例如,如果动力作用是由 条款1.5.3.12 条款5.1.3(1)P 条款5.1.3(2)P

结构支撑的质量(例如人、机械或车辆)的运动引起的,则应在分析中考虑这些质量,因为它们可能影响轻型体系的动力特性。

EN 1990 中规定的大多数作用都被转换为等效的静力作用。定义的等效力的效应与实际动力作用的效应相同或相似。当用准静力作用模拟动力作用时,动力部分或者可认为被包含在静力作用值中,或者可将静力作用乘以等效动力放大系
条款5.1.3(3) 数[***条款5.1.3(3)***]。对于某些等效动力放大系数,要确定自振频率。

对于由显著的土-结构相互作用引起动力效应(例如将交通振动传递到建筑物)的情况,地基土的贡献可以通过适当的等效弹簧和阻尼器来建模。地基土也
条款5.1.3(4) 可以用离散模型近似[***条款5.1.3(4)***]。

在某些情况下(例如风引起的振动、地震作用或行人引起的人行桥振动),这些作用在很大程度上是由结构响应控制的,因此这些作用及其作用效应要先通过振型分析估计结构动力特性后才能定义。对于这种振型分析,通常可接受线性材
条款5.1.3(5) 料和线性几何特性[***条款5.1.3(5)***]。可以使用迭代方法以及与响应水平相关的割线刚度(图5.1)来近似非线性材料特性。

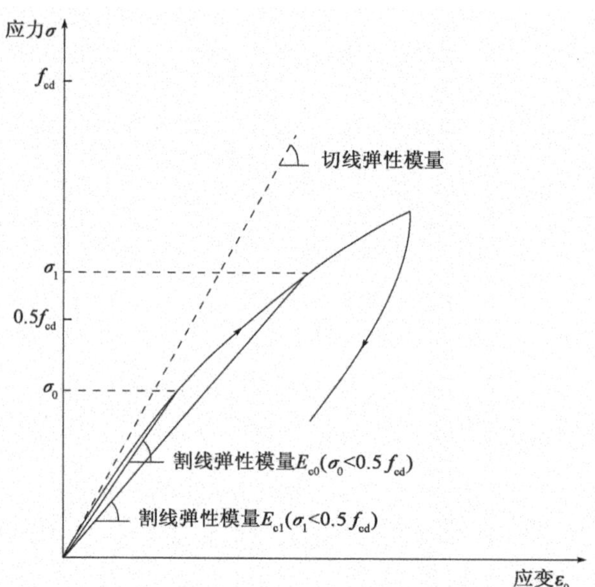

图5.1 受压混凝土的典型 $\sigma=f(\varepsilon)$ 曲线及割线弹性模量的示意

对于只和第一振型相关的结构,可以用等效的静力作用分析来代替显式的振型分析,具体取决于振型、固有频率和阻尼。也可以用时程或频域方法确定动力
条款5.1.3(6) 作用的结构响应[***条款5.1.3(6)***]。

需要特别注意某些可能产生不满足正常使用要求的振动的动力作用,这些正常使用要求包括舒适性准则。评估此类极限状态的指南见EN 1990 *附录A* 和其他
条款5.1.3(7) Eurocodes 中的有关设计部分[***条款5.1.3(7)***]。

5.1.4 防火设计

条款5.1.4 ***条款5.1.4*** 仅提供了对暴露于火中结构的温度作用进行建模的基本的原则性规定与应用性规定。EN 1991 的第1-2 部分以及 EN 1992 ~ EN 1999 的相关部

分提供了有关火灾引起的温度作用以及房屋建筑和构筑物结构设计建模的详细描述。如***条款3.2(2)P*** 所述，结构因火灾引起的温度作用被归类为偶然作用，在偶然设计状况下予以考虑（另见 EN 1990 *第6章*、EN 1991-1-2 以及本指南第 6 章）。 ***条款3.2(2)P***

根据***条款5.1.4(1)P***，用于结构防火设计分析的适当火灾模型，涉及表示相应偶然设计状况的 3 个基本方面： ***条款5.1.4(1)P***

■ 设计火灾场景；

■ 温度演化；

■ 高温下的结构性能。

条款5.1.4(2) 无须进一步解释。 ***条款5.1.4(2)***

EN 1991-1-2 规定了火灾情况下要考虑的温度作用和力学作用，并给出了两种处理方法[***条款5.1.4(3)***]： ***条款5.1.4(3)***

■ 名义曝火；

■ 模拟曝火。

在大多数情况下，受火结构的温度作用以名义温度-时间曲线给出，并按照指定的规则或计算模型在所设计结构的规定时间段内使用这些曲线。这些作用的相应资料在 EN 1991-1-2 中给出。

参数化温度-时间曲线是基于使用计算模型设计结构的物理参数计算的。有关基于物理的温度作用的一些数据和模型在 EN 1991-1-2 的资料性附录中给出。

如果可能在火灾状况下作业，则应考虑直接作用和间接作用，如同常温设计。EN 1991-1-2 第 4 章提供了关于适用于受火结构的作用和组合规则的同时性的指导，涉及永久作用、可变作用以及由于结构构件倒塌和重型机械导致的附加作用。对于不需要考虑间接作用的特殊情况，EN 1991-1-2 中也给出了作用组合的简化规定。

EN 1992 ~ EN 1999 中给出了各种建筑材料的温度和结构模型，应用于分析高温条件下的结构性能[***条款5.1.4(4)***]。 ***条款5.1.4(4)***

条款5.1.4(5) 给出一些关于受火结构的温度模型和结构模型的简化规定和假设，可以在涉及特定材料和评估方法时使用。此外，***条款5.1.4(6)*** 允许考虑高温下材料或截面的性能。 ***条款5.1.4(5)*** ***条款5.1.4(6)***

5.2　试验辅助设计

Eurocode 体系允许基于对建筑和土木工程结构的联合试验和计算的设计[***条款5.2(1)***]。本条款是对 EN 1990 *附录D* 的介绍（参见本指南第 10 章），当试验需有足够数量以对其结果提供有意义的统计解释时，该条款内容对结构设计中要进行的试验的策划和评估提供了指导。本指南附录 C 简要介绍了估计分位值的基本统计技术。第 10 章中的一些方法也可用于评估既有结构。 ***条款5.2(1)***

试验辅助设计是使用物理试验(例如模型、原型或现场试验)确定设计值的方法。这些方法尤其适用于Eurocode中给出的计算规定或材料特性被认为不足,或可能作出更经济的设计的情况。

条款5.2(2)P

条款5.2(2)P 给出了使用试验辅助设计的基本要求。试验的设立和评估,应使得结构在所有可能的极限状态和设计状况下,具有和采用Eurocodes设计相同的可靠度水平。因此,应考虑所有不确定性,例如由于试验结果的换算而产生的不确定性以及试验辅助设计相关的统计不确定性所产生的不确定性(例如试验结果的应用,以及样本量大小带来的任何统计不确定性)。另外,试验期间的条件应尽可能代表实际可能出现的情况。

条款5.2(3)

此外,宜使用与Eurocodes中所用的分项系数有可比性的分项系数[***条款5.2(3)***]。因此,EN 1990明确规定,设计人员不应采用试验辅助设计来大幅减小分项系数。

第 6 章　分项系数法验算

本章论述了使用分项系数法验算建筑和土木工程结构。本章所述内容参见 EN 1990 *第6章*，并且在 EN 1990 的*附录A* 中应用于各类建筑工程。在现阶段，只有 EN 1990 的*附录A1*“建筑结构应用”可供使用，具体见本指南第 7 章。本章所述内容参见 EN 1990 *第6章*中的以下条款：

- ■ 一般规定　*条款6.1*
- ■ 限制条件　*条款6.2*
- ■ 设计值　*条款6.3*
- ■ 承载能力极限状态　*条款6.4*
- ■ 正常使用极限状态　*条款6.5*

6.1　一般规定

Eurocodes 对建筑和土木工程结构的可靠性评估是基于极限状态的概念，并通过分项系数法来验算。按照此方法，在设计模型中使用基本变量(作用、材料特性和几何数据)的设计值时，如果所有选定设计状况的相应极限状态均未超限，则认为结构是可靠的。

EN 1990 要求考虑选定的设计状况和识别最不利荷载工况。对于每个最不利荷载工况，应确定所考虑的作用效应设计值。荷载工况指为了特定的验算，应同时考虑的具有兼容性的荷载布置、变形和几何缺陷[***条款6.1(1)P***]。　***条款6.1(1)P***

“不能同时发生的作用(例如由物理原因导致)，不应在荷载组合中一起考虑”[***条款6.1(2)***]。应依靠准确的工程判断来解读该规定。例如，在加热温室顶部事实上不会有最大雪荷载。　***条款6.1(2)***

验算结构可靠性时，要始终考虑以下基本要素：

■ 对于承载能力极限状态和正常使用极限状态的验算采用不同的设计模型；

■ 相应的基本变量(作用、材料特性和几何数据)的设计值，来自其标准值或其他代表值，以及一系列分项系数 γ 和系数 ψ[***条款6.1(3)***]。　***条款6.1(3)***

如果基本变量的设计值不能从标准值导出，特别是由于缺乏统计数据时，则可以直接确定相应的设计值(例如偶然设计状况的作用设计值)，在这种情况下应选择保守值[***条款6.1(4)***]。　***条款6.1(4)***

对于其他情况(例如当设计方法基于试验开展时),可以根据可用的统计数据直接确定设计值(更多详细内容参见 EN 1990 的*附件D* 和本指南第10章)。选定的设计值应当与 EN 1990 给出或建议的分项系数具有相同的可靠度水平
条款6.1(5) [*条款6.1(5)*]。EN 1990 强调,试验辅助设计不应被视为降低建筑可靠度水平的手段。在适当的时候,应使用试验辅助设计来更好地理解基本变量的统计特性,并根据 Eurocodes 中定义的水平来更准确地评估设计值。

6.2　限制条件

EN 1990 中的应用性规定仅限用于承受静力加载和准静力加载结构的承载能力极限状态和正常使用极限状态的验算,对于动力效应使用等效准静力荷载和动力放大系数来评估(例如风荷载或交通荷载)。EN 1990 中没有包含全部非线性分析、动力分析和疲劳作用的特别规定,它们将在 EN 1991 ~ EN 1999 中给出
条款6.2(1) [*条款6.2(1)*]。

6.3　设计值

图6.1 总体概述了 Eurocodes 中使用的分项系数体系(另见 EN 1990 的*附录C* 和本指南第9章,它们给出了抗力的最通用承载能力极限状态的分项系数体系的简化表示)。

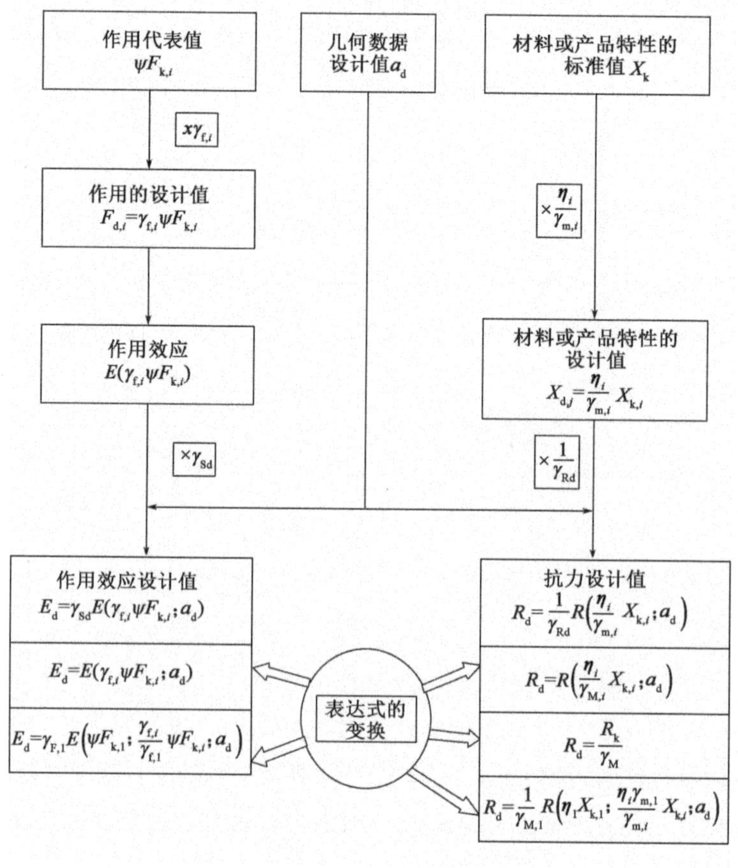

图6.1　Eurocodes 分项系数体系总体概述

6.3.1　作用的设计值

作用 F 的设计值 F_d 可用一般式表示为：

$$F_d = \gamma_f F_{rep} \quad (6.1a)$$

F_{rep}代表在相关作用组合中要考虑的值，它可以是作用的标准值 F_k（即主要代表值）或组合值 $\psi_0 F_k$ 或频遇值 $\psi_1 F_k$ 或准永久值 $\psi_2 F_k$。因此，EN 1990 采用式（6.1b）中给出的表达式［***条款6.3.1(1)***］：　***条款6.3.1(1)***

$$F_{rep} = \psi F_k \quad (6.1b)$$

其中，$\psi = 1$ 或 ψ_0、ψ_1或 ψ_2。

可靠性安全参数系统（系数 γ、系数 ψ 和作用标准值 F_k）适用于仅荷载大小决定可靠性（一维作用）的极限状态。如果是包含多个参数（例如疲劳参数、应力幅值 $\Delta\sigma$、循环次数 N 和疲劳强度曲线的斜率常数 m；参见 EN 1993 和本指南第 4 章的附录 1）的多维作用，当这些参数的效应是非线性的（例如，$\sum \Delta\sigma_i^m N_i$），作用的代表值和设计值都将取决于这些参数影响极限状态的方式。对于这种情况，EN 1991 ~ EN 1999 将给出详细规定。

背景

在《结构设计基础》（ENV 1991-1）中，作用设计值直接基于对系数 γ_F的使用，并且还包括作用模型的不准确性（见下文）。为了简述，决定使用单独的系数，一方面涵盖作用值本身的不确定性，另一方面涵盖作用效应模型中的不确定性。

在某些情况下，采用结构响应来评估作用设计值。在其他情况下（例如对于地震作用或土-结构相互作用），设计值可取决于结构性能的相关参数。作用设计值的问题还要在相关的设计类 Eurocodes 中探讨［***条款6.3.1(2)***］。　***条款6.3.1(2)***

6.3.2　作用效应的设计值

作用效应 E 是结构构件对施加于其上的作用的响应（例如内力、内力矩应力或应变）或整个结构对施加于其上的作用的响应（例如位移或扭转），结构对作用的响应与用于定义极限状态的模型兼容。作用效应 E 取决于作用 F、几何特性 a 以及（在某些情况下）材料特性 X。例如，当 $E(\cdot)$表示结构构件给定横截面上的弯矩时，该弯矩可能是由自重、外加荷载、结构上的风作用等引起的。

如果不涉及材料性能，并且针对特定的荷载工况，则作用效应的设计值 E_d可由下述的一般表达式给出［***条款6.3.2(1)***］：　***条款6.3.2(1)***

$$E_d = \gamma_{Sd} E\{\gamma_{f,i} F_{req,i}; a_d\} \qquad i \geqslant 1 \quad (6.2)$$

其中，γ_{Sd}是模型不确定性（作用效应模型，在特定情况下是作用模型）的分项系数；a_d是几何数据的设计值（参见 6.3.4）。

式（6.2）不是最常用的。对于常规结构的设计，EN 1990 采用如式（6.2a）的简化形式［***条款6.3.2(2)***］如下：　***条款6.3.2(2)***

$$E_d = E\{\gamma_{F,i} F_{req,i}; a_d\} \qquad i \geqslant 1 \quad (6.2a)$$

其中:

$$\gamma_{F,i} = \gamma_{Sd}\gamma_{f,i} \qquad (6.2b)$$

式(6.2b)也常见于岩土工程问题中(参见 Eurocode 7)。

当分项系数设计方法被更复杂的作用和作用效应的数值模拟方法所代替时,分解 $\gamma_F = \gamma_{Sd}\gamma_f$ 可能是重要的(例如模拟建筑物的风致动力效应,其中必须结合风作用一起确定源自永久荷载和可变荷载的质量大小)。在这种情况下,只有 γ_f适用。

条款6.3.2(2)

如***条款6.3.2(2)***的注所述,当特定的系数 $\gamma_{F,1}$应用于乘以相应系数的作用组合的整体效应时,可以使用另一个表达式:

$$E_d = \gamma_{F,1}E\left\{F_{k,1};\frac{\gamma_{f,i}}{\gamma_{f,1}}F_{rep,i};a_d\right\} \qquad i > 1 \qquad (D6.1)$$

背景

如前所述,系数 γ_F 的数值得到了广泛的统一。因此,在某些情况下,γ_{Sd}不仅涵盖作用效应的模型不确定性,还包括一个作用模型本身的可靠性要素。

式(D6.1)可用于基于有限元分析的分项系数设计法或用于一些特殊的岩土工程问题(例如用于计算隧道拱顶)。

条款6.3.2(3)P

在***条款6.3.2(3)P***中区分了有利和不利的永久作用:对于"有利"和"不利"这两个词的理解,应基于所考虑的效应。特别是,当施加了可变作用时,根据它们是与可变作用一样产生"不利"效应,或者与可变作用效应相反产生"有利"效应,永久作用应被归类为"不利"或"有利"。在这种情况下,如果永久作用不是出自同源[参见 EN 1990 中表*A1.2(B)*中的注3],则永久作用将乘以不同的分项系数:$\gamma_{G,sup}$用于"不利的"永久作用,$\gamma_{G,inf}$用于"有利的"永久作用(图6.2)。

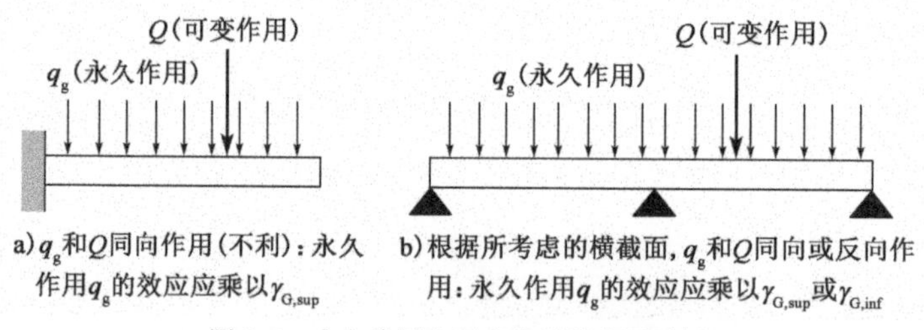

图6.2 永久作用和可变作用的应用示例

在结构非线性分析(即当作用效应与作用不成比例时)中使用分项系数法时可能会出现特定问题;对于非线性分析,应谨慎使用分项系数。在单个主导作用

条款6.3.2(4)

F 的情况下,EN 1990 提出了以下偏安全的简化规定[***条款6.3.2(4)***]:

■ 当作用效应 $E(F)$ 的增加大于作用时,分项系数 γ_F 应乘以作用代表值[图6.3a)]:

$$E_d = E(\gamma_F F_k) \qquad (D6.2)$$

■ 当作用效应 $E(F)$ 的增加小于作用时,分项系数 γ_F 应乘以作用代表值的作用效应[图6.3b)]:

$$E_d = \gamma_F E(F_k) \tag{D6.3}$$

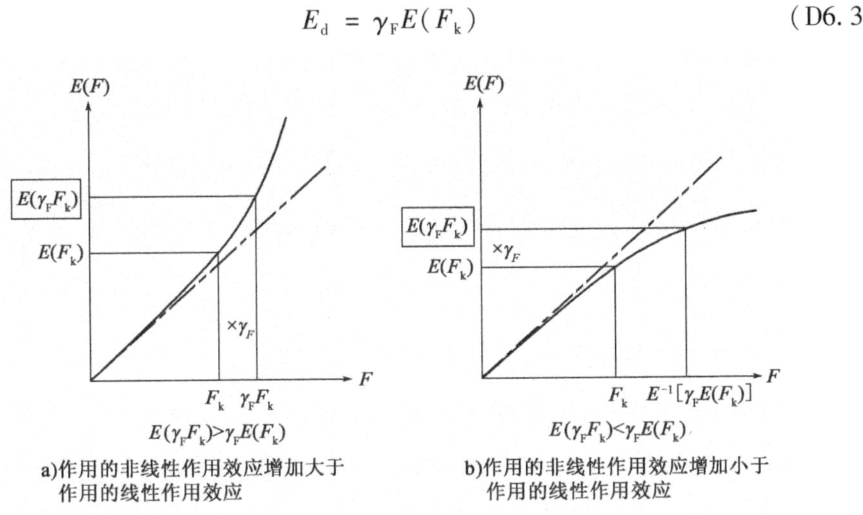

图 6.3　分项系数 γ_F 在非线性分析中的应用(单一作用)

在实践中,情况会更复杂,根据 EN 1990[**条款6.3.2(5)**],在 EN 1991 ~ EN 1999中的相关标准给出更精确的方法(例如,对于预应力结构)时,应优先采用前款。例如,当两个作用共同作用时,第一个规定变为[图 6.4a)]: **条款6.3.2(5)**

$$E_d = E(\gamma_G G_k + \gamma_Q Q_k) \tag{D6.4}$$

其中,$\gamma_G = \gamma_{Sd}\gamma_g$,$\gamma_Q = \gamma_{Sd}\gamma_q$。

关于第二个规定[图 6.4b)],更精确的方法将在作用 G 和 Q 设计值的联合作用效应中引入模型系数 γ_{Sd},即

$$E_d = \gamma_{Sd} E(\gamma_g G_k ; \gamma_q Q_k) \tag{D6.5}$$

6.3.3　材料或产品特性的设计值

抗力的设计值可以通过各种方式确定,包括:

■ 包含测量的物理性质或化学成分(例如,含有硅灰的高强度混凝土的成分)的经验关系;

■ 根据以往经验取值;

■ 自欧洲标准等相应文件中取值。

通常,材料或产品特性 X 的设计值 X_d是使用材料或产品特性的分项系数 γ_m以及换算系数 η(如果有关),按照下述关系式由标准值 X_k确定的[**条款6.3.3(1)**]: **条款6.3.3 (1)**

$$X_d = \eta \frac{X_k}{\gamma_m} \tag{6.3}$$

其中,η 表示换算系数的平均值,它考虑了体积和尺寸效应、湿度和温度的影响等。换算系数可以合并入标准值中[**条款6.3.3(2)**]。 **条款6.3.3(2)**

从概念的角度来看,η 还应考虑荷载持续时间的效应。在实践中,这些效应被单独考虑,例如混凝土抗压强度和抗拉强度设计值表达式中的系数 α_{cc}和 α_{ct}(参见 EN 1992):

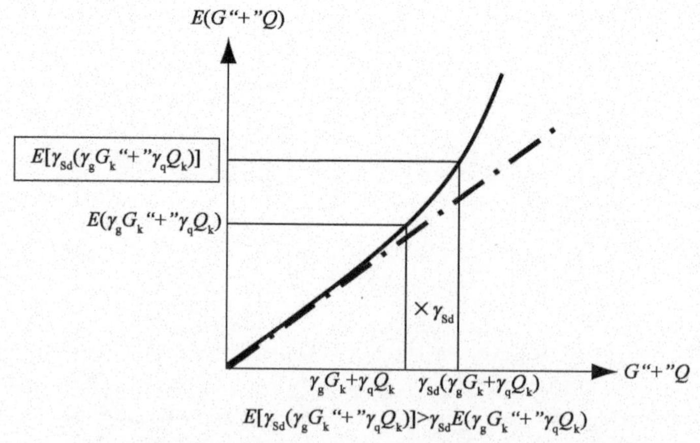

a)作用的非线性作用效应的增加大于作用的线性作用效应的增加

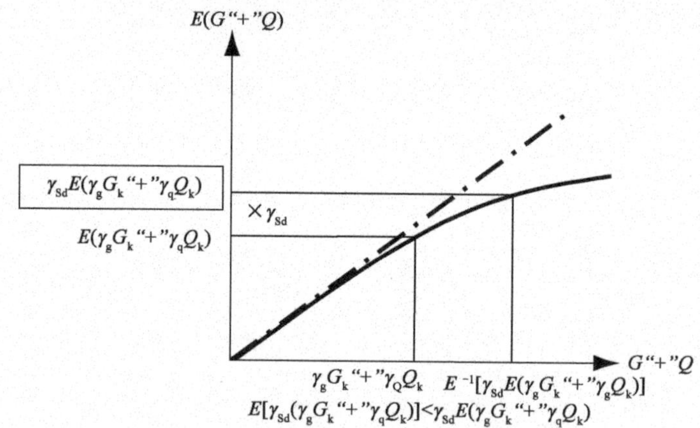

b)作用的非线性作用效应的增加小于作用的线性作用效应的增加
（符号"+"表示与……结合）

图6.4　模型系数 γ_{Sd} 在非线性分析中的应用(两种作用)

$$f_{cd} = \alpha_{cc} \frac{f_{ck}}{\gamma_c} \tag{D6.6a}$$

$$f_{ctd} = \alpha_{ct} \frac{f_{ctk,0.05}}{\gamma_c} \tag{D6.6b}$$

分项系数 γ_m 旨在涵盖材料或产品特性偏离其标准值的不利的可能性以及换算系数的随机部分。实际上,换算系数可以被认为是随机变量:在 γ_m 系数中考虑其围绕平均值的分布假定。

6.3.4　几何数据的设计值

几何量的变异性通常不如作用和材料或产品特性的变异性那么显著,并且在许多情况下可以忽略不计。因此,几何数据的设计值通常由名义值表示[***条款6.3.4(1)***]:

条款6.3.4(1)

$$a_d = a_{nom} \tag{6.4}$$

名义(参考)尺寸 a_{nom} 是设计图纸和文档中使用的基本尺寸。几何量的所有偏差都与它有关。几何值 a_{nom} 不仅包括几何数据（如框架的长度和宽度），还代表所谓的"完美的几何数据"，因为框架的侧向缺陷或者构件的曲率缺陷，或者板桩前方开挖深度的不准确性等都没有被考虑。这种缺陷反映在"附加的可靠性参数"Δa 中，如下所述。EN 1991 ~ EN 1999 中对此给出了相应说明。

如果几何数据的偏差对结构可靠性有显著影响（例如细长柱或筒仓薄壁），几何设计值可以定义为[***条款6.3.4(2)P***]：　*条款6.3.4(2)P*

$$a_d = a_{nom} + \Delta a \tag{6.5}$$

其中，Δa 考虑了偏离标准值或名义值的不利的可能性，以及多个几何偏差同时发生的累积效应。应当注意，仅在偏差有关键影响的情况下（例如屈曲分析中的缺陷）才引入 Δa。Δa 的值在 EN 1992 ~ EN 1999 中给出。

6.3.5　设计抗力

结构构件的设计抗力的一般表达式是[***条款6.3.5(1)***]：　*条款6.3.5(1)*

$$R_d = \frac{1}{\gamma_{Rd}} R\{X_{d,i}; a_d\} = \frac{1}{\gamma_{Rd}} R\left\{\eta_i \frac{X_{k,i}}{\gamma_{m,i}}; a_d\right\} \quad i \geqslant 1 \tag{6.6}$$

其中，γ_{Rd} 是涵盖抗力模型中的不确定性以及几何偏差（如果没有被显式地建模）的分项系数[***条款6.3.4(2)P***]，$X_{d,i}$ 是材料特性 i 的设计值。　*条款6.3.4(2)P*

式(6.6)的变化形式在 EN 1991 ~ EN 1999 中给出，因为对于给定的材料、施工方式，抗力 R_k 的标准值可以用各种方式表示，例如：

■ 作为构件的抗力（例如，梁柱抗力），其中 R_k 可以是许多几何参数、材料参数和结构与几何缺陷的参数的线性或非线性函数；

■ 作为横截面的抗力，通常用包含与作用效应相匹配的几何数据和材料参数的线性或非线性相关方程表示；

■ 作为局部抗力，用应力、应变、应力强度因子（或旋转能力）等表示。

一般而言，结构构件的抗力的标准值 R_k 是一个或多个参数的函数，这些参数可以用各个标准值 $X_{k,i}$ 或各个名义值 $X_{nom,j}$ 表示，于是：

$$R_k = R(X_{k,i}, X_{nom,j}, a_{nom}) \tag{D6.7}$$

根据具体情况，X_k、X_{nom}、a_{nom} 或 R_k 可以是材料或产品标准中某个产品的特性。因此，可以通过测试（参见第 10 章）来控制特定特性，以便验证 R_k 满足标准值（R 的分布的给定分位值）的定义。

在某些情况下，参数 X_k 表示通过试验验证的样本特性；但是，结构中参数的现场测试特性值可能与从试验样本测量的值不同，因此应在 R_k 中使用换算系数。

EN 1990 和 EN 1992 中使用式(6.6)的下述简化形式，例如，在混凝土结构的情况下[***条款6.3.5(2)***]：　*条款6.3.5(2)*

$$R_d = R\left\{\eta_i \frac{X_{k,i}}{\gamma_{M,i}}; a_d\right\} \quad (i \geqslant 1) \tag{6.6a}$$

式中：

$$\gamma_{M,i} = \gamma_{Rd}\gamma_{m,i} \tag{6.6b}$$

条款6.3.5(3) 对于钢结构,通常直接由材料或产品抗力的标准值获得设计值 R_d[*条款6.3.5(3)*]:

$$R_d = \frac{R_k}{\gamma_M} \tag{6.6c}$$

式中,R_k和 γ_M通常用 EN 1990 的*附录D* 的测试评估来确定。根据所考虑的抗力,R_k作为分位值(例如5%分位值)的刚性定义通常导致出现各种各样的 γ_M系数。因此,对于一组抗力将使用唯一的 γ_M系数(这已被 FIB 采用,以便对弯曲和剪切应用相同的分项系数),并且以达到 R_d的可靠性目标的方式修改 R_k的分位值。

条款6.3.5(4) 对于不同材料共同作用的组合结构构件(例如混凝土和钢),抗力 R_k可以参考具有不同定义的材料特性 $X_{k,1}$和 $X_{k,2}$[*条款6.3.5(4)*]。在这种情况下,应修改这些特性中的一个或两个,例如使用

$$X^*_{k,1} = X_{k,1}$$

$$X^*_{k,2} = \frac{X_{k,2}}{\gamma_{m,2}}\gamma_{m,1}$$

使得

$$R_d = \frac{1}{\gamma_{M,1}}R_k\left(\eta_1 X_{k,1}, \eta_2 \frac{X_{k,2}}{\gamma_{m,2}}\gamma_{m,1}, a_d\right) \tag{6.6d}$$

这种表达尤其可以用于有限元分析。对于横截面的几何值,可以通过引入削减可靠性单元来考虑劣化效应(例如,由于腐蚀导致的材料损失),由此可得:

$$a_d = a_{nom} - \Delta a$$

在某些情况下(例如岩土工程设计),确定 R_d不需要使用标准值 R_k,因此:

$$R_d = \frac{1}{\gamma_{Rd}}R_k\left(\frac{X_m}{\gamma_m}, a_d\right) \tag{D6.8}$$

6.4　承载能力极限状态

6.4.1　一般规定

为避免对极限状态的解释有任何偏离,EN 1990 项目组与负责《Eurocode 7:岩土工程设计》的专家联系,一致决定:

- 避免引入先前的"案例"或"极限状态的类型"。
- *条款6.4.1(1)P* 只需按以下方式描述主要失效模式[*条款6.4.1(1)P*]:

a)EQU:作为刚体考虑结构或结构的一部分失去静力平衡,其中:

—单一来源的作用的值或空间分布的细微变化可导致结构的显著反应;

—建筑材料或地基的强度一般不起控制作用;

b)STR:结构或结构构件(包括基础、桩、地下墙等)的内部破坏或过度变形,其中结构的建筑材料强度起控制作用;

c)GEO:地基失效或过度变形,其中土或岩石的强度能提供显著的抗力;

d) FAT:结构或结构构件的疲劳失效。

背景

根据以下定义,在ENV 1991-1中分别考虑了承载能力极限状态验算的3个相关的基本"情况":

■ 失去平衡,此时材料强度和/或地基强度不重要(ENV 1991-1中的情况A);

■ 结构或结构构件失效,包括基础、桩、地下墙等,此时结构材料的强度具有决定性(ENV 1991-1中的情况B);

■ 地基失效,此时地基强度具有决定性(ENV 1991-1中的情况C)。

一些指南和背景文件对这些不同的情况给出了不同的解释,表明它们的含义并不完全清晰。更确切地说,在一些出版物中,这些情况有时与荷载工况相混淆,它们与荷载工况的下述定义不一致:"由于特定的验算,与固定可变作用和永久作用同时考虑的相容的荷载布置、变形和几何缺陷"。此外,在ENV 1991-1中的"设计应分别验算每个情况A、B和C"这句话被认为是不清晰的,因为有时人们认为,对于每个特定问题,必须考虑基于对应于情况A、B和C的一组系数γ的所有作用组合中最不利的作用。

读者应考虑到结构的极限状态是理想状态,超出该状态后,所考虑的结构将不满足一定的结构或功能的设计要求。验算的目的是确保在给定概率下不能达到或超过这些状态。

根据EN 1990的*附录A*[*条款6.4.1(2)P*]对设计值进行了评估(见第7章)。 *条款6.4.1(2)P*

静力平衡极限状态

根据定义,通常静力平衡极限状态与材料的强度无关。在大多数情况下,超过极限状态的结构会立即倒塌。因此,失去静力平衡是承载能力极限状态。这种极限状态的例子并不经常遇到。图6.5给出了使用平衡配重顶推架设桥面板的示例,这时可能失去静力平衡。

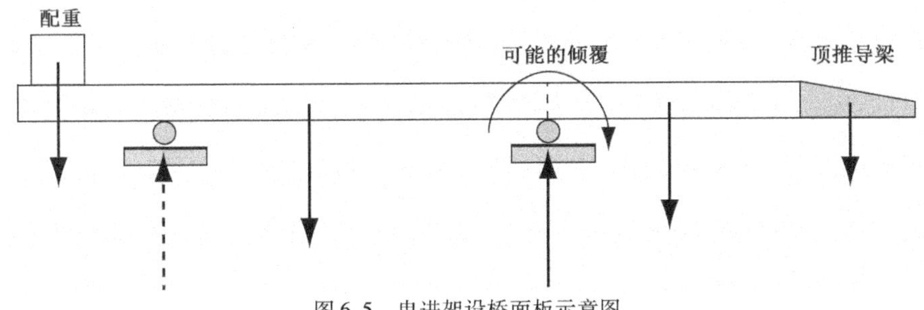

图6.5 曳进架设桥面板示意图

对于基础设计,静力平衡极限状态几乎总是对更复杂的极限状态的理想化。图6.6显示了一个基础直接位于岩石地基上的挡土墙的示例:由于不能确定与地基抗力相关的标准,对于挡土墙基础的尺寸,应考虑围绕A点倾覆的极限状态。实际上,挡土墙的倾覆通常是地基与基础接触失效的后果。

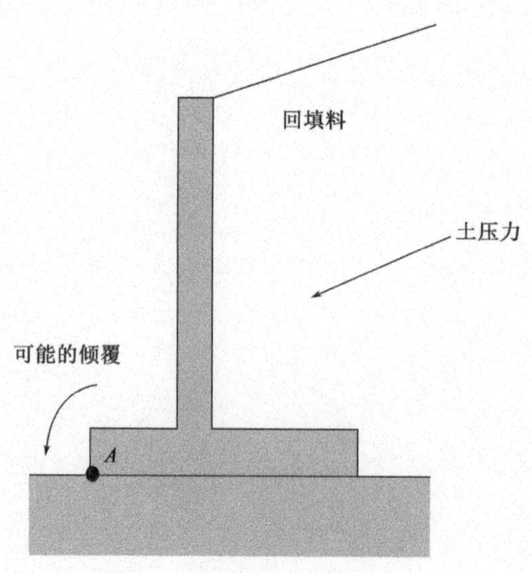

图 6.6 基础位于岩层的挡土墙

在多数情况下,设计中会使用稳定装置,因而有必要检查这些装置的抗力。因此,即使主要现象是失去静力平衡(多数情况下是位移的开始),也必须验证稳定系统的抗力。在这种情况下,设计者可能在应用哪些作用组合方面存在疑问。(进一步指导请参阅第 7 章。)

强度极限状态

强度极限状态更容易理解,是对应于由于缺乏结构抗力或过度变形而导致的失效。然而,可能的结构失效或许是一系列导致危险状况的不良事件的结果。对于所有设计状况,采用与引起危险状况的第一个事件相关联的一组系数 γ 对要检查的特定危险场景的后果进行理想化处理,是合理的。因此,设计者应选择与第一个事件相对应的适当的极限状态,第一个事件将控制作用组合。

土工极限状态

对于土工极限状态,土或岩石的强度在提供抗力方面很重要。EN 1990 中未涉及诸如边坡失稳等纯岩土问题。在大多数常见情况下,土工极限状态与基础(基础、桩等)的抗力相关。

区别强度极限状态和土工极限状态是必要的,因为当一个作用或抗力中涉及地基特性时,可以采纳几种观点。更准确地说,岩土变量(作用或抗力)的设计值可以采用以下方式评估:

- 通过将分项系数应用于计算结果(使用理论模型);
- 或在使用公式计算抗力之前,将分项系数用于地基特性。

例如,挡土墙后深度 z 处的主动土压力 $p(z)$ 可以根据朗肯公式计算:

$$p(z) = k_a z$$

其中:

$$k_a = \tan^2\left(\frac{\pi}{4} - \frac{\varphi}{2}\right)$$

式中，φ 代表内摩擦角。很容易理解，可以通过选择适当内摩擦角，也可以通过将分项系数应用于 p 的计算结果来引入可靠性(见第7章)。

疲劳极限状态

在 Eurocodes 中，疲劳极限状态被认为是承载能力极限状态，因为如果任由疲劳自由发展，最终将导致结构失效。然而，导致疲劳现象的荷载不是强度极限状态或土工极限状态的设计荷载。例如，对于钢桥或者钢-混凝土组合结构桥，疲劳现象的主要原因不是来自最重的货车的效应，而是"最频繁"行驶货车的效应，它们施加中等程度的力并重复许多次。疲劳验算在很大程度上取决于结构材料。因此，在 EN 1990 中没有给出具体的规定，作用方面可参考 EN 1991，设计方面可参考 EN 1992 ~ EN 1999。

6.4.2　静力平衡和抗力的验算

线性分析情况下的静力平衡验算[***条款6.4.2.1(P)***]是最常见的情况，表示如下： *条款6.4.2(1)P*

$$E_{d,dst} < E_{d,stb} \tag{6.7}$$

这说明不稳定作用效应的设计值 $E_{d,dst}$ 要小于稳定作用效应的设计值 $E_{d,stb}$。

一般而言，稳定作用是永久作用，主要是永久荷载(自重或配重的作用)。在某些情况下，$E_{d,stb}$ 还可能包括抗力，例如刚体之间的摩擦[***条款6.4.2(2)***]或材料特性(例如来自锚固件)。 *条款6.4.2(2)*

例如，考虑图6.7中所示的简单梁结构，其中，G_R 表示支座 A 和 B 之间结构("锚固"部分)的自重，G_S 表示悬臂梁 BC 的自重。同时，假设支座不能承受拉力。为了满足公式(6.7)，有：

$$G_{Rd}a > G_{Sd}b \tag{D6.9}$$

式中：

$$G_{Rd} = \gamma_{G,inf}G_R \tag{D6.10}$$

$$G_{Sd} = \gamma_{G,sup}G_S \tag{D6.11}$$

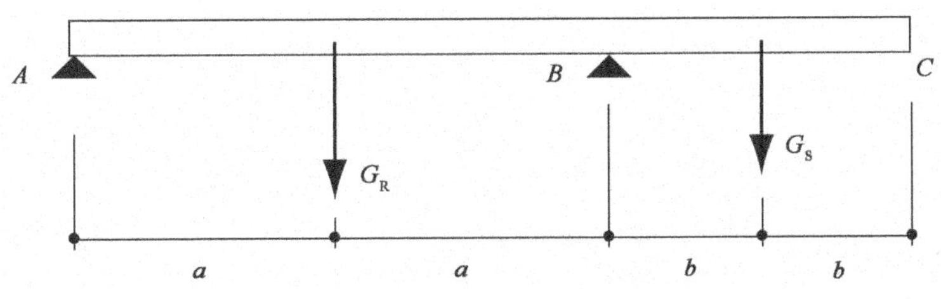

图6.7　梁结构的静力平衡

当考虑某一截面、构件或节点的断裂或过大变形的极限状态时，应验算内力或内力矩(E_d)等作用效应设计值是否小于相应抗力的设计值(R_d)。极限状态表达式为[***条款6.4.2(3)P***]： *条款6.4.2(3)P*

$$E_d \leqslant R_d \tag{6.8}$$

当采用表示作用效应各种成分的线性或非线性相关公式表示抗力时,也可以应用该表达式。

在某些情况下(例如对于抗震结构或塑性设计),要求结构的特定部分在整个结构达到承载能力极限状态之前产生屈服机制。在这种情况下,设定要屈服的结构部分应设计为:

$$E_{\mathrm{d}} \leqslant R_{\mathrm{yd,inf}} \tag{D6.12a}$$

结构其余部分则应设计为:

$$R_{\mathrm{yd,sup}} < R_{\mathrm{d}} \tag{D6.12b}$$

式中,$R_{\mathrm{yd,inf}}$和$R_{\mathrm{yd,sup}}$表示设定要屈服的结构部分的预期的屈服强度下限估计值和上限估计值。

6.4.3 作用组合(不含疲劳验算)

一般规定

条款6.4.3.1(1)P

EN 1990 中采用的一般原则如下:根据***条款6.4.3.1(1)P***的规定"*对每个最不利荷载工况,作用效应的设计值 E_d 应由同时发生的作用的值组合确定*"。该原则的含义并不是显而易见的。对于给定的建筑,几种自然的或人为现象的若干作用被认为永久施加于其上。例如,建筑永久地承受自重、楼面荷载、风、雪、温度作用等引起的作用。但是,对于验算,只需要考虑最不利荷载工况,并且这些最不利荷载工况与为作用选定的设计值密切相关。

条款6.4.3.1(2)

因此,对于这一原则的应用,EN 1990 提出以下规定:"*每个作用组合应包括一个主导可变作用或一个偶然作用*"[***条款6.4.3.1(2)***]。但是,设计时并不总是系统地遵循这一规定(见第7章)。

条款6.4.3.1(4)P

为了帮助设计人员进行设计,EN 1990 进一步提供了两个原则。第一个原则是[***条款6.4.3.1(4)P***]:

如果验算结果对永久作用在结构不同位置处大小的变化非常敏感时,该作用的不利部分和有利部分应分别作为单独作用考虑。本条特别适用于静力平衡和类似的极限状态的验算,参见条款6.4.2(2)。

该条款非常重要。它允许设计人员将明确确定的永久作用(例如连续梁的自重)视为单一作用:在作用组合中,这种永久作用可被视为有利或不利的作用。例如,图6.8显示了一个三跨连续梁,其横截面验算的结果对于自重在结构不同位置处大小的变化不是非常敏感。

为了评估中跨跨中的设计弯矩的极值,可以将设计可变荷载(由均布荷载表示)作用于中跨(对于最大值)或边跨(对于最小值)。在第一种情况下,梁的设计自重将是最大"不利的"$\gamma_{G,\mathrm{sup}} G_{k,\mathrm{sup}}$,而在第二种情况下,它将是最小"不利的"$\gamma_{G,\mathrm{inf}} G_{k,\mathrm{inf}}$。

图6.9显示了采用悬臂施工法建造预应力混凝土桥面板的情况。在这种情况下,正在建造的桥面板的两个悬臂的自重可以被认为是两个单独的作用,因为

关于静力平衡的验算结果对自重在结构不同位置处大小的变化非常敏感。因此，对第一个悬臂的自重要考虑其最小标准值，对第二个悬臂的自重要考虑其最大标准值。

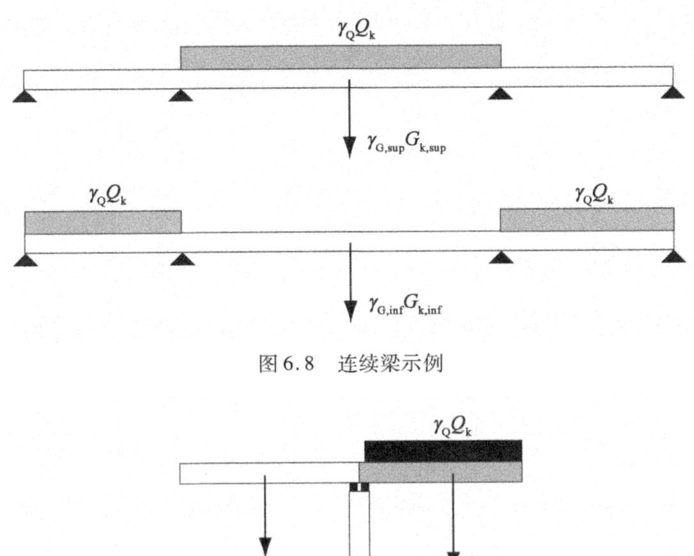

图 6.8　连续梁示例

图 6.9　悬臂施工法建造的桥面板：存在失去静力平衡的风险

作用组合的第二个原则为[***条款6.4.3.1(5)***]： ***条款6.4.3.1(5)***

当一个作用的多个效应(例如自重产生的弯矩和法向力)不完全相关时，对所有有利部分的分项系数应予以折减。

例如，对于承受偏心荷载的柱子，所有有利部分的分项系数可折减高达 20%。EN 1992 ~ EN 1999 或其国家附件中给出了这种折减的指导。第二个原则也非常重要：它提醒设计者，应对设计的所有方面进行可靠性调查。

“在必要时，应考虑外加变形”[***条款6.4.3.1(6)***]：这些外加变形包括基础或部分基础的不均匀沉降、混凝土结构的收缩、温度变化等。 ***条款6.4.3.1(6)***

持久或短暂设计状况的作用组合(基本组合)

EN 1990 提出的作用效应的一般式是[***条款6.4.3.2(1)***]： ***条款6.4.3.2(1)***

$$E_d = \gamma_{Sd} E\{\gamma_{g,j} G_{k,j};\gamma_p P;\gamma_{q,1} Q_{k,1};\gamma_{q,i}\psi_{0,i} Q_{k,i}\} \quad j \geqslant 1; i > 1 \quad (6.9a)$$

使用该式的作用效应的设计值通过以下方法计算：

1　评估作用的标准值；

2　评估各个作用的设计值；

3　采用设计值计算各个作用的组合效应；

4　应用模型不确定系数 γ_{Sd} 以获得作用效应的设计值。

在式(6.9*a*)中，假设许多可变作用同时起作用。$Q_{k,1}$ 是主导可变作用：这意味着，对于所考虑的效应(例如结构构件截面中的弯矩)，施加可变作用 Q_1 是为了获得最不利效应，因此采用其标准值 $Q_{k,1}$。如果物理上可行，则应与主导可变作用同时考虑其他可变作用:这些可变作用被称为伴随可变作用,并且采用其组合值 $\psi_{0,i}Q_{k,i}$。例如,在建筑结构中,若干可变荷载可以同时起作用:楼面荷载、风荷载、温度作用等。选择一个特定的可变作用作为作用组合的主导可变作用的规定,被

条款6.4.3.2

Eurocodes 的设计部分广泛使用。然而,当使用***条款6.4.3.2*** 中的式(*6.10a*)和式(*6.10b*)时,允许略有偏离,解释如下:当主导作用不明显时(即当不能轻易地识别最关键的作用组合时),依次将各个可变作用作为主导作用的方式应得到理解。

在最常见的情况下,可将温度变化、收缩和不均匀沉降视为伴随作用。此外,在相关的荷载工况下,增加可变作用效应(即产生不利效应)的永久作用由其上限设计值表示,那些减小可变作用效应(即产生有利效应)的作用由其下限设计值表示。

条款6.4.3.2(2)

在许多情况下,作用效应的组合直接基于所有作用的设计值[***条款6.4.3.2(2)***]:

$$E_d = E\{\gamma_{G,j}G_{k,j};\gamma_P P;\gamma_{Q,1}Q_{k,1};\gamma_{Q,i}\psi_{0,i}Q_{k,i}\} \quad j \geqslant 1; i > 1 \qquad (6.9b)$$

在 EN 1990 *附录A* 中给出作用的 γ 和 ψ 系数值(关于建筑的内容见第 7 章),在 EN 1992 ~ EN 1999 中给出了材料和产品特性的分项系数。

条款6.4.3.2(3)

在 EN 1990 中提出了式(*6.9b*)的大括号中的作用组合的两种表达式[***条款6.4.3.2(3)***]。最经典的表达式是:

$$\sum_{j\geqslant 1}\gamma_{G,j}G_{k,j}\text{“+”}\gamma_P P\text{“+”}\gamma_{Q,1}Q_{k,1}\text{“+”}\sum_{i>1}\gamma_{Q,i}\psi_{0,i}Q_{k,i} \qquad (6.10)$$

其中“+”表示“与……组合”,Σ 表示“……的组合效应”,P 表示“由于预应力而产生的作用”。在大多数常见情况下,由于没有预应力引起的作用,所有系数 $\gamma_{Q,i}$ 都相等,式(*6.10*)变为:

$$\sum\gamma_{G,j,sup}G_{k,j,sup}\text{“+”}\sum\gamma_{G,j,inf}G_{k,j,inf}\text{“+”}\gamma_Q\{Q_{k,1}\text{“+”}\sum_{i>1}\psi_{0,i}Q_{k,i}\} \qquad (D6.13)$$

但是,对于前面讨论过的强度极限状态(STR)和土工极限状态(GEO),EN 1990 还允许采用(如果国家附件允许)下面两个表达式中较为不利的:

$$\begin{cases}\sum_{j\geqslant 1}\gamma_{G,j}G_{k,j}\text{“+”}\gamma_P P\text{“+”}\gamma_{Q,1}\psi_{0,1}Q_{k,1}\text{“+”}\sum_{i>1}\gamma_{Q,i}\psi_{0,i}Q_{k,i} & (6.10a)\\ \sum_{j\geqslant 1}\xi_j\gamma_{G,j}G_{k,j}\text{“+”}\gamma_P P\text{“+”}\gamma_{Q,1}Q_{k,1}\text{“+”}\sum_{i>1}\gamma_{Q,i}\psi_{0,i}Q_{k,i} & (6.10b)\end{cases}$$

其中,ξ 是不利永久作用的折减系数,通常在 0.85 ~ 1.00 的范围内取值(见第 7 章)。针对这两个表达式的实际结果的讨论见第 7 章。在式(*6.10a*)中,所有可变作用都采用组合值 $\psi_0 Q_k$。在式(*6.10b*)中,一个可变作用被当作主导可变作用(其他可变作用为伴随可变作用),但是对不利永久作用要使用折减系数。式(*6.10a*)和式(*6.10b*)意味着永久作用和可变作用标准值的量级水平使得采用标准值的不利永久作用和主导可变作用的作用组合出现的概率非常低。第 7 章给出了基于可靠性方法的更准确的解释。与式(*6.10*)相比,式(*6.10a*)和式(*6.10b*)总是给出较低的荷载效应设计值。当可变作用大于永久作用时,式(*6.10a*)将更不利,而当永久作用大于可变作用时,式(*6.10b*)将更不利。

条款 6.4.3.2(4)

EN 1990 强调,如果作用及其效应之间的关系不是线性的[***条款6.4.3.2(4)***],则式(*6.9a*)或式(*6.9b*)应直接适用,具体取决于作用效应的相对增加与作用大小

的增加的比较。

关于式(*6.10*)或式(*6.10a*)和式(*6.10b*)之间的选择，将在国家附件中给出(见第7章)。

偶然设计状况的作用组合

偶然设计状况作用效应的一般表达式类似于STR/GEO承载能力极限状态的一般式。这里，主导作用是偶然作用，作用效应设计值的最一般表达式如下[***条款6.4.3.3(1)***]： 条款6.4.3.3(1)

$$E_{\mathrm{d}} = E\{G_{\mathrm{k},j};P;A_{\mathrm{d}};(\psi_{1,1}\text{或}\psi_{2,1})Q_{\mathrm{k},1};\psi_{2,i}Q_{\mathrm{k},i}\} \qquad j \geqslant 1, i > 1 \quad (6.11a)$$

也可以表示为[***条款6.4.3.3(2)***]： 条款6.4.3.3(2)

$$\sum_{j\geqslant 1} G_{\mathrm{k},j}\text{“}+\text{”}P\text{“}+\text{”}A_{\mathrm{d}}\text{“}+\text{”}(\psi_{1,1}\text{或}\psi_{2,1})Q_{\mathrm{k},1}\text{“}+\text{”}\sum_{i>1}\psi_{2,i}Q_{\mathrm{k},1} \qquad (6.11b)$$

这种组合认为：

■ 偶然事件是非预期的事件，如爆炸、火灾或车辆撞击，持续时间短，发生概率低；

■ 偶然事件发生时，通常可以接受一定程度的损坏；

■ 偶然事件通常在结构使用时发生(另见本指南第2章)。

因此，为了提供现实的偶然组合，要直接使用偶然作用，以及主要可变作用和其他可变作用的频遇和准永久组合值[***条款6.4.3.3(3)***]。 条款6.4.3.3(3)

由于所有偶然状况或事件不能得到同样的对待，因此由各国主管机关自行决定主要可变作用的代表值(频遇或准永久值)。例如，验算火灾情况下的楼梯设计时，同时采用设计偶然作用和外加荷载的频遇值是合乎逻辑的。在其他情况下，选择可能会有所不同。当主要可变作用不显而易见时，应将每个可变作用依次当作主要作用。

偶然设计状况的组合要么包含一个显式的偶然作用设计值A_{d}(例如撞击)，要么指偶然事件后的状况($A_{\mathrm{d}}=0$)。对于火灾情况，A_{d}是指由EN 1991-1-2确定的间接温度作用的设计值[***条款6.4.3.3(4)***]。 条款6.4.3.3(4)

地震设计状况下的作用组合

在Eurocode体系中，因为量级不同，地震作用并未与最常见的偶然作用合并，根据适用性或安全性要求，可以由国家主管机关或业主定义。例如，对于铁路桥，主管机关可能会要求当发生重现期相对较短(例如50年)的地震后，依然能维持正常的铁路交通(包括高速旅客列车)。然而，对于更严重的地震(例如，重现期超过500年)，或多或少可以接受有限的损坏。在任何情况下，地震作用效应的一般形式由以下表达式给出[***条款6.4.3.4(1)***]： 条款6.4.3.4(1)

$$E_{\mathrm{d}} = E\{G_{\mathrm{k},j};P;A_{\mathrm{Ed}};\psi_{2,i}Q_{\mathrm{k},i}\} \qquad j \geqslant 1; i \geqslant 1 \qquad (6.12a)$$

大括号中的作用组合，在一般情况下可以表示为[***条款6.4.3.4(2)***]： 条款6.4.3.4(2)

$$\sum_{j\geq1}G_{k,j}\text{“}+\text{”}P\text{“}+\text{”}A_{Ed}\text{“}+\text{”}\sum_{i\geq1}\psi_{2,i}Q_{k,i} \tag{6.12b}$$

6.4.4　作用和作用组合的分项系数

条款 6.4.5　这个简短的***条款6.4.5***提醒设计人员,在 EN 1990 *附件A* 中提供了系数 γ 和 ψ 的值(对于建筑结构,见第7章),它涉及 EN 1991 中的各个部分及其国家附件。

6.4.5　材料和产品的分项系数

条款6.4.5　与前一条款相似,适用于材料和产品特性的系数 γ 可在 EN 1991 ~ EN 1999 中找到,亦或涉及国家附件(***条款6.4.5***)。

6.5　正常使用极限状态

6.5.1　正常使用极限状态验算

条款6.5.1(1)P　从一般的观点来看,正常使用极限状态的验算表示为[***条款6.5.1(1)P***]:

$$E_d \leqslant C_d \tag{6.13}$$

式中:C_d——*相关正常使用准则的设计限值*;

E_d——*正常使用准则中规定的作用效应设计值,在相关组合的基础上确定*。

应该提到的是,正常使用准则之间存在着差异,具体取决于极限状态的类型和所考虑的结构材料。例如,正常使用准则可以指变形、混凝土结构的裂缝宽度、侧移结构的振动频率,与其结构材料无关。

6.5.2　正常使用准则

根据 EN 1990 *附录A*(见第7章),与变形相关的正常使用要求通常在 EN 1992 ~ EN 1999 中规定,或针对特定项目而规定,或者由国家主管机关规定[*条款6.5.2(1)*]。

6.5.3　作用组合

EN 1990 中提出了3类作用组合:标准组合、频遇组合和准永久组合。应根据特定项目、业主或相关国家主管机关的正常使用要求和性能准则来选择合适的作

条款6.5.3(1)　用组合[***条款6.5.3(1)***]。

条款6.5.3(2)　标准组合(过去也使用过术语“罕见组合”)表示如下[***条款6.5.3(2)***]:

$$E_d = E\{G_{k,j};P;Q_{k,1};\psi_{0,i}Q_{k,i}\} \quad j\geq1;i>1 \tag{6.14a}$$

或者,在一般情况下,

$$\sum_{j\geq1}G_{k,j}\text{“}+\text{”}P_k\text{“}+\text{”}Q_{k1}\text{“}+\text{”}\sum_{i>1}\psi_{0,i}Q_{k,i} \tag{6.14b}$$

作用的标准组合建立在与 STR/GEO 承载能力极限状态下的作用基本组合相同的模式上:所有系数 γ 通常等于1,这是结构验算的半概率形式的一个方面。

标准组合一般用于不可逆极限状态(例如,混凝土结构中某些裂缝超限值)。

频遇组合表示为:

$$E_d = E\{G_{k,j};P;\psi_{1,1}Q_{k,1};\psi_{2,i}Q_{k,i}\} \quad j \geq 1;i > 1 \qquad (6.15a)$$

式中，大括号中的作用组合可以表示为：

$$\sum_{j\geq 1} G_{k,j}\text{“}+\text{”}P\text{“}+\text{”}\psi_{1,1}Q_{k,1}\text{“}+\text{”}\sum_{i>1}\psi_{2,i}Q_{k,i} \qquad (6.15b)$$

上式通常用于可逆极限状态，例如准永久作用组合。

用于评估长期效应（例如，混凝土结构中徐变和收缩引起的效应）的准永久组合（也用于可逆极限状态）表示为：

$$E_d = E\{G_{k,j};P;\psi_{2,i}Q_{k,1}\} \quad j \geq 1;i \geq 1 \qquad (6.16a)$$

或（简化为）

$$\sum_{j\geq 1} G_{k,j}\text{“}+\text{”}P\text{“}+\text{”}\sum_{i\geq 1}\psi_{2,i}Q_{k,i} \qquad (6.16b)$$

关于预应力作用代表值的选择（即 P_k 或 P_m）的指导，在 EN 1991 ~ EN 1999 中给出了所考虑的预应力类型。

6.5.4　材料分项系数

*“对于正常使用极限状态，材料特性的分项系数 γ_M 应取为 1.0，除非 EN 1992 ~ EN 1999 中有不同的规定”（**条款 6.5.4**）。* *条款 6.5.4*

延伸阅读

请参阅第 7 章末的列表。

第7章 附录A1(规范性)建筑应用

本章内容涉及作用组合的定义以及建筑结构验算的要求。本章所述内容包含在 EN 1990 *附录A1*“建筑结构应用”中。作为规范性附录,本附录是对*第6章*(见本指南第6章)的补充。本章所述内容参见 EN 1990 *附录A1* 的以下条款:

- 应用范围 *条款A1.1*
- 作用组合 *条款A1.2*
- 承载能力极限状态 *条款A1.3*
- 正常使用极限状态 *条款A1.4*

7.1 应用范围

条款 A1.1(1)

条款A1.1(1)规定:

附录A1 给出了确定建筑结构作用组合的原则和方法,还给出了永久作用、可变作用和偶然作用设计值及用于建筑设计的系数 ψ 的推荐值。

条款A1.1(1)

条款A1.1(1)的注中建议定义设计使用年限(见第2章):一般来说,该设计使用年限不直接用于计算,但必须为某些相关问题而定义,例如钢材的疲劳或腐蚀问题。

7.2 作用组合

7.2.1 一般规定

条款A1.2.1(1)

由于物理上或功能上的原因(见第6章)而不能同时存在的作用效应,不应在作用组合中考虑[***条款A1.2.1(1)***]。该应用性规定是一个有关工程判断的问题。当然,在大多数情况下,建筑中多种可变作用是同时存在的:楼板上的外加荷载、风荷载、温度变化等。第6章(见本指南6.4.3)说明了适用于建立作用组合的一般规定,这些规定的综合应用可能会使得荷载组合的数量较多。为简化设计,

条款A1.2.1(1)

EN 1990[***条款A1.2.1(1)***的注1]允许荷载组合基于不多于两种可变作用。

> **背景**
>
> 在《结构设计基础》(ENV 1991-1)中,基本组合可使用以下简化组合替代:
>
> 仅有一种可变作用的设计情况:
>
> $$\sum_{j\geqslant 1}\gamma_{G,j}G_{k,j}\text{“}+\text{”}[1.5]Q_{k,1}$$

有两种以上可变作用的设计情况：

$$\sum_{j\geqslant 1}\gamma_{G,j}G_{k,j}\text{“}+\text{”}[1.35]\sum_{i\geqslant 1}Q_{k,i}$$

由于以下原因，这些简化公式未能沿用：

■ 这些公式从概念的角度来说不正确；

■ 这些公式被认为不能包络正常公式，因为它们不是系统地偏于安全的；

■ 这些公式与正常公式相比不能真正简化计算。

例如，如果我们考虑某个包含一种永久作用(例如自重 G_k)和两种相互独立的可变作用(例如楼面外加荷载 $Q_{k,1}$ 和风荷载 $Q_{k,2}$)的问题，使用简化公式导致需考虑以下组合：

$$1.35G_k + 1.5Q_{k,1}$$

$$1.35G_k + 1.5Q_{k,2}$$

$$1.35G_k + 1.35Q_{k,1} + 1.35Q_{k,2}$$

事实上，通常的方法[基于 EN 1990 式(*6.10*)]仅用于验算：

$$1.35G_k + 1.5Q_{k,1} + 0.9Q_{k,2} \qquad (\psi_{0.2}=0.6)$$

$$1.35G_k + 1.05Q_{k,1} + 1.5Q_{k,2} \qquad (\psi_{0.1}=0.7)$$

系数 ψ 见表7.1。

由于可变作用标准值和组合值的水平较高以及附加作用造成显著组合影响的概率较低，一般情况下(例如某普通6层住宅建筑)仅使用两种可变作用的建议是可接受的。实际上，如果采取两种以上的取其标准值(对于主导作用)和组合值(对于伴随作用)的可变作用，基本组合出现的概率[式(*6.10*)]非常低。然而，EN 1990 使设计人员注意到，简化公式的使用可能取决于建筑的使用功能、形式和位置。需要强调的是，这种简化公式与式(*6.10a*)和式(*6.10b*)同时使用时可能导致不可接受的低可靠度水平。

Eurocode 提示设计人员在验算承载能力极限状态[***条款A1.2.1(2)***]或正常使用极限状态[***条款A.1.2.1(3)***]时应使用何种作用组合，但在国家附件[***条款A1.2.1(1)***注2]中，由于地理原因允许对一些组合进行修正。　*条款A1.2.1(2)*　*条款A1.2.1(3)*　*条款A1.2.1(1)*

EN 1990 没有给出关于预应力的系数 γ，这些系数在相关 Eurocodes 中有定义，特别是 EN 1992[***条款 A1.2.1(4)***]。　*条款A1.2.1(4)*

7.2.2　系数 ψ 的值

表7.1(由 EN 1990 *表A1.1* 重制)给出了常见作用的系数 ψ 的推荐值。这些值与EN 1991中其他部分给出的值一致，并可以在国家附件中进行更改。此外，对于表中未涉及的国家(即欧盟以外的国家)，建议进行特定调整[***条款A1.2.2(1)***]。　*条款 A1.2.2(1)*

建筑作用类别的系数 ψ 的推荐值(经 BSI 许可,根据 EN 1990 表 A1.1 重制) 表 7.1

作 用 类 别	ψ_0	ψ_1	ψ_2
作用在建筑上的外加荷载类别(见 EN 1991-1-1)			
A 类:家庭、住宅区域	0.7	0.5	0.3
B 类:办公区域	0.7	0.5	0.3
C 类:集会区域	0.7	0.7	0.6
D 类:购物区域	0.7	0.7	0.6
E 类:仓储区域	1.0	0.9	0.8
F 类:交通区域,车辆重量≤30kN	0.7	0.7	0.6
G 类:交通区域,30kN≤车辆重量≤160kN	0.7	0.7	0.6
H 类:屋面	0	0	0
建筑上的雪荷载(见 EN 1991-1-3)*			
芬兰、冰岛、挪威、瑞典	0.70	0.50	0.20
场地位于海拔 $H>1000$m 的 CEN 成员国	0.70	0.50	0.20
场地位于海拔 $H\leq1000$m 的 CEN 其他成员国	0.50	0.20	0
建筑上的风荷载(见 EN 1991-1-4)	0.6	0.2	0
建筑上的温度(非火灾情况)作用(见 EN 1991-1-5)	0.6	0.5	0
注:ψ 值可由国家附件设定。 (*)对于以下未提到的国家,参阅当地条件。			

7.3 承载能力极限状态

7.3.1 持久和短暂设计状况的作用设计值

根据所考虑的极限状态,对于持久和短暂设计状况定义了 3 组作用设计值

条款A1.3.1(1)

(A 组、B 组和 C 组)[***条款A1.3.1(1)***]。系数 γ 和 ψ 的数值通常在国家附件中给出。然而,通常采用更多的是 EN 1990 中 γ 和 ψ 的推荐值。这些值在 EN 1990 的说明中给出,且包含于表*A1.2(A)*~表 *A1.2(C)*[重制为表 7.2(A)~表 7.2(C)]中,分别对应 A 组、B 组和 C 组。

作用的设计值(静力平衡极限状态)(A 组) 表 7.2(A)

[经 BSI 许可,根据 EN 1990 表*A1.2(A)*重制]

持久和短暂设计状况	永久作用		主导可变作用(*)	伴随可变作用	
	不利	有利		主要(如有)	其他
式(6.10)	$\gamma_{Gj,sup}G_{kj,sup}$	$\gamma_{Gj,inf}G_{kj,inf}$	$\gamma_{Q,1}Q_{k,1}$		$\gamma_{Q,i}\psi_{0,i}Q_{k,i}$

(*)表*A1.1* 中考虑的可变作用。

注 1:γ 值可由国家附件设定。γ 的建议值为:

$\gamma_{Gj,sup}=1.10$

$\gamma_{Gj,inf}=0.90$

不利时,$\gamma_{Q,1}=1.50$(有利时取 0);

不利时,$\gamma_{Q,i}=1.50$(有利时取 0)。

注 2:在静力平衡状态验算中也包括结构构件抗力的情况下,如果国家附件允许,作为基于表*A1.2(A)*和表 *A1.2(B)*分别验算的替代方法,可以使用基于表*A1.2(A)*的组合验算,并采用如下建议值。这些建议值可由国家附件修改。$\gamma_{Gj,sup}=1.35\gamma_{Gj,inf}=1.15$。

不利时,$\gamma_{Q,1}=1.50$(有利时取 0);

不利时,$\gamma_{Q,i}=1.50$(有利时取 0)。

前提是对永久作用的有利部分和不利部分都应用 $\gamma_{Gj,inf}=1.00$ 不会导致更不利的影响。

作用的设计值(强度极限状态/土工极限状态)(B 组)　　表 7.2(B)

[经 BSI 许可,根据 EN 1990 表*A1.2(B)*重制]

式(*6.10*)	$\gamma_{Gj,sup}G_{kj,sup}$	$\gamma_{Gj,inf}G_{kj,inf}$	$\gamma_{Q,1}Q_{k,1}$		$\gamma_{Q,i}\psi_{0,i}Q_{k,i}$
式(*6.10*a)	$\gamma_{Gj,sup}G_{kj,sup}$	$\gamma_{Gj,inf}G_{kj,inf}$		$\gamma_{Q,1}\psi_{0,1}Q_{k,1}$	$\gamma_{Q,i}\psi_{0,i}Q_{k,i}$
式(*6.10b*)	$\xi\gamma_{Gj,sup}G_{kj,sup}$	$\gamma_{Gj,inf}G_{kj,inf}$	$\gamma_{Q,1}Q_{k,1}$		$\gamma_{Q,i}\psi_{0,i}Q_{k,i}$

作用的设计值(强度极限状态/土工极限状态)(C 组)　　表 7.2(C)

[经 BSI 许可,根据 EN 1990 表*A1.2*(C)重制]

持久和短暂设计状况	永久作用		主导可变作用(*)	伴随可变作用(*)	
	不利	有利		主要(如有)	其他
式(*6.10*)	$\gamma_{Gj,sup}G_{kj,sup}$	$\gamma_{Gj,inf}G_{kj,inf}$	$\gamma_{Q,1}Q_{k,1}$		$\gamma_{Q,i}\psi_{0,i}Q_{k,i}$

(*)表*A1.1* 中考虑的可变作用

注:γ 值可由国家附件设定。γ 的建议值为:

$\gamma_{Gj,sup}=1.00$

$\gamma_{Gj,inf}=1.00$

不利时,$\gamma_{Q,1}=1.30$(有利时取 0);

不利时,$\gamma_{Q,i}=1.30$(有利时取 0)。

需提醒读者的是,关于永久作用,上、下限标准值(见本指南第 4 章)是用于所有表现出对这些作用的变化非常敏感的极限状态[**条款*A1.3.1(2)***]。当然,为识别极限状态对这些变化是否非常敏感,有必要进行一定的工程判断。这条规定主要用于静力平衡极限状态(EQU)。 **条款*A1.3.1(2)***

如第 6 章所述,根据在岩土和非岩土作用以及岩土抗力的评估中引入可靠度的方式,确定了 4 种极限状态:静力平衡极限状态、强度极限状态、土工极限状态以及疲劳极限状态。

极限状态与各组设计值之间的对应关系如表 7.3 所示[**条款*A1.3.1(3)*** 和**条款*A1.3.1(4)***]。 **条款*A1.3.1(3)*** **条款*A1.3.1(4)***

极限状态与设计值　　表 7.3

极限状态	分项系数组别
静力平衡极限状态——静力平衡	A 组[表 7.2(A)](译者注:此处原文有误,表 7.3 应为表 7.2)
强度极限状态——不涉及岩土作用的建筑结构抗力	B 组[表 7.2(B)](译者注:此处原文有误,表 7.3 应为表 7.2)
强度极限状态——涉及岩土作用的建筑结构抗力	方法 1　对所有作用采用 C 组[表 7.3(C)]以及对所有作用采用 B 组,取最不利的情况
土工极限状态——地基失效或过度变形	方法 2　对所有作用采用 B 组 方法 3　对施加在来自于结构的作用采用 B 组,对土工作用采用 C 组

对于涉及岩土作用的土工极限状态或强度极限状态,定义了 3 种方法[**条款*A1.3.1(5)***],并在 EN 1990 中针对每种方法给出了各组的设计值。[EN 1997 同样也介绍了抗浮极限状态(由于水压力顶升导致结构或地面失去平衡)和水力极限状态(由于水力梯度引起的地面水力隆起、内部侵蚀和管涌)。] **条款*A1.3.1(5)***

这些极限状态(静力平衡极限状态、强度极限状态和土工极限状态)的示意图见图7.1。

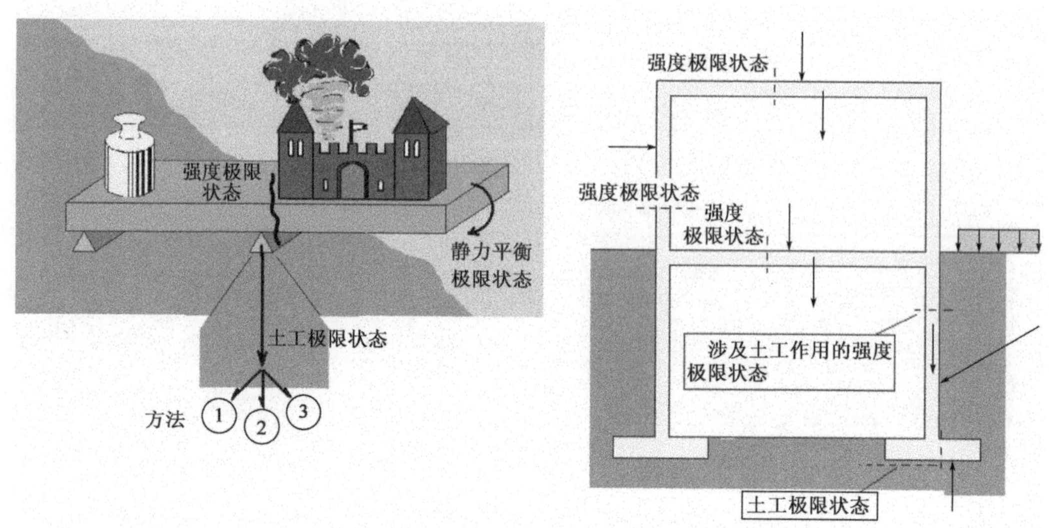

图7.1 静力平衡极限状态、强度极限状态和土工极限状态示例

方法1、方法2或方法3的选择由相应的国家附件确定。EN 1990没有给出疲劳极限状态(FAT)或与有关纯岩土、水力或浮力失效的极限状态的设计值[**条款A1.3.1(6)**和**条款A1.3.1(7)**],这些相关内容见《岩土工程设计》(EN 1997)和EN 1997的设计指南。

条款A1.3.1(6)
条款A1.3.1(7)

7.3.2 静力平衡极限状态

结构或其任何(可看作刚体的)部分的静力平衡通过表7.2(A)(A组)中作用的设计值验算,该表根据EN 1990 *表A1.2(A)*重制。

如表7.2(A)所示,作用组合基于EN 1990中式(*6.10*),包括一个主导可变作用和伴随可变作用以及永久作用,其中,如果永久作用与可变作用共同作用,则为"不利的",如果与可变作用相反,则为"有利的"。

如前所述,EN 1990仅在*表A1.2(A)*的注1和注2中给出了一组系数γ的推荐值:这些系数γ的推荐值可由国家附件确认或修改。

*表A1.1(A)*中建议的γ值需要进一步解释。使用注1中给出的一组γ的推荐值,作用组合表示为:

$$1.10\sum G_{k,j,\text{sup}}\text{“}+\text{”}0.90\sum G_{k,j,\text{inf}}\text{“}+\text{”}1.50Q_{k,1}\text{“}+\text{”}1.50\sum_{i\geq 2}\psi_{0,i}Q_{k,i}$$

或者,以一种更"便于使用"的方式表示为:

$$1.10G_{\text{unfav}}\text{“}+\text{”}0.90G_{\text{fav}}\text{“}+\text{”}1.50Q_{k,1}\text{“}+\text{”}1.50\sum_{i\geq 2}\psi_{0,i}Q_{k,i}$$

基于之前引出的两条规定辨别有利永久作用和不利永久作用:"*如果结构不同位置的验算结果对永久作用大小的变化非常敏感,则应对该作用的不利部分和有利部分分别作为单独作用考虑*"(**条款6.4.3.1**),且该规定涉及永久作用的上、下限标准值的使用(如第4章所述)。在很多情况下,取名义值作为标准值。

条款6.4.3.1

当不能直接保证静力平衡的情况下,通常会提供一个稳定系统。对于这种情况,有必要进行强度极限状态/土工极限状态的验算。此时,如果国家附件允许,可以使用一组替代建议值验算相关的静力平衡极限状态和强度极限状态。

使用EN 1990中*条款A1.3*中*表A1.2(A)*注2给出的建议值,作用组合表示为: *条款A1.3*

$$1.35\sum G_{k,j,sup}\text{“}+\text{”}1.15\sum G_{k,j,inf}\text{“}+\text{”}1.50Q_{k,1}\text{“}+\text{”}1.50\sum_{i\geqslant 2}\psi_{0,i}Q_{k,i}$$

或者,以一种更“便于使用”的方式表示为:

$$1.35G_{unfav}\text{“}+\text{”}1.15G_{fav}\text{“}+\text{”}1.50Q_{k,1}\text{“}+\text{”}1.50\sum_{i\geqslant 2}\psi_{0,i}Q_{k,i}$$

对于所提出的这组设计值并没有科学的解释:为了给出一个同时适用于静力平衡极限状态和强度极限状态的可接受的组合,将这些值进行了调整。在本章后面的7.5.1中,列举了一个详细的示例来解释静力平衡极限状态。

背景

分项系数1.10和0.90可以通过以下方式解释。根据可靠性方法,当永久作用不利时,其设计值由以下公式得出:

$$G_{d,sup}=G_m(1-\alpha_E\beta V_G)=G_m(1+0.7\times 3.8\times V_G)$$

当永久作用有利时,可以被视为抗力,其设计值由以下公式得出:

$$G_{d,inf}=G_m(1-\alpha_R\beta V_G)=G_m(1-0.8\times 3.8\times V_G)$$

V_G为所考虑的永久作用的变异系数。在EN 1990中,*条款4.1.2(1)P*(见第4章)注2建议,永久作用的变异系数的取值范围为0.05~0.10。这些值更多地应用于永久作用的效应(包含模型的不确定性),而非作用本身(不含模型的不确定性)。永久作用在静力平衡极限状态的公式中是直接表示的(并非作为作用效应),且这些作用主要是由于自重。这解释了为何V_G可以在较低的范围内取值,例如0.02~0.05(0.02对应控制水平较高的桥梁施工现场)。例如,当$V_G=0.05$时,则$G_{d,sup}=1.13G_m$,$G_{d,inf}=0.85G_m$,这也对分项系数的建议值作出了解释。

同样需注意的是,EN 1990中*表A1.2(A)*注1所建议的这组分项系数为非恒定的,因为系数1.10和0.9不包含任何模型的不确定性因素,而可变作用的系数1.50包含模型的不确定性因素;然而,在多数情况下这并不重要。

7.3.3　强度极限状态

不涉及岩土作用的结构构件的设计通常使用B组中的作用设计值进行验算[表7.2(B),EN 1990中*表A1.2(B)*]。

EN 1990 中表*A1.2*(*B*)看上去可能有些复杂,需要详细说明。

首先,应注意,表*A1.2*(*B*)实际上提出了以下 3 组不同设计值(具体使用哪一组由国家附件决定):

- 式(*6.10*);
- 式(*6.10a*)和式(*6.10b*)中的较不利者;
- 修正后式(*6.10a*)和式(*6.10b*)中的较不利者。

修正后式(*6.10a*)为包含以下永久作用的作用组合:

$$\sum \gamma_{G,j,\text{sup}} G_{k,j,\text{sup}} \text{“}+\text{”} \sum \gamma_{G,j,\text{inf}} G_{k,j,\text{inf}}$$

使用表*A1.2*(*B*)注 2 中给出的建议值,作用组合表示为:

$$1.35 \sum G_{k,j,\text{sup}} \text{“}+\text{”} \sum G_{k,j,\text{inf}} \text{“}+\text{”} 1.50 Q_{k,1} \text{“}+\text{”} 1.50 \sum_{i\geqslant 2} \psi_{0,i} Q_{k,i}$$

对应式(*6.10*),并且

$$1.35 \sum G_{k,j,\text{sup}} \text{“}+\text{”} \sum G_{k,j,\text{inf}} \text{“}+\text{”} 1.50 \sum_{i\geqslant 1} \psi_{0,i} Q_{k,i}$$

$$1.15 \sum G_{k,j,\text{sup}} \text{“}+\text{”} \sum G_{k,j,\text{inf}} \text{“}+\text{”} 1.50 Q_{k,1} \text{“}+\text{”} 1.50 \sum_{i\geqslant 2} \psi_{0,i} Q_{k,i}$$

分别对应式(*6.10a*)和式(*6.10b*)。

背景——系数 γ 建议值的解释

欧洲混凝土协会 CEB 第 127 号和 128 号公告中给出了系数 γ 建议值的传统解释,$\gamma_F = \gamma_{Sd}\gamma_f$,如下:

作　用	γ_f	γ_{Sd}	γ_F
不利永久作用	1.125	1.20	≈1.35
有利永久作用	0.875	1.20	≈1.00
可变作用(不利)	1.35	1.10	≈1.50

此解释是非常准确的研究结果。它表明系数 γ_{Sd} 的特殊值不具有科学依据,且由工程判断得出。

应当注意,EN 1990 没有给出关于修正后式(*6.10a*)的建议值。

显然,式(*6.10*)或式(*6.10a*)与式(*6.10b*)两个概率并不相等,因为它们得到的可靠度水平不同。

当使用适当的永久作用和可变作用的统计数据以确定 γ 和 ψ_0 值时,这些值为永久作用与可变作用之比的函数。使用两种公式的组合[式(*6.10a*)和式(*6.10b*)]可以很好地对这些函数进行近似,允许包括永久作用 G 的所有作用既可以作为主导作用 $\gamma_F F_k$,也可以作为伴随作用 $\gamma_F \psi_0 F_k$。式(*6.10*)假定,永久荷载 $\gamma_G G$ 和某一可变荷载 $\gamma_Q Q_{k,1}$ 宜总是作为设计值共同作用。

背景——3 种方法对应的可靠度水平

EN 1990 *附录A1* 中所提供的 3 种可选择的作用组合方法已经经过研究，并通过基于概率的可靠度方法与英国标准(BS 5950 和 BS 8110)给出的组合规定进行了对比。

为描述 3 种方法导致的差异，使用基于以下极限状态函数的基本模型：

$$g(\underline{X}) = \theta_R R - \theta_E(G + Q + W)$$

式中，$(\underline{X})$表示基本变量的向量(随机变量在等式右侧)，θ_R表示抗力模型不确定性的系数，θ_E表示荷载模型不确定性的系数，R 表示抗力，G 表示永久作用，Q 表示建筑楼面上的外加荷载(如 EN 1990 所定义)，W 表示风荷载。

为 6 个基本变量选择适当的概率模型。钢筋混凝土抗力的有关参数(特别是均值和标准差)通过考虑 1% 配筋率的钢筋混凝土截面的抗弯承载力确定。假设钢筋为 S500(均值为 560MPa，标准差为 30MPa)，混凝土为 C20(均值为 30MPa，标准差为 5MPa)，用于确定参数。对于钢结构构件和混凝土结构构件都研究了以下 4 种作用组合工况。

- 永久作用 G 以及仅有外加荷载 Q；
- 永久作用 G 以及仅受风荷载 W；
- 永久作用 G、主导外加荷载 Q 以及伴随风荷载 W(对于 $k=0.5$ 和 0.8)；
- 永久作用 G、主导风荷载 W 以及伴随外加荷载 Q(对于 $k=2.00$ 和 10.0)。

其中，$k=W/Q$。

下图两个示例表示了可靠指标 β 作为荷载比例函数的变化趋势。

$$\chi = \frac{Q + W}{G + W + Q}$$

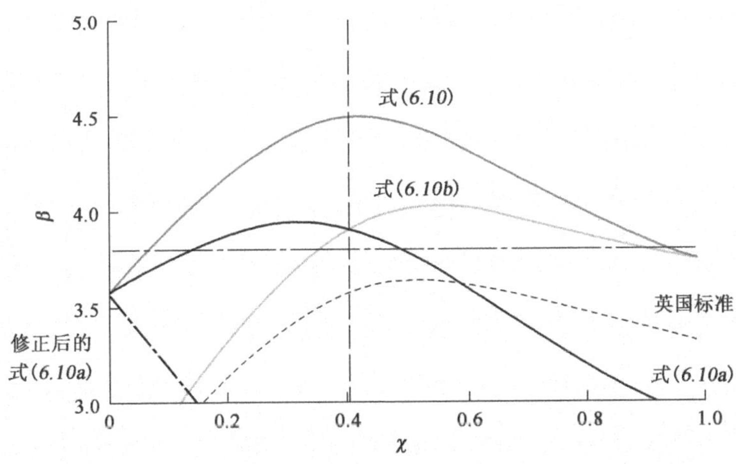

承受永久荷载 G、主导外加荷载 Q 和伴随风荷载 $W(k=0.5)$ 的钢构件的可靠指标 β

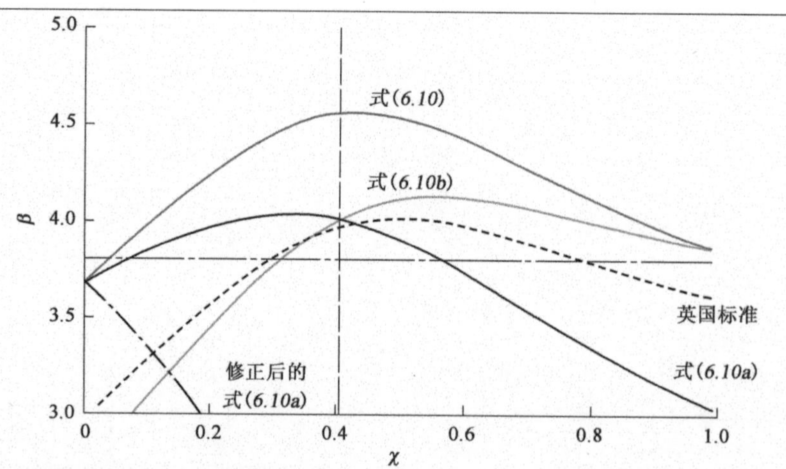

承受永久荷载 G、主导外加荷载 Q 和伴随风荷载 $W(k=0.5)$ 的混凝土构件的可靠指标 β

计算表明:

■ 当使用 EN 1990 中推荐的分项系数时,对于大多数实际情况的荷载比例 χ,式(6.10)得到的可靠度水平高于期望值($\beta=3.8$)。使用式(6.10a)和式(6.10b)得到可靠度水平低于式(6.10),但是大部分情况下仍高于期望值($\beta=3.8$)。

■ EN 1990 中修正后的式(6.10a)和式(6.10b)得到的可靠度水平比期望值($\beta=3.8$)低,尤其是当荷载比例 χ 小于 0.5 时。

■ 当仅考虑一个可变作用时,BS 5950 和 BS 8110 中的组合规定得到与 EN 1990 式(6.10)相似的结果。然而,当同时考虑两种可变作用时,使用英国组合规定所得到的可靠度显著低于 EN 1990 式(6.10)或式(6.10a)和式(6.10b)所得到的值,尤其是当荷载比例 χ 较低时。

■ 同时使用 EN 1990 中修正后的式(6.10a)和式(6.10b)导致 β(作为荷载比例 χ 的函数)的分布比式(6.10)更均匀。

一般来说,当可变作用大于永久作用时,使用式(6.10a)比式(6.10b)更不利,当永久作用大于可变作用时,式(6.10b)比式(6.10a)更不利。举例来说,很容易证明,对于混凝土厚板,式(6.10a)起决定性作用,而对于非常薄的混凝土板以及钢结构和木结构梁来说,式(6.10b)起决定性作用。

因此,一方面式(6.10a)和式(6.10b)给出了联合组合规则,另一方面式(6.10)在估计由永久作用(实际存在的作用)和可变作用(通过极值分布评估的作用)引起的不同风险等方面存在差异,且表现出不同的可靠度水平,供管理部门通过国家附件选择,因为 EN 1990 中并未推荐某一种具体方法。

注意,表 *A1.2(B)* 中的注 4 允许对某模型系数进行验证。所有结构分析都仅是基于近似模型(结构模型和作用模型)。CEB(欧洲混凝土协会,1985)采用的《模型不确定性的基本说明》清楚地说明了这一点。

很明显,试图考虑所有结构分析的不确定性为系数 γ_{Sd} 定义一个精确的特定值是不可能的:不同结构之间,甚至不同结构构件截面之间的值有很大差异。基于这个原因,EN 1990 提出了 γ_{Sd}取值范围在 1.05 ~ 1.15,这适用于大部分情况且可以在国家附件中进行修改。在考虑非线性问题时可以采用这种方法。在很多情况下,取值为 1.15 是最合适的。

从经济性角度来说,也许使用式(*6.10*)比使用式(*6.10a*)和式(*6.10b*)更不利,但是对于混凝土结构,使用它可以涵盖多个正常使用极限状态。

7.3.4　强度极限状态/土工极限状态

涉及岩土作用的结构构件(基础、桩、地下室墙等)的抗力和地基的抗力宜使用以表 7.3 中三种方法(在国家附件中选择)的其中之一进行验算:

■ 方法 1:对岩土作用和其他作用在/产生于结构上的作用,使用表 7.2(C)[EN 1990 *表A1.2(C)*]和表 7.2(B)[EN 1990 *表A1.2(B)*]中的设计值分别进行计算。

■ 方法 2:对岩土作用和其他作用在/产生于结构上的作用,使用表 7.2(B)[EN 1990 *表A1.2(B)*]中的设计值。

■ 方法 3:对岩土作用,使用表 7.2(C)[EN 1990 *表A1.2(C)*]中的设计值,同时对于其他作用在/产生于结构上的作用,使用表 7.2(B)中的分项系数。

这 3 种设计方法的不同之处在于作用、作用效应、材料特性和抗力之间分项系数的分配方式不同。《岩土工程设计》(EN 1997)中指出,部分原因是在模拟作用和抗力的影响时,对不确定性保留余量时的方式不同。

以一个非常基础的情况为例。图 7.2 为一个具有水平回填的悬臂式挡土墙。假设压力是水平的,根据朗肯理论,可以计算竖直墙背上的主动土压力。回填土上未施加堆载。在 x 深度处,土压力为:

$$q(x) = k_a \gamma_{k,soil} x$$

其中:

$$k_a = \tan^2\left(\frac{\pi}{4} - \frac{\varphi'_k}{2}\right)$$

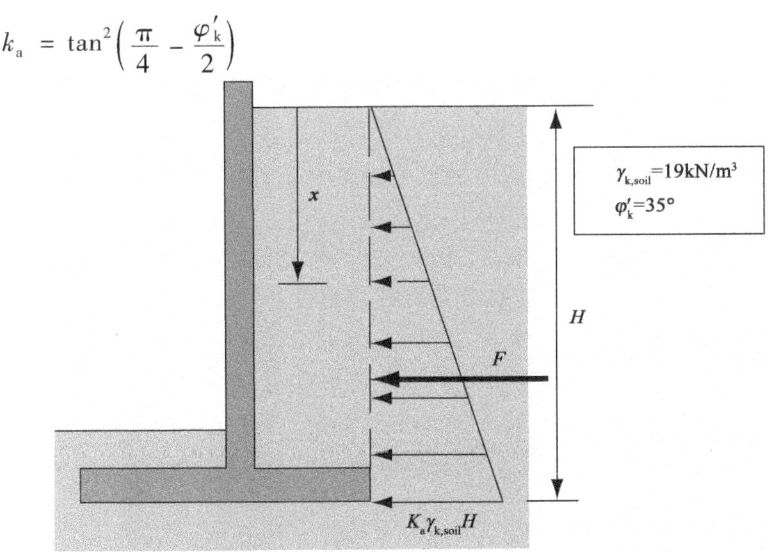

图 7.2　岩土作用示例

式中,φ'_k为回填土抗剪角的标准值;$\gamma_{k,\ soil}$为回填土密度的标准值;k_a为主动土压力系数。假设的水平合力 F 为:

$$F = \frac{1}{2}k_a\gamma_{k,soil}H^2$$

上式中,F 为 φ'_k和 $\gamma_{k,\ soil}$的函数:$F = F(\gamma_{k,\ soil},\varphi'_k)$。

为了得到设计值,下面介绍了分项系数在合力 F 上的应用。

在第一种情况下,对于其他永久作用应用整体系数 γ_F,k_a通过抗剪角的标准值 φ'_k 和地基土密度的标准值 $\gamma_{k,\ soil}$进行评估:$F_d = \gamma_F F(\gamma_{k,soil},\varphi'_k)$。

在第二种情况下,直接将系数 γ_φ应用于剪切抗力上。因此,抗剪角的设计值为:

$$\varphi'_d = \tan^{-1}\left(\frac{\tan\varphi'_k}{\gamma_\varphi}\right)$$

且

$$F_d = F(\gamma_{k,soil},\varphi'_d)$$

两种情况的数值比较如下:在第一种情况中,取 $\gamma_\varphi = 1.25$,$\varphi'_k = 35°$,则

$$k_a = \tan^2\left(\frac{\pi}{4} - \frac{\varphi'_k}{2}\right) = 0.27$$

如果 F 对于所考虑的极限状态是不利的,且对其他永久作用应用同样的系数 $\gamma(1.35)$,则 $1.35k_a = 0.37$。

在第二种情况中,$\varphi'_d = 29.3°$,因此 $k_a = 0.34$。

这两种方法并不完全等效,但在本例中可以得到同样的结果。

现在可以对 3 种设计方法进行解释。

设计方法 1

在第一种方法中,结构和岩土作用均应用 B 组[表 7.2(B)]的分项系数。不再在岩土参数上应用材料分项系数。岩土抗力的计算不应用分项系数,但桩基础设计除外,在一些特殊情况下应用了抗力分项系数。

在第二种计算中,大多数岩土作用的情况应用 C 组[表 7.2(C)]的分项系数。在这组系数中,结构和岩土作用是不含系数的,可变作用为不利作用的情况下除外。岩土参数的标准值应用材料分项系数。这组系数的选用遵循了材料系数法。

在桩基础和锚杆基础的情况下,第二种计算应用了特定的分项系数:作用不应用分项系数,而由不含系数的岩土特性得到的抗力应采用分项系数。

这组系数遵循了抗力系数法。EN 1997 规定,对于在桩基础上导致不利作用的或者在其他方面涉及地基强度的设计值的计算,例如产生负摩阻或抵抗侧向荷载等,在适当时将同时使用材料分项系数与抗力分项系数。

设计方法 2

这是一种抗力系数法,将 B 组[表 7.2(B)]的分项系数应用于结构作用和/或作用效应的代表值、岩土作用和/或作用效应的标准值以及地基抗力的标准值上。岩土参数标准值不应用材料分项系数。

设计方法 3

这是一种抗力系数/材料系数法的组合,其中:

■ B 组[表 7.2(B)]的分项系数应用于结构作用和/或作用效应的代表值;

■ C 组[表 7.2(C)]的分项系数应用于岩土作用的代表值;

■ 材料分项系数应用于岩土参数标准值,然后用于岩土作用/作用效应以及地基抗力的推导。

7.3.5　综合

考虑到各种不同组的建议值,可以建立表 7.4,对各种建议的作用分项系数进行

分项系数的推荐值　　表 7.4

极限状态		$\xi\gamma_{G,j,sup}$	$\gamma_{G,j,inf}$	$\psi\gamma_{Q,k,i}$	$\psi\gamma_{Q,k,i}^{i}$ <1	注　释
静力平衡极限状态——静力平衡						结构或其视为刚体[条款3.3(4)P]的部分失去平衡状态:无岩土作用和岩土特性
常用分项系数		1.10	0.90	1.50	$1.50\psi_{0,i}$	
替代分项系数		1.35	1.15	1.50	$1.50\psi_{0,i}$	当验算涉及结构构件抗力的静力平衡时推荐
强度极限状态——不含岩土作用的建筑结构的抗力						
国家选择	式(6.10)	1.35	1.00	1.50	$1.50\psi_{0,i}$	
	式(6.10a)	1.35	1.00	$1.50\psi_{0,1}$	$1.50\psi_{0,i}$	不利
	式(6.10b)	1.15	1.00	1.50	$1.50\psi_{0,i}$	
强度极限状态——含岩土作用的建筑结构的抗力 土工极限状态——地基失效或过度变形						
国家选择	方法1					适用于所有作用
	式(6.10)	1.35	1.00	1.50	$1.50\psi_{0,i}$	
	或					不利
	式(6.10a/b)	1.35	1.00	$1.50\psi_{0,1}$	$1.50\psi_{0,i}$	
		1.15	1.00	1.50	$1.50\psi_{0,i}$	
	和					
	式(6.10)	1.00	1.00	1.30	$1.30\psi_{0,i}$	
	方法2					适用于所有作用
	式(6.10)	1.35	1.00	1.50	$1.50\psi_{0,i}$	
	或					
	式(6.10a/b)	1.35	1.00	$1.50\psi_{0,1}$	$1.50\psi_{0,i}$	
		1.15	1.00	1.50	$1.50\psi_{0,i}$	
	方法3					
	式(6.10)	1.35	1.00	1.50	$1.50\psi_{0,i}$	
	或					对于非土工作用
	式(6.10a/b)	1.35	1.00	$1.50\psi_{0,1}$	$1.50\psi_{0,i}$	
		1.15	1.00	1.50	$1.50\psi_{0,i}$	
	式(6.10)	1.00	1.00	1.30	$1.30\psi_{0,i}$	对于土工作用

综合。修正后的式(*6.10a*)没有编入该表中,因为 Eurocode 中的建议值与此式不相关。

7.3.6 偶然设计状况和地震设计状况的作用设计值

一般来说,偶然作用的特点是在结构的寿命周期内发生的概率非常低。只要是人为的,这些作用都是由于使用条件异常(例如爆炸、车辆或船只的撞击或火灾等)导致的,且通常持续时间较短。地震、龙卷风或大雪等极其罕见的自然或气候现象也可能导致偶然作用。

由于偶然状况的特点,其对应的作用设计值的应用属于一般安全情况,且取决于发生的概率、建筑物的重要性和失效后果等。因此,由监管机构决定如何使用这些作用的设计值。

偶然和地震设计状况[式(*6.11a*)~式(*6.12b*)]中承载能力极限状态的分项系数通常取1.0,但一般不仅是针对承受(对偶然荷载组合进行修正后)作用的可靠性构件,也包括抗力的分项系数。

地震作用被单独列出,因为地震作用作为偶然作用与作为基于不同地震区域"地震环境"的"正常"作用的处理方式不同,不同区域地震的重现期有着显著差异(例如中欧或地中海区域的差异)。

作用组合见表7.5(由 EN 1990 *条款A1.3.2* 中*表A1.3* 重制)。

偶然作用组合和地震作用组合使用的作用设计值 表7.5

(经 BSI 许可,根据 EN 1990 *表A1.3* 重制)

设计状况	永久作用		主导偶然作用或地震作用(*)	伴随可变作用(**)	
	不利	有利		主要(如有)	其他
偶然(*) [式(*6.11a/b*)]	$G_{kj,sup}$	$G_{kj,inf}$	A_d	ψ_{11} 或 $\psi_{21}Q_{k1}$	$\psi_{2,i}Q_{k,i}$
地震 [式(*6.12a/b*)]	$G_{kj,sup}$	$G_{kj,inf}$	$\gamma_1 A_{Ek}$ 或 A_{Ed}		$\psi_{2,i}Q_{k,i}$

(*)在偶然设计状况下,主要可变作用取频遇值或像地震作用组合中一样取准永久值。根据所考虑的偶然作用,在国家附件中将作出选择。另见 EN 1991-1-2。

(**)表7.1(EN 1990 *表A1.1*)中所考虑的可变作用。

在发生偶然事故时,损坏程度通常是可以接受的;且偶然事故通常发生在结构使用期间。因此,为了提供一个真实的偶然荷载组合,偶然荷载直接与频遇组合值和准永久组合值共同应用,这两种组合值分别用于主导可变作用和其他可变作用。

偶然设计状况的组合要么包含一个显式的偶然作用设计值 A_d(例如:撞击),要么指偶然事件后的状况($A_d=0$)。对于火灾情况,A_d 是指 EN 1991-1-2 中确定的间接温度作用的设计值。

对于主要伴随可变作用,关于是否使用频遇值或准永久值应符合国家附件的规定。这条规定主要用于防火设计情况:很容易理解,通常可以预见火灾中人群拥挤的情况（例如在楼梯上），因此在计算中使用作用于楼面上外加荷载的准永久值可能会得到不可接受的可靠度水平。

地震设计状况类似于偶然设计状况，但比偶然状况更加频繁，例如对铁路桥梁的设计考虑两个级别的地震作用，对应不同的重现期：一个与承载能力极限状态的验算有关，另一个与关于旅客特定舒适度准则的正常使用极限状态相关。

7.3.7　疲劳

EN 1990 *附录A1* 中没有对疲劳作出规定。所有与疲劳问题有关的规定在 EN 1992 ~ EN 1999 中给出。对于疲劳评估，分项系数取决于是否存在预警机制，以便在失效前检测出损伤并采取预防措施。

如果在正常使用条件下能够检测到足够的预警信号，则将结构归为损伤容限结构，否则将结构归为非损伤容限结构。

对于损伤容限结构，用于疲劳评估的作用分项系数可以取 $\gamma_F = 1.00$。只要没有观察到预警信号，即使超过设计疲劳寿命，也可以充分使用结构。

当结构为非损伤容限结构时，分项系数的应用取决于是否对荷载进行监测。

在监测荷载的情况下，应用于疲劳损伤的分项系数应不低于1.35。当没有明显的预警信号时，如果累积疲劳损伤达到极限，也应停止使用结构。在无荷载监测的情况下，分项系数应不低于 2.00，当超过计算的使用寿命（例如 50 年）时，应停止使用结构。

EN 1992 ~ EN 1999 中给出了确定损伤容限的方法，以及关于检测和控制措施如何影响分项系数的说明。

7.4　正常使用极限状态

7.4.1　作用的分项系数

对于正常使用极限状态，作用的分项系数通常取 1.0：这方面是半概率公式的主要特征。在某些情况下，EN 1991 ~ EN 1999 中可能定义了不同的值。在 EN 1990 中，正常使用极限状态的作用组合列于*表A1.4*（此处重制为表 7.6）中。

作用组合使用的作用设计值　　表 7.6

（经 BSI 许可，根据 EN 1990 *表A1.4* 重制）

组　合	永久作用 G_d		可变作用 G_d	
	不利	有利	主导	其他
标准值	$G_{k,j\text{sup}}$	$G_{k,j\text{inf}}$	$Q_{k,1}$	$\psi_{0,i}Q_{k,i}$
频遇值	$G_{k,j\text{sup}}$	$G_{k,j\text{inf}}$	$\psi_{1,1}Q_{k,1}$	$\psi_{2,i}Q_{k,i}$
准永久值	$G_{k,j\text{sup}}$	$G_{k,j\text{inf}}$	$\psi_{2,1}Q_{k,1}$	$\psi_{2,i}Q_{k,i}$

表 7.6 中给出的组合可以表示为：

■ 标准组合：

$$\sum G_{k,j,sup}\text{“}+\text{”}\sum G_{k,j,inf}\text{“}+\text{”}Q_{k,1}\text{“}+\text{”}\sum_{i>1}\psi_{0,i}Q_{k,i}$$

■ 频遇组合:

$$\sum G_{k,j,sup}\text{“}+\text{”}\sum G_{k,j,inf}\text{“}+\text{”}\psi_{1,1}Q_{k,1}\text{“}+\text{”}\sum_{i>1}\psi_{2,i}Q_{k,i}$$

■ 准永久组合:

$$\sum G_{k,j,sup}\text{“}+\text{”}\sum G_{k,j,inf}\text{“}+\text{”}\psi_{2,1}Q_{k,1}\text{“}+\text{”}\sum_{i>1}\psi_{2,i}Q_{k,i}$$

7.4.2　正常使用条件下的准则

与其他土木工程一样,不太容易定义建筑的正常使用条件下的准则,因为其一定程度上依赖于主观的需要:楼面刚度、楼板高差、楼层侧移和/或建筑侧移以及屋面刚度等。刚度标准可以用竖向挠度和振动的限值表示,或用水平位移的限值表示[***条款A1.4.2(1)***]。

条款A1.4.2(1)

Eurocode 没有提供正常使用条件下的准则的数值,但指出了对于特定项目,这些准则应与业主商定,且可在国家附件中定义[***条款A1.4.2(2)***]。其主要原因是,正常使用条件下的准则通常用挠度或位移表示,且应独立于结构材料而定义。然而,目前还不可能在所有材料之间取得一致。

条款A1.4.2(2)

条款A1.4.2(3)P

条款A1.4.2(3)P 无需进一步评述。

7.4.3　变形和水平位移

表 7.7 和表 7.8 给出了一些竖向和水平变形限值的例子,其中的符号定义见图 7.3。注意,EN 1990 给出的定义仅对应图 7.3a)和图 7.3b)[***条款A1.4.3(2)***]。

条款A1.4.3(2)

竖向变形限值示例　　表 7.7

正常使用要求	作用组合					
	标准组合		频遇组合		准永久组合	
挠度(见表 7.3)	w_{tot}	w_{max}	w_{max}	α	w_{max}	w_z
结构的功能						
不可逆极限状态(变形限值用于控制特定构件的裂缝)						
支撑承重墙的无筋构件	≤L/300	—	—	—	—	≤L/300
支撑隔墙的构件						
脆性的(无筋)	≤L/500	—	—	—	—	≤L/300
配筋的	≤L/300	—	—	—	—	≤L/300
可移动的	≤L/300	—	—	—	—	≤L/150
吊顶						
石膏吊顶	≤L/250	—	—	—	—	—
假吊顶	≤L/250	—	—	—	—	—
地面						
刚性地面(如:瓷砖)	≤L/500	—	—	—	—	—
柔性地面(如:地板革)	≤L/250	—	—	—	—	—

续上表

正常使用要求	作用组合					
	标准组合		频遇组合		准永久组合	
不可逆极限状态(变形限值用于保证排水)						
屋面面层						
刚性面层	≤L/250	—	—	—	—	—
柔性面层	≤L/125		—	—	—	—
屋面构件的排水坡度[图7.3c)]	—	—	—	≥2%	—	—
可逆极限状态(变形限值用于保证正常运行)						
适合有轮子的家具或设备使用	—	—	≤L/300	—	—	—
适合有轨吊车使用	—	—	≤L/600 ≤25mm	—	—	—
结构的外观						
可逆极限状态(变形限值用于保证外观)						
					≤L/300	

水平变形限值示例 表7.8

正常使用要求	作用组合		
	标准组合	频遇组合	准永久组合
挠度[见图7.3b)]	Δu_i	Δu_i	Δu_i
结构的功能			
不可逆极限状态			
无筋承重墙不出现裂缝	≤ΔH/300	—	—
隔墙上不出现裂缝	≤ΔH/300	—	—
可逆极限状态			
适合有轨吊车使用		≤ΔH/400	—
结构的外观			
可逆极限状态			
			≤ΔH/250

对***条款A1.4.3(3)***无需进一步评述。 ***条款A1.4.3(3)***

当考虑结构的外观时,应采用准永久值组合[EN 1990式(*6.16b*)][***条款A1.4.3(4)***]。 ***条款A1.4.3(4)***

对***条款A1.4.3(5)***无需进一步评述。 ***条款A1.4.3(5)***

应采用永久作用和可变作用的准永久值对由收缩、松弛或徐变产生的长期变形进行评估[***条款A1.4.3(6)***]。 ***条款A1.4.3(6)***

对***条款A1.4.3(7)***无需进一步评述。 ***条款A1.4.3(7)***

b)经BSI许可,根据EN 1990图A1.2重制

u-建筑高度H处的总水平位移

u_i-某楼层高度H_i处的水平位移

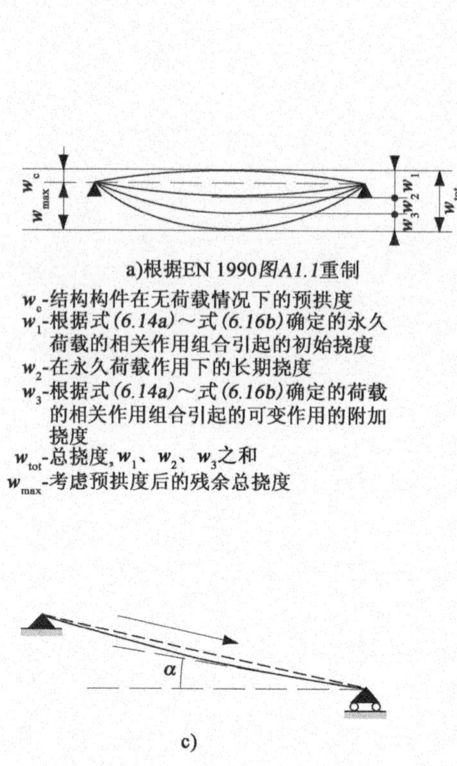

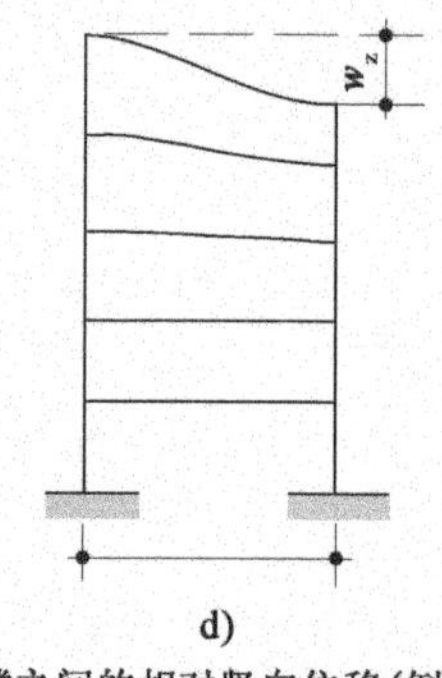

图7.3 竖向变形和水平位移的定义

7.4.4 振动

条款A1.4.4 EN 1990**条款A1.4.4**没有给出任何数值限值,而是规定设计应考虑以下因素:

a)用户的舒适度;

b)结构或结构构件的功能(如隔墙的裂缝,外围护的破坏,建筑内部设施对振动的敏感性)。

一般来说,问题在于根据建筑的功能和振动的来源,为结构或结构构件的最低振动频率规定大致的严格限值,结构或构件的振动频率应保持在这些限值之上

条款A1.4.4(2) [**条款A1.4.4(2)**]。

条款A1.4.4(3) 对**条款A1.4.4(3)**无需进一步评述。

应考虑的可能振动源包括步行(对于人行天桥)、人群的同步运动(跳舞等)、机器、交通造成的地面振动以及风的作用。对于每个项目,需明确指定以上这些

条款A1.4.4(4) 振动源,且与业主达成一致[**条款A1.4.4(4)**]。

例 7.1　承载能力极限状态以及静力平衡极限状态/强度极限状态的组合

根据 EN 1990,对于某些结构,可能需要同时校核静力平衡极限状态和强度极限状态。下面示例将研究此类结构,以说明分别校核两个准则的结果。

所考虑的示例

以 3 个众所周知的易受到显著影响的结构构件为例:

(a)支架(支撑水箱或输送管道);

(b)高架桥的 T 形支撑;

(c)悬臂梁。

应用的分项系数 γ_F

对于承载能力极限状态,表*A. 1. 2(A)*给出了用于非岩土作用的系数 γ_F 的推荐值,如下所示:

- 不利永久作用:1.10
- 有利永久作用:0.9
- 不利可变作用:1.5

如果验算结果对永久作用在结构不同位置处大小的变化非常敏感,该作用的不利部分和有利部分应分别作为单独作用考虑[***条款6.4.3.1(4)P***]。本规定适用于静力平衡和类似极限状态的验算。在其他情况下,对于整体构件,结构构件的自重等永久作用应与某独特的分项系数共同考虑:这是Ⅱ级可靠性方法的基础。 *条款6.4.3.1(4)P*

关于永久作用,静力平衡极限状态分项系数的校准方法不遵循其他承载能力极限状态分项系数的校准方法。假设在静力平衡极限状态中,模型系数(作用和抗力)等于 1。当永久作用(例如自重)对于静力平衡不利时,该作用的分项系数取 1.1,其设计值可以通过以下方法得到:

$$G_{Ed} = G_m(1 - \beta\alpha_E V_G) = G_m(1 + 0.7 \times 3.8 \times 0.03)$$
$$= 1.08G_m \approx 1.1G_m$$

假设 $V_G = 0.03$,该系数为非均匀分布时自重的变异系数。

当永久作用对于静力平衡有利时,该作用被认为是抗力:

$$G_{Rd} = G_m(1 - \beta\alpha_R V_G) = G_m(1 - 3.8 \times 0.8 \times 0.03) \approx 0.9G_m$$

这些基本计算并没有提供有关作用分项系数校准的实际背景信息。其结论是,关于永久作用,静力平衡极限状态的作用组合的校准与强度极限状态/土工极限状态的作用组合的校准不同。因此,比较两种类型的作用组合是不适合的。

为了得到简单例证,这里假设对于每个永久作用只采用一个标准值,并采用上文中提到的分项系数 γ_F。

对于承载能力极限状态,为永久作用提供了两组可选择的系数 γ_F 的推荐值,表明国家附件需就式(*6.10*)或式(*6.10a*)和式(*6.10b*)作出选择。

为保持这些例证简单化,假设选择式(*6.10*)。但是可以对结论进行对比检验,以查看使用式(*6.10a*)和式(*6.10b*)作为替代选择的影响。

因此,对于非岩土作用的相关值为:

■ 不利永久作用:1.35

■ 有利永久作用:1.00

■ 不利可变作用:1.50

示例(a):支架

图 7.4 中所示模型可以表示一个支撑空水箱的支架,或支撑用于安装输送带的封闭桥的支架(目前空载)等。所需进行的验算如下:

■ 支架是否需要在 *A* 点锚固;

■ 由 *A* 点固定支座抵抗的锚固力设计值。

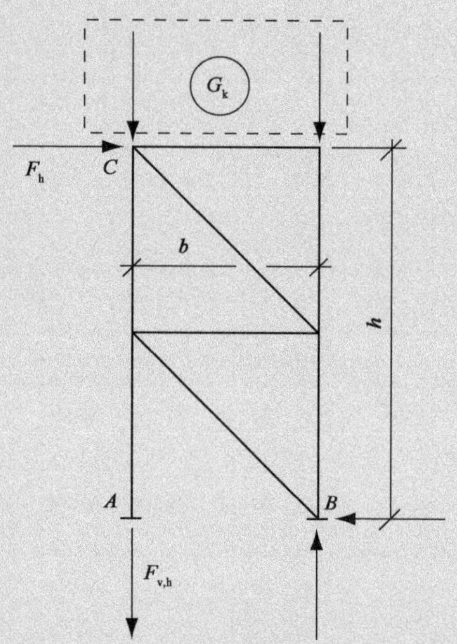

图 7.4　受风荷载的支架

下面考虑静力平衡的问题。关于 *B* 点取矩:

倾覆力矩:$M_{d,dst}=h(1.5F_h)$

恢复力矩:$M_{d,stb}=\frac{b}{2}0.9G_k+bF_{vA}$

对于静力平衡,$M_{d,stb}\geqslant M_{d,dst}$,即:

$F_{vA}\geqslant h(1.5F_h)-\frac{h}{2}0.9G_k$

当 F_{vA} 为 0 或负值时,不需要锚固,这种情况下,满足:

$$0.9G_k\geqslant 3F_h\frac{h}{b} \quad \text{(A)}$$

如果该条件不能满足,则需要锚固,且需承受设计拉力 $F_{d,A}$:

$$F_{d,A}=1.5\frac{h}{b}F_h-1.0\frac{G_k}{2}$$

当满足以下条件时,该力为0或负值:

$$1.0G_k\geqslant 3F_h\frac{h}{b} \tag{B}$$

准则(A)和准则(B)可以进行如下比较:

$$0.9G_k\geqslant 3F_h\frac{h}{b} \tag{A}$$

$$1.0G_k\geqslant 3F_h\frac{h}{b} \tag{B}$$

这种情况下可以看出,式(A)总是起控制作用。因此,当 $3F_h(h/b)$ 的值位于 $0.9G_k\sim 1.0G_k$ 之间时,需要进行锚固,但不需要任何设计抗力。下面的示例(c)解释了这种异常情况的处理方法。

示例(b):高架桥的T形支撑

图7.5中所示模型表示一个用于支撑高架桥(例如桥梁或高架路)的T形支撑柱。为了简单地说明该问题,假设T形支撑的自重与高架桥的重力荷载相比可以忽略不计。

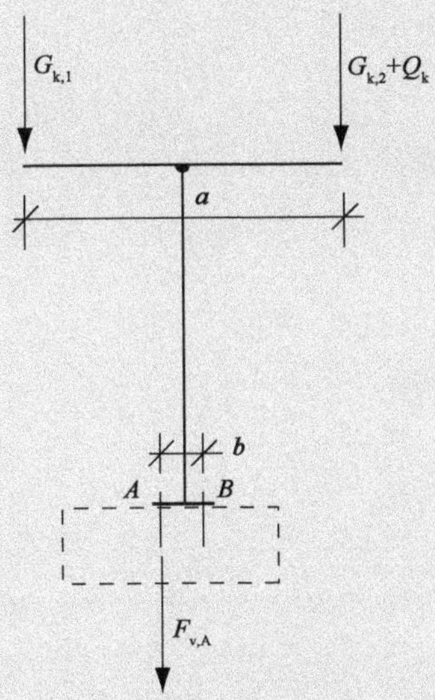

图7.5　高架桥的T形支撑

桥梁部分的内容包含于EN 1990 *附录A2* 中,因此其数值如下所述,与用于房屋建筑的数值稍有差别。然而,所要说明的原理是相同的。

与之前相同,所需进行的验算如下:

■ 支撑的基座是否需要在 A 点锚固;

■ A 点的固定支座需承受的锚固力设计值。

对于静力平衡极限状态,关于 B 点取矩:

倾覆力矩:

$$M_{\mathrm{d,dst}}=\frac{a-b}{2}(1.05G_{\mathrm{k},2}+1.35Q_{\mathrm{k}})$$

恢复力矩:

$$M_{\mathrm{d,stb}}=\frac{a+b}{2}0.95G_{\mathrm{k},1}+bF_{\mathrm{vA}}$$

对于静力平衡,

$$M_{\mathrm{d,stb}}\geqslant M_{\mathrm{d,dst}}$$

假设 b 相对于 a 很小,则静力平衡的条件可以近似为:

$$F_{\mathrm{vA}}\geqslant\frac{a}{2b}(1.05G_{\mathrm{h},2}+1.35Q_{\mathrm{k}}-0.95G_{\mathrm{k},1})\qquad\text{(A)}$$

当下式成立时,上述条件得到满足:

$$0.95G_{\mathrm{k},1}\geqslant1.05G_{\mathrm{k},2}+1.35Q_{\mathrm{k}}$$

但是通过检测可知,在对称结构中永远不能满足此条件。

因此需要锚固,即强度极限状态。这需要设计抗力 $F_{\mathrm{d,A}}$:

$$F_{\mathrm{d,vA}}=\frac{a}{2b}(1.35G_{\mathrm{k},2}+1.35Q_{\mathrm{k}}-1.0G_{\mathrm{k},1})\qquad\text{(B)}$$

在对称结构中,该力永远不为0或负值。

可以比较关于 F_{vA} 的式(A)和式(B)如下:

$$\frac{2b}{a}F_{\mathrm{vA}}\geqslant1.05G_{\mathrm{k},2}+1.35Q_{\mathrm{k}}-0.95G_{\mathrm{k},1}\qquad\text{(A)}$$

$$\frac{2b}{a}F_{\mathrm{vA}}\geqslant1.35G_{\mathrm{k},2}+1.35Q_{\mathrm{k}}-1.0G_{\mathrm{k},1}\qquad\text{(B)}$$

对于一般对称的情况,$G_{\mathrm{k},1}=G_{\mathrm{k},2}=G_{\mathrm{k}}$,因此以上两式简化为:

$$\frac{2b}{a}F_{\mathrm{vA}}\geqslant1.35G_{\mathrm{k}}+0.10G_{\mathrm{k}}\qquad\text{(A)}$$

$$\frac{2b}{a}F_{\mathrm{vA}}\geqslant1.35G_{\mathrm{k}}+0.35Q_{\mathrm{k}}\qquad\text{(B)}$$

本例中不会出现异常情况,因为如上所述,本例中任何情况下都需要锚固,式(B)总是可以给出所要的抵抗力的值。此外,式(B)所得的值大于式(A)所得的值。

然而,本例中无异常不能掩盖在示例(a)和示例(c)中出现异常的事实。

示例(c):悬臂梁

在本例中,我们考虑一个有悬臂段的简支梁(图7.6)。仅考虑两种表示为均布荷载的作用:梁的自重 q_{g} 和一个自由可变作用 q_{q}。当研究可能的失去平衡的情况时,可变荷载仅施加于悬臂段。

一般情况下,支座 A 处的竖向反力表达式为:

$$R_{\mathrm{A}}=\frac{1}{2}aq_{\mathrm{g}}(\gamma_{\mathrm{G1}}-\beta^{2}\gamma_{\mathrm{G2}}-\beta^{2}x\gamma_{\mathrm{Q}})$$

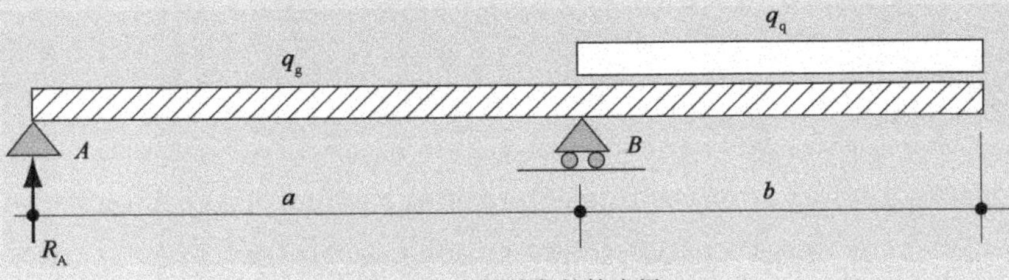

图 7.6　有悬臂段的简支梁

其中:

$$\beta=\frac{b}{a},x=\frac{q_{\mathrm{q}}}{q_{\mathrm{g}}}$$

并且当 $R_{\mathrm{A}}\geqslant0$ 时,认为满足静力平衡状态。接下来,为了建立数值示例,假设 $\beta^{2}=0.5$。当不能保证静力平衡时,假设将锚杆置于 A 点:该锚杆应被设计为有适当的抗力(强度极限状态)并保证在地基中的稳定性(土工极限状态)。下面仅考虑强度极限状态的情况。应用的不同分项系数如表 7.9 所示。

静力平衡示例　　表 7.9

极限状态	作用和分项系数的应用	支座 A 处的反力以及极限状态的验算
静力平衡极限状态	$1.50q_{\mathrm{q}}$；$0.90q_{\mathrm{g}}$；$1.10q_{\mathrm{g}}$；A　B；a　b	表 7.3(A)注 1 中的推荐值: $R_{\mathrm{A1}}=\frac{1}{2}aq_{\mathrm{g}}(0.35-0.75x)$ 如果 $x\leqslant0.47$,则满足静力平衡状态验算要求
	$1.50q_{\mathrm{q}}$；$1.15q_{\mathrm{g}}$；$1.35q_{\mathrm{g}}$；A　B；a　b	表 7.3(A)注 2 中的推荐值: $R_{\mathrm{A2}}=\frac{1}{2}aq_{\mathrm{g}}(0.475-0.75x)$ 如果 $x\leqslant0.63$,则满足静力平衡状态验算要求
在 A 点锚固以保证稳定性		
强度极限状态(对于锚杆)	$1.50q_{\mathrm{q}}$；$1.35q_{\mathrm{g}}$；A　B；a　b	表 7.2(B)对于式(*6.10*)的推荐值(对于永久作用,系数取 1.35 是最不利的): $R_{\mathrm{A3}}=\frac{1}{2}aq_{\mathrm{g}}(0.675-0.75x)$ 如果 $x>0.90$,则反力为负值
	$1.5q_{\mathrm{q}}$；$1.15q_{\mathrm{g}}$；A　B；a　b	表 7.2(B)对于式(*6.10a*)的推荐值(对于永久作用系数取 1.35 是最不利的): $R_{\mathrm{A4}}=\frac{1}{2}aq_{\mathrm{g}}(0.575-0.75x)$ 如果 $x>0.77$,则反力为负值

表示 R_{A} 大小的函数如图 7.7 所示。

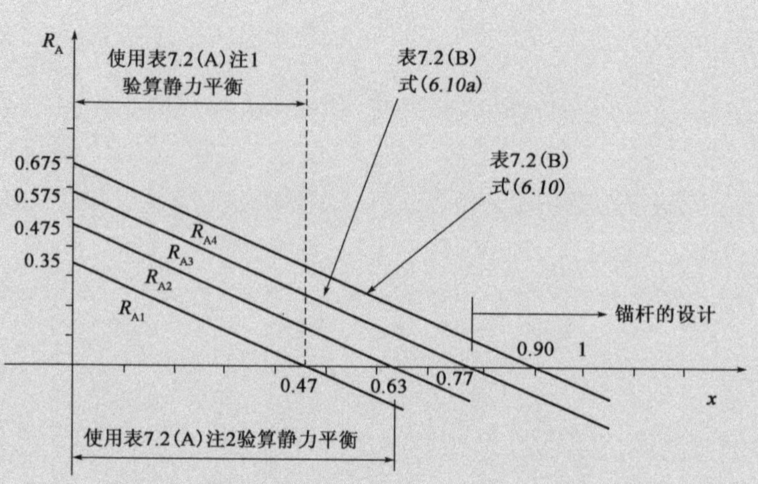

图7.7　以 x 为函数的 R_A 的变化

通过此例可得出以下结论：

■ 表7.2(A)注1和注2中给出的两组分项系数的值显然是不相等的。在验算静力平衡时,第1组得到的结果比第2组稍不利,但差异是可以接受的。

■ 如果静力平衡由 A 点的锚杆保证,该锚杆的设计通常应考虑锚杆自身的强度极限状态以及锚杆-地基相互作用的土工极限状态。对于强度极限状态,通常宜使用表7.2(B)中给出的作用组合(6.10)或作用组合(6.10a/b),但是,图7.7显示,当 x 的值在一定范围内时,锚杆是无法进行设计的。

■ 最后,设计规定需根据特定的项目调整,但如果静力平衡的验算涉及稳定设备的抗力,建议采用表7.2(A)注2中给出的一组替代的分项系数。

例7.2　扩展基础示例

现在,我们来考虑一个简单的扩展基础,如图7.8所示。假设混凝土基础是刚性的,因此地基反应可以认为是线性的。

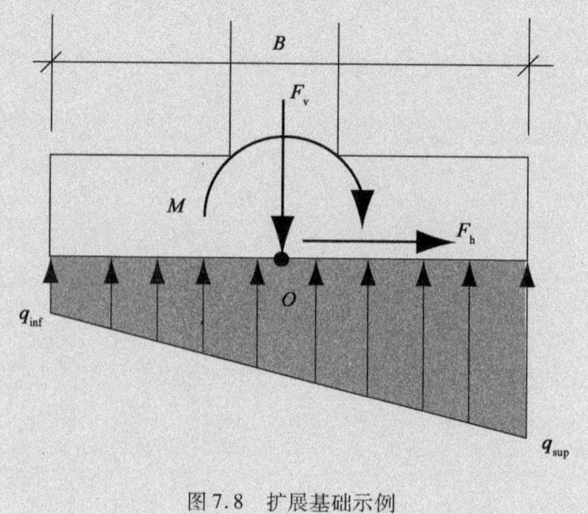

图7.8　扩展基础示例

在中心O处,由永久作用和可变作用产生的力和弯矩分别为F_v(竖向力)、F_h(水平力)和M(弯矩)。

评估基础宽度B时,考虑两种可能的土工极限状态,分别对应于地基竖向承载力和抗滑移承载力。为简化计算,仅考虑竖向承载力的极限状态。

假设$M \leq BF_v$,计算基底压力得到:

$$q_{sup} = \frac{F_v}{B} + 6\frac{M}{B^2}$$

$$q_{inf} = \frac{F_v}{B} - 6\frac{M}{B^2}$$

为了对比地基压力与地基抗力,引入一个“参考”压力q_{ref},将该压力与设计值q_d进行对比:

$$q_{ref} = \frac{3q_{sup} + q_{inf}}{4} = \frac{F_v}{B} + 3\frac{M}{B^2}$$

基础宽度可由以下公式得到:

$$B = \frac{F_{d,v}}{2q_d} + \sqrt{\left(\frac{F_{d,v}}{2q_d}\right)^2 + \frac{3M_d}{q_d}}$$

式中,$F_{d,v}$和M_d分别为竖向力和弯矩的设计值。传至基础内表面的作用的标准值(下标k)在表7.10中给出。

传至基础的作用的标准值(kN)　　表7.10

标准值	永久作用	可变作用
$F_{k,v}$	380	125
M_k	70	20

使用不同组的系数γ,采用三种方法得到的设计值在表7.11中给出。

传至基础的作用的设计值[a]　　表7.11

组别	$F_{d,v}$	M_d
B	式(6.10)	式(6.10)
	$1.35\times380+1.50\times125=700.5$	$1.35\times70+1.50\times20=124.5$
	式(6.10a)和式(6.10b)	式(6.10a)和式(6.10b)
	$1.35\times380+1.05\times125=$**644.25**或	$1.35\times70+1.05\times20=$**115.5**或
	$1.15\times380+1.50\times125=624.5$	$1.15\times70+1.50\times20=110.5$
C	$1.00\times380+1.30\times125=542.5$	$1.00\times70+1.30\times20=96.0$

[a] 不利值用粗体表示。

例7.3　连续梁中的强度极限状态

对于图7.9中所示的连续梁,考虑几种基本荷载工况,包括一个永久作用(自重G)和唯一一个可变作用(Q)。其标准值表示为G_k和Q_k。

图7.10表示了在支座1处的弯矩影响线(影响线在梁轴线上方的部分为正)。当可变作用施加于对应影响线为负的跨时,得到最小代数负弯矩。

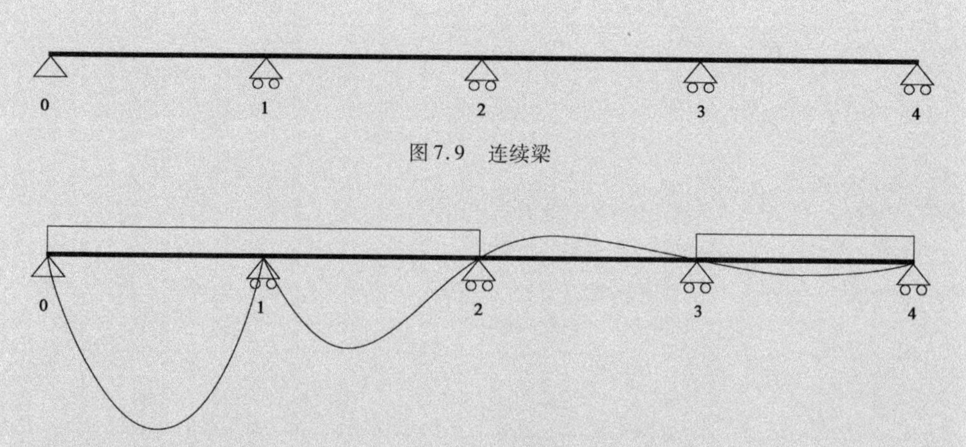

图 7.9　连续梁

图 7.10　在支座 1 处弯矩影响线为负的部分施加可变作用

根据式（*6.10*），基本组合为：

$$\gamma_{G,sup}G_k+\gamma_Q Q_k$$

或者，采用分项系数的推荐值后为：

$$1.35G_k+1.50Q_k$$

当可变作用施加于 0 ~ 2 跨时，对应影响线为正，可以得到支座 1 处的最大代数负弯矩。基于式（*6.10*），基本组合为：

$$\gamma_{G,inf}G_k+\gamma_Q Q_k$$

或者，采用分项系数的推荐值后为：

$$1.00G_k+1.50Q_k$$

图 7.11 表示了在第 2 跨（1 ~ 2 跨）跨中的弯矩影响线。当可变作用施加于对应梁的影响线为正的部分时，可得到最大正弯矩。基于式（*6.10*），基本组合为：

$$\gamma_{G,sup}G_k+\gamma_Q Q_k$$

或者，采用分项系数的推荐值后为：

$$1.35G_k+1.50Q_k$$

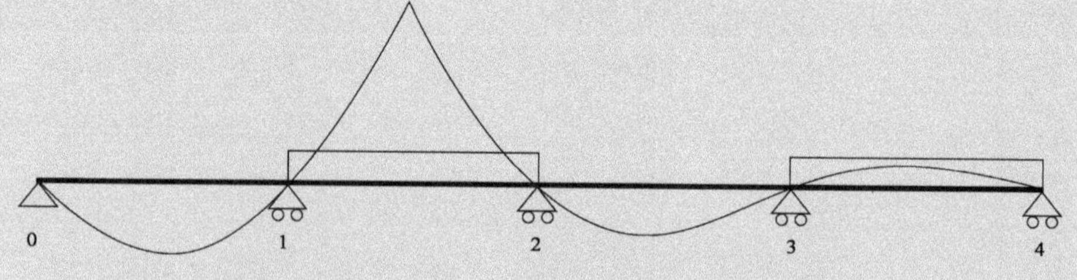

图 7.11　在 1 ~ 2 跨的跨中弯矩影响线为正的部分施加可变作用

当可变作用施加于对应影响线为负的部分 0 ~ 1 跨和 2 ~ 3 跨时，可得到第 2 跨（1 ~ 2 跨）跨中处的最小正弯矩。基于式（*6.10*），基本组合为：

$\gamma_{G,inf}G_k + \gamma_Q Q_k$

或者，采用分项系数的推荐值后为：

$1.00G_k + 1.50Q_k$

图 7.12 表示了在 1 ~2 跨横截面剪力的影响线。当可变作用施加于对应梁的影响线为正的部分时，可得到最大正剪力。然而，在这种情况下，永久作用效应取决于截面位置以及梁的几何属性和力学性能。基于这个原因，除明显的情况外，根据式（*6.10*）得到的设计基本组合为以下两种表达式中更不利的：

$\gamma_{G,sup}G_k + \gamma_Q Q_k$ 或 $\gamma_{G,inf}G_k + \gamma_Q Q_k$

或者，采用分项系数的推荐值后分别为：

$1.35G_k + 1.50Q_k$ 或 $1.00G_k + 1.50G_k$

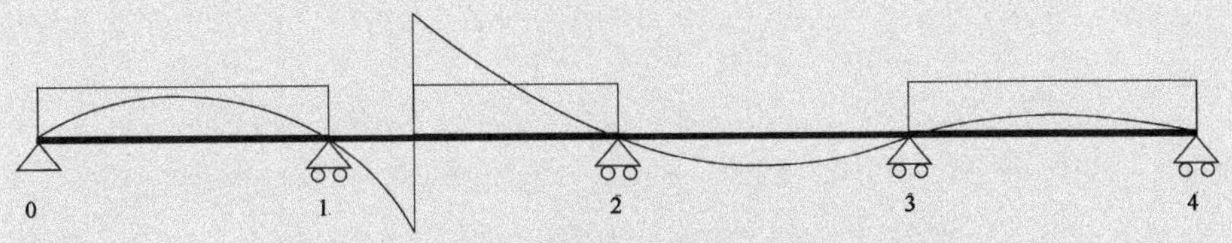

图 7.12　在 1 ~2 跨剪力影响线为正的部分施加可变作用

对于同一个横截面，可以通过类似的考虑方法得到最小代数剪力。

最后，这些示例表明，即使结构非常简单，作用组合的问题也不是总能很容易地解决。对于一个典型的多层建筑，当考虑两种可变作用（即外加荷载和风荷载）与永久作用共同作用时，荷载工况的数量可能会非常大，因此如果不使用简化方法，则有必要使用合适的软件计算。

例 7.4　框架结构中的承载能力极限状态

对于图 7.13 中所示的框架，将考虑一些荷载工况以研究结构的整体稳定性。假设该建筑将作为办公室使用。

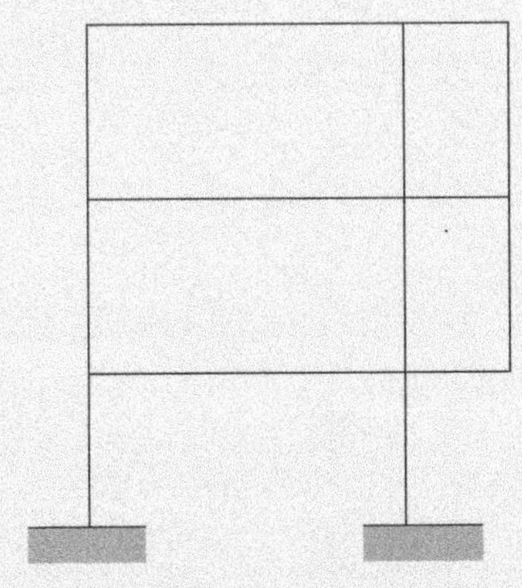

图 7.13　框架结构

如*条款 A1.2.1(1)* 注 1 中所规定的，荷载工况的举例仅考虑两种可变作用：外加荷载和风荷载。 *条款 A1.2.1(1)*

符号

荷载标准值/m：

- G_{kr}——屋面自重；
- G_{kf}——楼面自重；
- Q_{kr}——屋面外加荷载；
- Q_{kf}——楼面外加荷载。

荷载标准值/框架：

- W_k——作用于屋面或楼面的风荷载。

荷载工况

条款6.4.3.2

根据**条款6.4.3.2**，应当采用的作用基本组合为式（*6.10*）：

$$\sum_{j\geqslant 1}\gamma_{G,j}G_{k,j}\text{“}+\text{”}\gamma_P P\text{“}+\text{”}\gamma_{Q,1}Q_{k,1}\text{“}+\text{”}\sum_{i>1}\gamma_{Q,i}\psi_{0,i}Q_{k,i} \qquad (6.10)$$

由于结构的稳定性对于自重可能的变化非常敏感，因此有必要根据 EN 1990 *表A1.25(B)*考虑这一点。分项系数的取值为 EN 1990 *附录A1* 中的推荐值。因此：

$\gamma_{G,inf}=1.0$

$\gamma_{G,sup}=1.35$

$\gamma_Q=1.5$

$\psi_0=0.7$［对于外加荷载（办公室）（取自*表A1.1*）］

$\psi_0=0.6$［对于建筑上的风荷载（取自*表A1.1*）］

根据所考虑的结构构件截面，自重效应应整体乘以 1.00 或 1.35［见 EN 1990 *表A1.2(B)*注 3］。可变作用是一种自由作用，适用于与所考虑的效应影响线相应的不利部分（见本指南 6.4.3）。

荷载工况 1

将风荷载视为控制荷载（图 7.14）。

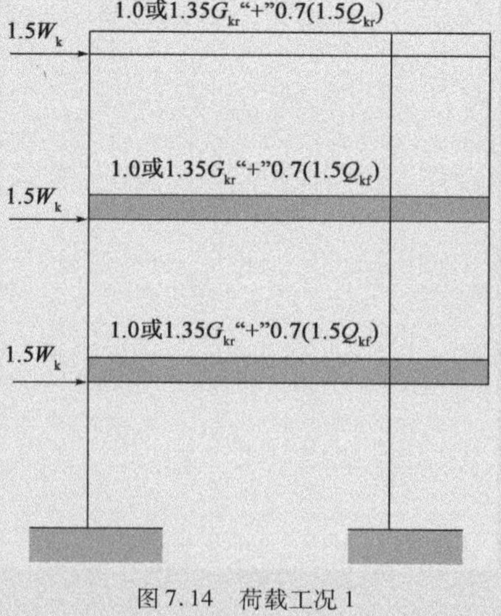

图 7.14 荷载工况 1

荷载工况2

将屋面外加荷载视为控制荷载(图7.15)。

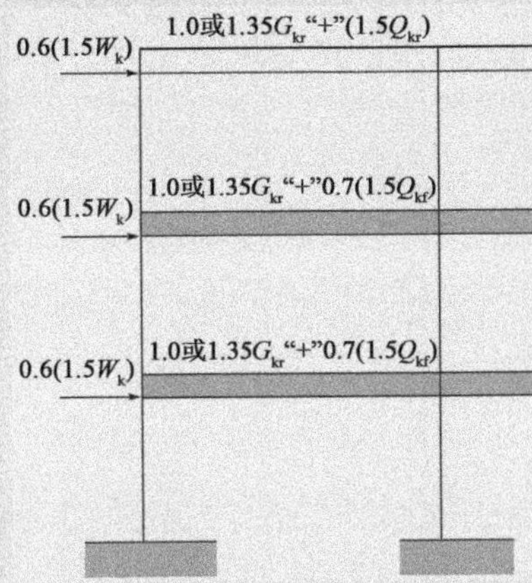

图7.15　荷载工况2

荷载工况3

将楼面外加荷载视为控制荷载(图7.16)。

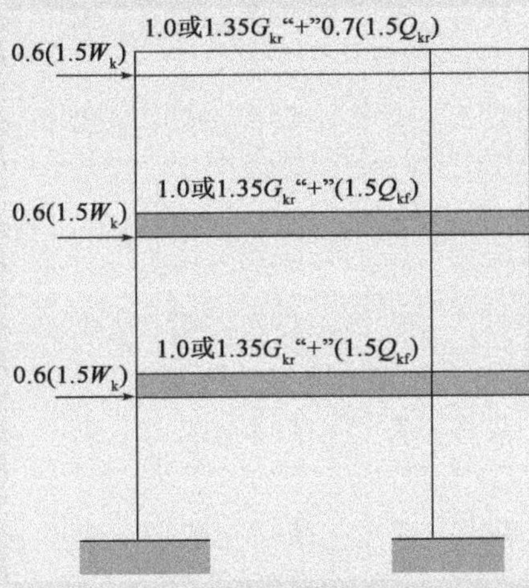

图7.16　荷载工况3

荷载工况4

考虑无风荷载的情况,将楼面外加荷载视为控制荷载(图7.17)。

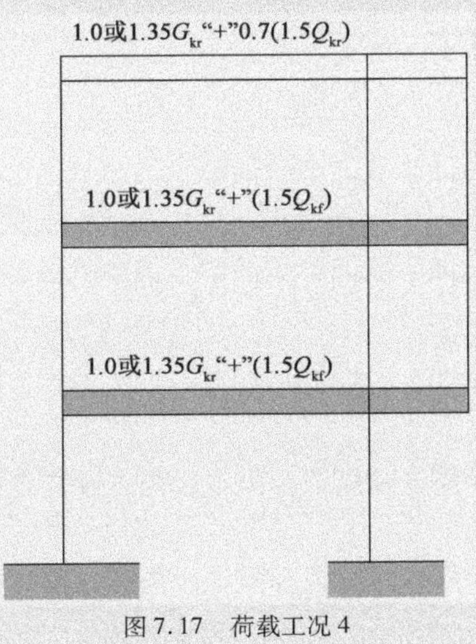

图7.17　荷载工况4

荷载工况 5

考虑无风荷载的情况,将屋面外加荷载视为控制荷载(图 7.18)。

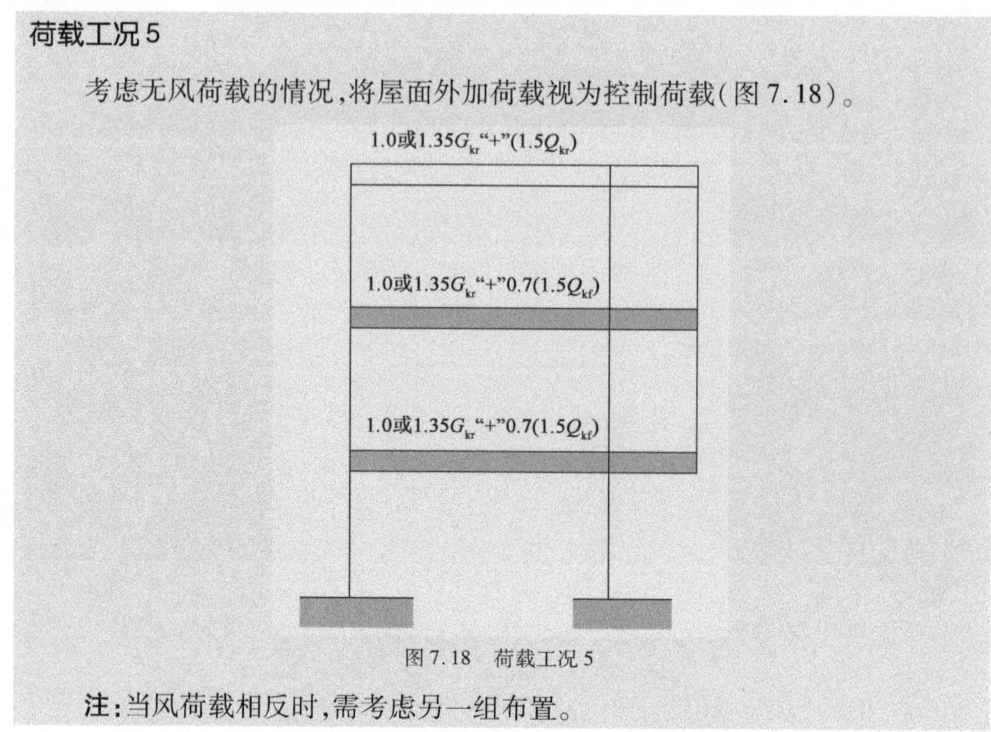

图 7.18 荷载工况 5

注:当风荷载相反时,需考虑另一组布置。

附录 正常使用极限状态的振动考虑因素

振动准则可以应用于 3 类"接收者"(见 ISO 10137)[欧洲国际混凝土协会(1991)]:

- 使用人员——包括其相关性质;
- 建筑物内部设施——包括其相关性质;
- 建筑结构——包括其相关性质。

根据人员对振动的反应,振动准则可以被进一步归类为:

- 敏感用途,如医院的手术室;
- 一般用途,如办公室和居住区域;
- 生产用途,如组装区域或重工业工作场所。

根据 ISO 2631(欧洲国际混凝土协会,1978;国际标准化组织,1976,1980),由人员使用造成的振动准则以可接受准则的形式给出。这些准则包括对于特定的暴露时间和振动方向相关的加速度-频率线。

建筑内部设施所选用的振动准则应满足敏感仪器或制造过程的正常运行要求。由于这种设备和过程种类繁多,不太可能确定一个能确保所有设备都正常运行的固定的振幅水平。通常通过考虑最大挠度和频率来指定机器移动的限值。

用于建筑结构的振动限值应避免使结构和非结构构件的微小损伤进一步发展。振动效应的允许水平取决于结构的类型、使用年限、重要性以及其他方面。加速度-频率线和挠度-频率线中没有包括的相应限值可以以最大应力、最大应力区间或最大变形的形式表示。这些限值应在设计说明书中指定。

例如,当需要指定人员舒适度条件时,这些限值应以 ISO 2631(欧洲国际混凝土协会,1991)中规定的加速度准则的形式给出。可接受的准则应包括针对选定的暴露时间和振动方向相关的加速度-频率线。对于建筑中连续的和冲击引发的振动(交通和打桩),见 ISO 2631-1(国际标准化组织,1980),其频率范围为 1 ~ 80Hz,对于风引起的振动,见 ISO 2631-3(国际标准化组织,1976),其频率范围为 0.01 ~ 1Hz。

参考文献

Euro-International Concrete Committee (1978). *International System of Unified Standard Codes of Practice for Structures.* FIB, Lausanne. CEB Bulletins 124 and 125.

Euro-International Concrete Committee (1991). *Reliability of Concrete Structures-Final Report of Permanent Commission 1.* FIB, Lausanne. CEB Bulletin 202.

ISO (1976). ISO 2854. Statistical interpretation of data. Techniques of estimation and tests relating to means and variances. ISO, Geneva.

ISO (1980). ISO 2602. Statistical interpretation of test results. Estimation of the mean. Confidence interval. ISO, Geneva.

延伸阅读

BSI (1985). BS 8110. Structural use of concrete. Part 1: Code of practice for design and construction. BSI, Milton Keynes.

BSI (1990). BS 5950. Structural use of steel work in building. Part 1: Code of practice for design in simple and continuous construction: hot rolled sections. BSI, Milton Keynes.

BSI (1996). BS 6399-1. Loading for buildings. BSI, Milton Keynes.

Building Research Establishment (1997) *Response of Structures Subject to Dynamic Crowd Loads.* BRE, Watford. Digest 426.

Calgaro JA (1996). *Introduction aux Eurocodes-Sécurité des Constructions et Bases de la Théorie de la Fiabilité.* Presses de l'Ecole Nationale des Ponts et Chaussées, Paris.

Euro-International Concrete Committee (1985). *Basic Notes on Model Uncertainties-State-of-the-art Report.* FIB, Lausanne. CEB Bulletin 170.

Euro-International Concrete Committee (1991). *Reliability of Concrete Structures-Final Report of Permanent Commission I.* FIB, Lausanne. CEB Bulletin 202.

European Committee for Standardization (1994). ENV 1991-1. Basis of design. CEN, Brussels.

European Committee for Standardization (2001). EN 1990. Eurocode: basis of structural design. CEN, Brussels.

Finnish Ministry of the Environment, Housing and Building Department (2000). *Probabilistic Calibration of Partial Safety Factors (Eurocode and Finnish Proposal).*

Helsinki.

Holický M and Marková J (2000). Verification of load factors for concrete components by reliability and optimization analysis: background documents for implementing Eurocodes. *Progress in Structural Engineering and Materials* 2(4): 502-507.

ISO (1985). ISO 2631-1. Evaluation of Human Exposure to Whole-body Vibration. Part 1: General Requirements. ISO, Geneva.

ISO (1985). ISO 2631-3. Evaluation of human exposure to whole-body vibration. Part 3: Evaluation of exposure to whole-body z-axis vertical vibration in the frequency range 0.1 to 0.63 Hz. ISO, Geneva.

ISO (1989). ISO 2631-2. Evaluation of human exposure to whole-body vibration. Part 2: Continuous and shock-induced vibrations in buildings (1-80 Hz). ISO, Geneva.

ISO (1992). ISO 10137. Bases for Design of structures-serviceability of structures against vibration. ISO, Geneva.

ISO (1997). ISO 2394. General principles on reliability for structures. ISO, Geneva.

Joint Committee on Structural Safety (2001). *Probabilistic Model Codes* [working document]. JCSS, Zurich.

Mathieu H (1979). *Manuel Sécurité des Structures.* FIB, Lausanne. CEB Bulletins 127 and 128.

SAKO and Joint Committee of NKB and INSTA-B (1999). *Basis of Design of Structures. Proposal for Modification of Partial Safety Factors in Eurocodes.* SAKO, Helsinki.

Sorensen JD, Hansen SO and Nielsen TA (2001). Partial safety factors and target reliability level in Danish codes. *Proceedings of Safety, Risk, and Reliability.* IABSE, Malta, pp. 179-184.

Tursktra CJ (1970). *Application of Bayesian Decision Theory. Study No. 3: Structural Reliability and Codified Design.* Solid Mechanics Division, University of Waterloo, Ontario.

Vrouwenfelder T (2001). JCSS Probabilistic model code. *Proceedings of Safety, Risk, and Reliability.* IABSE, Malta, pp. 65-70.

第 8 章　建筑工程结构可靠性管理

本章内容涉及 EN 1990 中的可靠性管理方面的内容。本章所述内容包含于*附录 B* 的以下条款中：

- 应用范围与领域　*条款 B1*
- 符号　*条款 B2*
- 可靠性区分　*条款 B3*
- 设计监理区分　*条款 B4*
- 施工期检查　*条款 B5*
- 抗力特性分项系数　*条款 B6*

8.1　应用范围与领域

条款 2.2（可靠性管理）是 EN 1990 的主要要求之一，*附录 B* 针对该条款进行了补充说明。本章也适用于 EN 1991 ~ EN 1999［***条款 B1（1）***］中的相关条款，可靠性区分的规定在这些特定的条款中进行规定。 ***条款 2.2*** ***条款 B1（1）***

条款 B1（2）介绍了*附录 B* 的编排和形式，与 EN 1990 中***条款 2.2*** 相关联，本指南不再进一步解释。 ***条款 B1（2）*** ***条款 2.2***

附录 B 是一个资料性附录，其编制目的在于提供一种框架体系，以便在需要时允许使用不同的可靠性等级；并对于在国家层面上使用这些概念的相关方法提供了相应的指南［***条款 B1（3）***］。 ***条款 B1（3）***

参考***条款 B1（2）***和*条款 B1（3）*，EN 1990 的*附录 B* 中选定用于建筑工程结构可靠性管理的主要工具为： ***条款 B1（2）***

- 根据系数 β 的取值分类；
- 分项系数的修改；
- 设计监理区分；
- 降低结构设计、施工中的错误及显著的人为失误的措施；
- 依据项目文件规定的方法进行充分的检测和维护。

背景

可靠性区分的目的是通过考虑建筑工程失效后的所有可预见的后果和建设成本，使得建筑工程中用到的资源达到社会经济最优化。

8.2　符号

下标"FI"用于表示适用于可靠性区分的系数;"F"表示作用的分项系数,"I"是重要性系数,类似于 EN 1998 中引入的系数。可靠指标 β 的详细解释见
条款B2
EN 1990*附录C* 和本指南第9章(***条款B2***)。

8.3　可靠性区分

8.3.1　后果等级

条款B2(1)

为进行可靠性区分,EN 1990 *附录B* 定义了后果等级(CC)[***条款B2(1)***]。*附录B* 定量地定义了3种结构失效或发生故障后的后果,定义如下:

■ 后果等级 CC3——严重后果(人员伤亡,或经济、社会、环境后果非常严重);

■ 后果等级 CC2——中等后果(人员伤亡,或经济、社会、环境后果较严重);

■ 后果等级 CC1——轻微后果(人员伤亡,或经济、社会、环境后果较轻或可以忽略)。

后果等级 CC3、CC2 和 CC1 的实例见表8.1。

后果分级表　　表8.1

使用频率	失效后果[a]		
	低[b]	中[c]	高[d]
低	CC1	CC2	CC3
中	CC2	CC2	CC3
高	不适用	CC3	CC3

[a] 失效后果包含以下考量因素:

■人员生命损失(有时称为人员安全);

■环境和社会后果(例如:当破坏或失效引起环境灾难时);

■经济后果(例如:重建建筑物及其内部设施所造成的损失以及因失去建筑的使用功能而造成的经济损失);

■人员生命损失的价值。

[b] 包括人员不常进入的农业建筑、大棚温室。

[c] 包括酒店、学校、居民楼以及(例如通往农场的)交通桥梁。

[d] 包括大型看台、剧院、超高层建筑以及桥梁等。

背景

国际建筑和施工研究创新委员会对"风险"和"可接受风险"定义如下。

风险

风险是指对人、环境或经济等所造成的危害的一种度量。风险的表达与意外事件发生的可能性和其产生的后果有关。风险通常由意外事件所导致后果的数学期望来评估,因此为"概率×后果"。

可接受风险

可接受风险是指一般很难被个体或社会所严肃认识到的一种风险等级,并且可能被认为是风险判别的参考点。文化、社会、心理、经济以及其他方面都可能影响社会的风险认知。

由结构失效导致人员伤亡的可接受风险的概念提出了有关公众认知的非常敏感的问题(国际建筑和施工研究创新委员会,2001)。根据最近的数据[欧洲混凝土协会(1978)(表 8.2)],由意外所导致的死亡事故被认为反映了公众对不同类型的事故和暴露在严重危险的可接受程度的认知。

暴露在各种危险下“可接受”的死亡风险[a] 表 8.2

危 险	风险:$\times10^{-6}$p. a.	危险	风险:$\times10^{-6}$p. a.
建筑危险		职业危险	
结构失效(英国)	0.14	化工和类似行业	85
建筑火灾(澳大利亚)	4	船舶与海洋工程	105
		农业	110
		建筑行业	150
		铁路行业	180
		煤矿业	210
		采石业	295
		采矿业(非煤矿)	750
		海洋石油与天然气(1967—1976)	1650
		深海渔业(1959—1978)	2800
自然危险		体育(美国)	
飓风(1901—1972)	0.4	洞穴探险(1970—1978)	45
龙卷风(1953—1971)	0.4	滑翔机飞行(1970—1978)	400
雷击(1969)	0.5	水肺潜水(1970—1978)	420
地震(加利福尼亚州)	2	悬挂滑翔(1977—1979)	1500
		跳伞(1978)	1900
一般事故(美国,1969)		所有情况(英国,1977)	
中毒	20	全部人口	12000
溺水	30	30 岁以上女性	600
遇火和烧伤	40	30 岁以上男性	1000
跌落	90	60 岁以上女性	10000
道路交通事故	300	60 岁以上男性	2000

[a] 风险表示为每年典型暴露在危险下的人的死亡概率。

如表 8.2 所示,公众对于建筑的可靠性有非常高的要求。分项系数设计基于极限状态理论考虑,在将意外现象理想化的条件下,大多数情况分为承载能力极限状态和正常使用极限状态。设计即是使其 50 年内发生的概率小于“可接受”的值。图 8.1 显示了承载能力极限状态和正常使用极限状态在 50 年周期内失效可能性的一般取值范围。

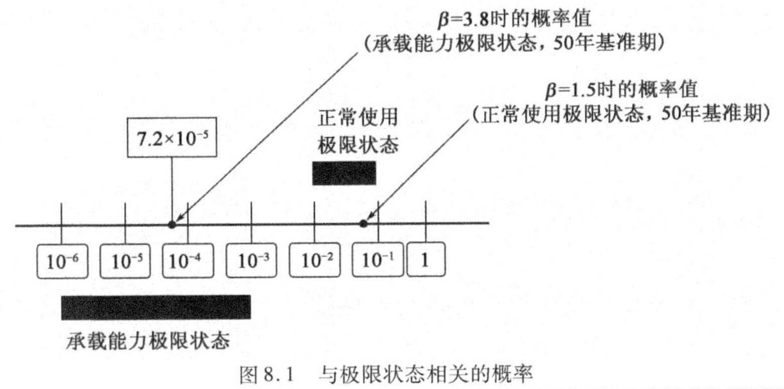

图 8.1 与极限状态相关的概率

EN 1990 以及其他所有 Eurocodes 都使用分项系数设计的概念，且在分项系数的取值中体现了隐含的“可接受”或“已接受”的风险等级。然而，EN 1990 中却没有定义“风险”和“风险分析”。这是因为“风险”这个词对于工程师、保险专员、经济学家等有不同的含义。同理，如果不能准确地定义分析的程序，“风险分析”也毫无意义，例如，对于重型车辆或船舶撞击桥墩的风险分析就没有通用的方法。

条款B3.1(2)

因此，EN 1990 中的分类标准是根据结构或结构构件失效后果的重要性确定的[***条款B3.1(2)***]。人们普遍认为，当结构失效的后果越大时，结构的可靠性等级应该越高。后果等级和不同可靠性等级的选取需要考虑许多适当的方面，包括：

- 使用频率；
- 达到极限状态的可能原因和/或模式；
- 在生命风险、人员伤亡、潜在经济损失方面可能的失效后果；
- 政治要求和公众对结构失效的反感；
- 降低失效风险的费用和必要措施。

表 8.1 为一个表示适当后果等级的矩阵，对 EN 1990 中的*表B1* 进行了补充，并将有助于建筑工程、结构构件或部件的失效后果等级的选择。

条款B3.1(3)

在一个特定的建筑工程中，不同的结构构件或部件可能需要按照相当、较高或较低的失效后果等级进行设计[***条款 B3.1(3)***]。以一个中型酒店建筑为例，其公共房间用于举办研讨会、会议和社会活动等（如婚礼）。这些公共房间可能会有比较大的跨度，这意味着这些房间垮塌的后果（即失效后果）将会很高。在这种情况下，业主方代表（即设计师）或校核机构应该将支撑公共房间的结构构件按照 CC3 级进行设计，将那些支撑酒店客房的结构构件按照 CC2 级进行设计。酒店建筑作为一个整体，通常会被分类为 CC2 级或 CC3 级，这取决于其失效所导致的后果。

8.3.2　采用 β 值区分

条款B3.2(1)
条款B3.2(2)

EN 1990 *附录B* 中，由可靠指标 β[***条款B3.2(1)***]定义的 3 种可靠度水平分别与 3 种失效后果等级相关联[***条款B3.2(2)***]。失效后果等级 CC1、CC2 和 CC3 分别对应于可靠等级 RC1、RC2 和 RC3。

条款C5(1)

可靠指标 β 为失效概率的一个函数，并在本指南的第 9 章予以说明。表 8.3[见***条款C5(1)***和图 8.1]中给出了失效概率 P_f 和 β 的关系。

P_f 与 β 的关系　　表 8.3

P_f	β	P_f	β
10^{-1}	1.28	10^{-5}	4.27
10^{-2}	2.32	10^{-6}	4.75
10^{-3}	3.09	10^{-7}	5.20
10^{-4}	3.72		

表 8.4 中建立了不同后果等级、可靠度水平和可靠指标 β 值之间的关系。该表包括了 EN 1990 中表 *B2* 的相关内容，其中仅涉及承载能力极限状态。表 8.4 将内容拓展至疲劳极限状态和正常使用极限状态。

失效后果、可靠度水平以及可靠指标 β　　表 8.4

<table>
<tr><th rowspan="3">后果等级</th><th rowspan="3">可靠度水平</th><th colspan="6">β 值</th></tr>
<tr><th colspan="2">承载能力极限状态</th><th colspan="2">疲劳极限状态</th><th colspan="2">正常使用极限状态</th></tr>
<tr><th>1 年基准期[a]</th><th>50 年基准期[a]</th><th>1 年基准期</th><th>50 年基准期</th><th>1 年基准期</th><th>50 年基准期</th></tr>
<tr><td>CC3</td><td>RC3</td><td>5.2</td><td>4.3</td><td rowspan="3"></td><td rowspan="3">1.5 ~ 3.8</td><td rowspan="3">2.9</td><td rowspan="3">1.5</td></tr>
<tr><td>CC2</td><td>RC2</td><td>4.7</td><td>3.8</td></tr>
<tr><td>CC1</td><td>RC1</td><td>4.2</td><td>3.3</td></tr>
<tr><td>(1)</td><td>(2)</td><td>(3)</td><td>(4)</td><td>(5)</td><td>(6)</td><td>(7)</td><td>(8)</td></tr>
<tr><td colspan="8">[a]β 值为第 3 列和第 4 列中推荐值中的较小值。</td></tr>
</table>

根据 EN 1990 *表 B2* 的注[***条款 B3.2(3)***]，使用 EN 1990 *附录 A1*（建筑结构应用）中分项系数的推荐值和使用其他 Eurocodes 中推荐的材料抗力系数进行的设计，通常认为对于 50 年基准期，对应可靠度水平 RC2 和后果等级 CC2，结构的 β 值大于 3.8。　***条款 B3.2(3)***

EN 1990 认为当前结构失效风险是合理的，并基于此给出了推荐值，因此将中等后果（即 CC2）定为 50 年内最小失效概率为 7.2×10^{-5}，对应可靠指标 $\beta = 3.8$（见图 8.1）。

失效概率以及相应的指标 β 仅为名义值，并不一定代表实际失效率（主要取决于人为过失）。它们主要作为运行值用于规范校准和不同结构的可靠等级之间的对比。

为了确定依据不同规范和实际数据（作用、抗力等）进行设计的结构或构件承载能力极限状态的系数 β，进行了很多调查研究（例如，见欧洲国际混凝土协会，1991）。这些研究一致表明 β 值具有显著的离散度。当用整套 Eurocode 进行设计时可能会发现类似的离散度。这是由于事实上，在大部分情况下为了简化设计，所有标准化的模型（例如作用、抗力和结构分析的模型）包括数值，都不可避免地是近似的，并且对于每个特定的情况近似的程度也会有大有小。在假设大量计算的条件下，β 值的相对频率如图 8.2 所示。

桥梁与房屋建筑之间的差异是由于在桥梁的设计和施工过程中，设计监理、材料质量的控制和施工过程中的检验水平通常更高。这是根据质量等级的要求进行可靠性区分的一个例子。

一定比例的建筑工程在 50 年内的 β 值可能小于 3.8。许多工程师认为此值宜作为一个目标值，用于整个作用-抗力-分项系数系统的校准。当考虑建筑的情况时，β 系数（见图 8.2）的平均值可能会降低，但相应的离散程度也会降低，因此对于 β 小于 3.8 的建筑工程的比例仍大致相同。这样 β 值的降低可由 EN 1990 中的适用于抗力的承载能力极限状态的作用组合的式（*6.10a*）和式（*6.10b*）得到，而非传统的式（*6.10*）。另见本指南的第 6 章和第 7 章。

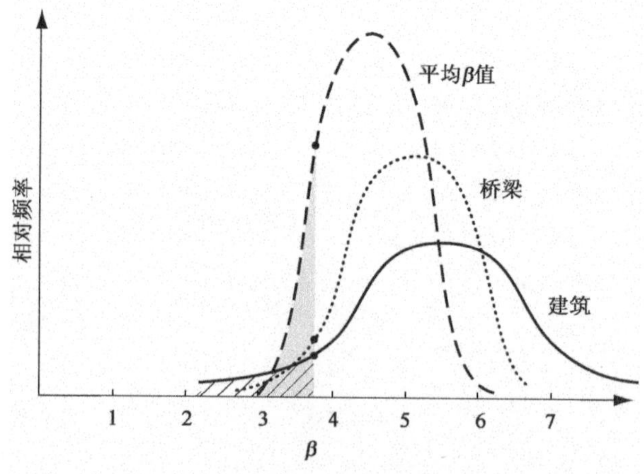

图 8.2 建筑工程 β 值的频率

Eurocodes 中对于正常使用极限状态的验算规定的数量是有限的,并且已假设承载能力极限状态的可靠度水平将不会降低,因此间接地涵盖了一部分正常使用极限状态的验算。但是,使用式(*6.10a*)和式(*6.10b*)将会降低可靠度水平,因此有必要比使用式(*6.10*)时更详尽地考虑对正常使用极限状态的验算。

正常的可靠度水平可以通过在设计和施工中采取更高的质量水平来维持。Eurocodes 中也使用了其他方法。例如,EN 1991-2 中给出了关于车辆荷载的调整系数 α 和 β,其目的是使不同交通条件下的可靠度水平保持一致,但这些系数也可用于定义可靠度水平(例如应用于现有桥梁)。

8.3.3 采用与分项系数相关的方法区分

可靠性区分的另一种方法是区分用于持久设计状况的作用基本组合的系数

条款B3.3(1) γ_F 的等级。***条款B3.3(1)***建议用不利作用的系数 γ 乘以系数 K_{FI} 来确定,对于中等可靠度水平(RC2),K_{FI} 取 1.0,对于可靠度水平 RC1 和 RC3,K_{FI} 可以分别取 0.9 和 1.1。需注意,在式(*6.10b*)中同时取 $\xi = 0.85$ 和 $K_{FI} = 0.9$ 将会导致不利永久荷载的整体系数 $\gamma = 1$;EN 1990 的*附录B* 的应用,在降低可靠度水平时,不应使用所有"有利"的可能性,但是这样做时应非常谨慎。

另一方面,对于 CC3 级结构,比起作用的 γ_F 应用 1.1 的分项系数(这样对结

条款B3.3 构更不利)通常更倾向于使用其他措施,例如采用更高的质量控制(***条款B3.3*** 中*表B3* 的注),来保证可靠度水平,而不是通过应用 1.1 的 K_{FI} 系数。

可靠性区分也可通过应用抗力的分项系数 γ_M(另见 8.6 和《Eurocode 3:钢结

条款B3.3(2) 构设计》,其中描述了关于疲劳验算的可靠性区分方法)[***条款B3.3(2)***]。

经验表明,分项系数的差别在 EN 1990 的*附录B* 中*表B3* 给出的范围之内时,对结构的可靠度水平并无显著影响,然而,任何因为经济性原因导致的系数降低都必须通过提高质量控制水平来弥补。

条款B3.3(3) ***条款B3.3(3)***认为建筑工程的可靠度水平可能与设计质量等级的要求(设计监理水准,见 8.4)和施工过程(检查水准,见 8.5)相关。

背景

在很大程度上，由于材料生产商之间的竞争加剧，建筑行业内出现了在作用和材料抗力方面均降低安全裕度（特别是分项系数）的趋势。这与其他可能降低可靠度水平的规定以及更多地使用软件进行分析的行为一起，将导致建筑物变得更细长且稳固性降低；因此导致与约 15 年前设计的建筑相比，建筑的强度储备大大降低。这种趋势在诸如产品制造商中正变得非常明显。

Eurocodes 允许选择多种不同的系数，例如：

- 可靠性区分；
- 通过国家附件允许不同的荷载组合表达式；
- 通过国家附件允许不同分项系数；
- 外加荷载值；
- 承载能力极限状态下混凝土设计抗压强度值的系数 α_{cc}；
- 材料的系数 γ_M 等。

如果以经济性为首要目的对所有这些系数进行选择，会导致结构或结构构件的可靠性水平降低，结构的储备强度降低，从而增加了结构失效和垮塌的风险。

条款2.2(6)（见第 2 章）规定，降低结构失效风险的不同措施可以在一定程度上互换，从而保证可靠度水平满足要求。本指南的第 2 章引用了一个例子，在改造工程中，可能有必要通过提高质量管理水平来弥补略微降低的分项系数。其他情况包括，由于经济性原因，可以选择较低的系数 K_{FI}，但可通过提高设计监理和质量控制水准来补偿，特别是对于大批量工厂生产的标准构件（例如：灯柱或标准梁）[***条款B3.3(4)***]。 *条款2.2(6)* *条款B3.3(4)*

8.4　设计监理区分

对于质量管理以及旨在减少结构设计和施工方面的错误和严重人为过失的措施，EN 1990 *附录B* 中引入了设计监理水准的概念。

经验表明：

- 严重错误由人为因素引起（例如：违反设计和施工规定）；
- 几乎所有严重的结构失效都是由设计和施工中的错误引起；
- 严重错误只能通过设计和监理的质量控制来避免。

设计监理水准 DSL3、DSL2 和 DSL1（分别对应 CC3、CC2 和 CC1）表示为确保结构的可靠性而采取的不同组织质量控制措施，这些措施可与其他措施结合使用，如设计师和审核专家的分级[***条款B4(1)***]。 *条款B4(1)*

条款2.2(5)允许设计监理水准与可靠等级相关联，或基于结构的重要性（即 *条款2.2(5)*

失效后果等级）进行选择，并符合国家要求或设计任务书。这 3 种设计监理水准如表 8.5 所示（基于 EN 1990 *表 B4*），并且宜通过适当的质量管理措施实施

条款B4(2)　[*条款B4(2)*]。

设计监理水准　　表 8.5

设计监理水准	特　征	用于校核计算、图纸以及说明书的最低建议要求
DSL3（对应 RC3/CC3）	延伸监理	第三方校核：校核由非设计者的机构进行
DSL2（对应 RC2/CC2）	常规监理	依据机构流程由非原负责人的人员进行校核
DSL1（对应 RC1/CC1）	常规（基本）监理	自我校核：校核由设计人员本人进行
举例见表 8.1 注 b、c 和 d。		

在结构设计阶段，根据设计监理水准进行了区分，因此如果采取更加严格的质量控制措施，如第三方校核，则可以预期结构的可靠等级比常规监理（即自我校核）更高。

条款B4(3)　***条款B4(3)***进一步说明，对于相关类型的建筑工程设计，设计监理水准也可以包括设计师和/或设计检查人员（校核员、控制专家等）的分级，这取决于他们的能力和经验以及他们的内部组织。因为建筑工程的类型、使用的材料和应用的结构形式会对分级造成影响。例如，欧盟成员国或业主可以明确规定在某一领域具备专业知识和业绩证明的设计咨询公司应提供延伸监理（即第三方监理）。

条款B4(4)　***条款B4(4)***指出，设计监理区分可以由以下内容组成：

■ 对由结构承受的作用的性质和大小进行更精确详细的评估；

■ 主动或被动地约束这些作用的设计荷载管理体系。

更详细地理解荷载对结构产生的危害，然后主动或被动地加以控制（例如智能建筑楼板上的荷载超限报警系统）是设计监理区分的一部分。

8.5　施工期检查

条款B5(1)　***条款B5(1)***介绍了 IL1 ~ IL3 三种检查水准，这些水准根据施工期间检查的水准划分（表 8.6）。

检查水准(IL)　　表 8.6

检 查 水 准	特　征	要　求
IL3（对应 RC3/CC3）	延伸检查	第三方检查
IL2（对应 RC2/CC2）	常规检查	根据机构的流程进行检查
IL1（对应 RC1/CC1）	常规（基本）检查	自检
举例见表 8.1 注 b、c 和 d。		

EN 1990 *附录B* 建议将检查水准与之前定义的可靠等级相关联，并且指出，检查水准应决定产品和工程施工中将包含的项目，包括明确检查的范围，因此检查

规则将会随着建筑材料的不同而改变，并应针对相关 CEN 施工标准制定相应的参考标准。表 8.7 和表 8.8 举例说明了在设计和施工阶段三种检查水准的校核项目。

不同项目的设计监理水准举例(仅作为指南)　　表 8.7

活　　动	常规(基本)监理	常 规 监 理	延 伸 监 理
有关结构的预期功能和使用的设计原理	✓	✓	✓
土状况的评估原理			✓
作用假设以及作用计算模型	✓	✓	✓
结构设计的计算模型(作用效应的计算)		✓	✓
与假设的材料性能相关的项目	✓		✓
土的参数设计值的评估	✓	✓	✓
关键部件、区域和截面的识别		✓	✓
整体平衡校核	✓	✓	✓
通过独立计算校核结构计算		✓	✓
图纸与计算书相符合	✓	✓	✓
施工期检查相关要求的技术规范书		✓	✓

施工活动:关于混凝土施工的检查水准举例(仅作为指南)　　表 8.8

活　　动	常规(基本)检查 1	常规检查 2	延伸检查 3
脚手架模板工程	随机取样	在混凝土浇筑前需检查主要脚手架和模板工程	需检查所有脚手架和模板工程
普通钢筋	随机检查	在混凝土浇筑前需检查主要钢筋	在混凝土浇筑前需检查所有钢筋
预应力钢筋	不适用	在混凝土浇筑前需检查所有预应力钢筋	
预埋件	根据项目要求		
预制构件安装	根据项目要求		
混凝土运输和浇筑	偶然检查	偶然检查	全过程检查
混凝土养护和饰面	无	偶然检查	全过程检查
预应力钢筋施加预应力	不适用	根据项目要求	
检查记录	不需要	需要	
施工期间检测也包括依据 EN 206 对产品特性进行记录归档等。			

8.6　材料特性分项系数

*条款B2.6(1)*也建议，如果检查等级高于表 8.6 中的要求，且/或在产品制造或施工监理过程中采用更严格的要求，则可对产品特性或构件抗力的分项系数进行折减。 *条款B2.6(1)*

如本指南 8.4 所述，分项系数的区分对产品成本和建筑工程成本有显著影响，因此建筑行业的许多方面，包括产品制造商、业主和参与私人融资计划(PFI)

的组织都希望如此。这种区分必须通过更多的检查来证明,从而提高达到目标特性的概率。

抗力产品特性中,材料的几何尺寸和强度对于结构的可靠性尤其重要。

参考文献

CIB (2001). Risk Assessment and Risk Communication in Civil Engineering. CIB, Rotterdam. CIB Report 259.

Euro-International Concrete Committee (1978). International System of Unified Standard Codes of Practice for Structures. FIB, Lausanne. CEB Bulletins 124 and 125.

Euro-International Concrete Committee (1991). Reliability of Concrete Structures-Final Report of Permanent Commission 1. FIB, Lausanne. CEB Bulletin 202.

延伸阅读

Euro-International Concrete Committee (1991). *CEB-FIP Model Code 90*. FIB, Lausanne. CEB Bulletins 203-205.

Menzies JB (1995). Hazards, risks and structural safety. *Structural Engineer* **73**: No. 21.

Reid SG (1999). Perception and communication of risk, and the importance of dependability. *Structural Safety* **21**: 373-384.

SAKO (1995). *NKB Committee and Work Reports 1995:03 E: Basis of Design of Structures-Classification and Reliability Differentiation of Structures*. SAKO, Helsinki.

Tietz SB (1998). Risk analysis-uses and abuses. *Structural Engineer* **76**: No. 20.

第9章　分项系数设计和可靠性分析基础

本章论述了分项系数设计基础和结构可靠性的一般概念。本章所述内容包含在 EN 1990 *附录C* 的以下10项条款中：

- 应用范围与领域　*条款C1*
- 符号　*条款C2*
- 引言　*条款C3*
- 可靠性方法概述　*条款C4*
- 可靠指标 β　*条款C5*
- 可靠指标 β 的目标值　*条款C6*
- 设计值校准方法　*条款C7*
- Eurocodes 中的可靠度验算表达式　*条款C8*
- EN 1990 中的分项系数　*条款C9*
- 系数 ψ_0　*条款C10*

本章通过 EN 1990 *附录C* 所描述的7个数值算例来说明一般的计算过程。本章的附录包括5个 Mathcad 计算表，可将通用程序应用于实际算例中（Mathcad 是一个可以执行计算并生成包含文本、方程和图形的文档的软件）。

9.1　应用范围与领域

Eurocodes 基于分项系数法（如 EN 1990 *第6章* 和 *附录A* 所述）。EN 1990 *附录C*［***条款C1（1）***］提供了关于分项系数法的详细信息和理论背景。***条款C1（2）*** 指出，*附录C* 提供了结构可靠性方法，采用这些方法确定设计值和分项系数以及 Eurocodes中的可靠度验算表达式等信息。　***条款C1（1）***　***条款C1（2）***

9.2　符号

EN 1990 *附录C* 中使用的符号和术语（***条款C2***）与传统的用于结构可靠性的符号基本一致。但应该指出的是，在 ISO 2394 和其他关于结构可靠性的文献中也会发现其他的替代术语。例如，*附录C* 中用于"性能函数"的符号 g 通常称为"极限状态函数"或"状态函数"，或者在某些简单情况下称为"可靠性（安全）裕度"。另一个重要术语，"生存概率" P_s，通常被称为"可靠性"［另见 ISO 2394（ISO，1998）］。*附录C* 中使用的一些术语，例如"*概率方法、半概率方法、确定性方法*"以　***条款C2***

及“*水准Ⅰ、水准Ⅱ和水准Ⅲ可靠性方法*”的分类,在文献中使用的方式也可能略有不同。在 ISO 2394 和其他文献中也可以找到其他术语(例如“设计值方法”,之前在 ENV 1991-1 中使用过,但在 EN 1990 中未使用)。

条款C2

为提供更全面的背景资料,本章将对***条款C2***所给出的补充符号和术语进行介绍。例如,$\varphi(X)$将用于表示变量 X 的概率密度函数,同时$\underline{X}$ 是一个表示所有基本变量的向量(该符号也用于本指南的第 10 章和 EN 1990 的*附录D*)。

9.3 引言

条款C3(1)

基本变量,通常用向量$\underline{X}$ 表示,包括在任何设计验算中都可以输入荷载抗力模型的 3 种基本类型的变量,见 EN 1990*第 4 章*和*附录C*[***条款C3(1)***]:

- 作用变量 F;
- 抗力变量 R;
- 几何特征 a。

条款3.4(1)P

通常,每个类别包含许多变量。例如,作用 F 可能包含多个永久作用 G 和可变作用 Q。在结构验算中,所有基本变量都可以用它们的设计值替换,这些设计值用于验算结构和荷载模型,以确保不超出任何极限状态[***条款3.4(1)P***和条款*C3(1)*]。

条款C3(2)

基本变量的设计值是由标准值通过分项系数和 ψ 系数确定的(见 EN 1990 *第6章*)。这些系数的数值可通过***条款C3(2)***中所描述的两种基本方法确定:

1 对以往经验的校准;

2 概率可靠度理论的应用。

条款C3(3)

条款C6

通常,对于确定系数 γ 和系数 ψ,两种方法需结合使用,以提高所得结果的可信度。当应用概率可靠性理论时,系数 γ 和系数 ψ 值的确定方法[***条款C3(3)***]应使可靠度水平尽可能接近***条款C6***中规定的目标可靠度。因此,结构的可靠度水平既不应低于(由于安全原因),也不应显著高于(由于经济性原因)目标水准,这两种情况均会导致不良后果。需要注意的是,系数 γ 和 ψ 多数情况下是通过方法 1,即校准的以往经验确定的,并基于对过去实验数据和现场观测的统计评价确定。但是,在 Eurocodes 中所有可靠性要素中,结构可靠度方法正提供越来越有效的背景信息。

9.4 可靠度方法概述

条款C4(1)

条款C2

条款C4(1)

条款C4(2)

条款C4(3)

EN 1990 *图 C1* 所给出的可靠度方法[***条款C4(1)***]概述与之前版本(ENV 1991-1)基本相同,这里不再详述。然而,正如在***条款C2***中已经提到的那样,EN 1990 使用了与 ISO 2394 略有不同的术语,这样所带来的结果是***条款C4(1)***、***条款C4(2)***、***条款C4(3)***所用的术语(概率方法、确定性方法,水准Ⅰ、水准Ⅱ、水准Ⅲ等)以及方法(一阶可靠度方法、半概率方法等)与可靠度理论仍然不能完全统一。特别是半概率方法的概念（水准 Ⅰ），没有被广泛接受，甚至引起困惑，因为其在 EN 1990 中并没有明确定义。这种方法很可能是指以前的文件 ENV 1991-1 和 ISO 2394 文件中所定义的“设计值法”。

如前文所述，当前版本的 Eurocodes 仍然主要是运用上文提到的方法 1 校准先前的经验［***条款 C4（4）***］，尽管如此，这种方法与*图 C1* 所示的其他方法结合使用会变得越来越高效［例如使用全概率方法或半概率（设计值）方法］。正如第 3 章所提到的，根据***条款 3.5（5）***可以采用直接基于概率方法作为替代方法进行设计。虽然主管部门应当给出概率方法的具体使用条件，但 EN 1990 *附录 C* 应提供一个基本要求。 ***条款 C4（4）*** ***条款 3.5（5）***

9.5　可靠指标 β

传统上使用的可靠指标 β 是结构最常用的可靠指标之一［***条款 C5（1）***］。应强调，这是一个与失效概率 P_f 完全等效的量（无论采取什么方法确定），表示为： ***条款 C5（1）***

$$\beta = -\Phi^{-1}(P_f) \qquad (C.1)$$

式中，$\Phi^{-1}(P_f)$ 是指概率 P_f 的标准正态分布的逆分布函数［***条款 C5（1）***］。注意，式（*C.1*）右边的负号是用于保证当 $P_f < 0.5$ 时，β 为正。 ***条款 C5（1）***

概率 P_f 一般可以通过性能函数 g 来表示［***条款 C5（2）***］： ***条款 C5（2）***

$$P_f = \mathrm{Prob}(g \leqslant 0) = \int_{g \leqslant 0} \varphi(\underline{X})\,\mathrm{d}\underline{X} \qquad (C.2a)$$

其中，$\varphi(\underline{X})$ 是指所有基本变量 $\underline{X}$ 的向量的联合概率密度函数。式（*C.2a*）中的积分表示在已知联合概率密度函数 $\varphi(\underline{X})$（可能是一个相当复杂或未知的函数）的情况下，如何确定概率 P_f。在某些特殊情况下，式（*C.2a*）中的积分可通过解析求解；其他情况下，当基本变量数量较少（不多于 5 个）时，可以有效地应用各种数值积分求解。

一般来说，失效概率 P_f 可以通过以下方法计算：

■ 精确的解析积分；

■ 数值积分法；

■ 近似分析法［一阶可靠度方法（FORM），二阶可靠度方法（SORM），矩量法］；

■ 模拟方法；

或者这些方法的结合。

可以通过考虑两个累积变量来很好地说明上述一般概念，分别是荷载效应 E 和抗力 R。在这种结构可靠性的基本情况下，性能函数（可靠性或安全裕度）g 表示为：

$$g = R - E \qquad (C.2b)$$

在这种情况下,失效概率 P_f 的计算可以不依赖任何专业软件。首先,假设 R 和 E 服从正态分布且相互独立,其均值分别为 μ_R 和 μ_E,标准差分别为 σ_R 和 σ_E。那么,可靠性裕度 g 也服从正态分布,其均值和标准差分别为:

$$\mu_g = \mu_R - \mu_E \tag{D9.1}$$

$$\sigma_g = (\sigma_R^2 + \sigma_E^2)^{1/2} \tag{D9.2}$$

可靠性裕度 g 的分布如图 9.1 所示,其中也显示了失效概率 $P_f = P(g \leqslant 0)$(事件 $g \leqslant 0$ 的概率)以及生存概率(可靠性)$P_s = P(g > 0)$(事件 $g > 0$ 的概率)。

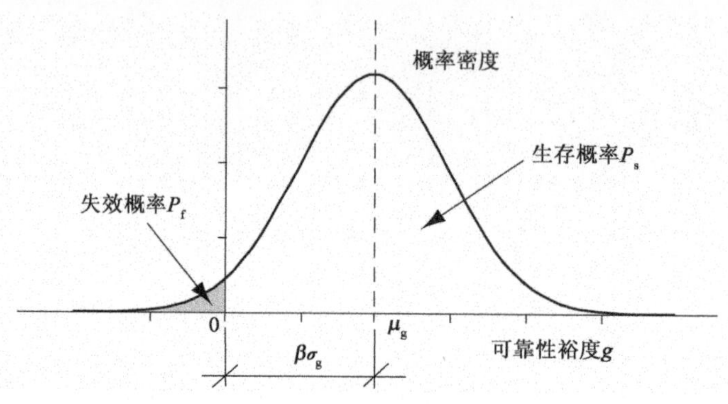

图 9.1 可靠性裕度 g 的分布

因此,结构失效对应由不等式 $g \leqslant 0$ 表示的事件。因为 g 服从正态分布(见图 9.1),因此失效概率 P_f可以通过将 g 转换成标准正态变量 u 来确定,表达式为 $u = (g - \mu_g)/\sigma_g$。标准化的正态变量 $\Phi(u)$ 的分布函数已知(见 EN 1990 *附录 C*),关于该变量的详细表格的电子版可以在技术资料中查到。

当性能函数的临界值 $g = 0$ 时,标准化变量值 $u = -\mu_g/\sigma_g$。因此,概率 P_f(性能函数为负的概率 $g \leqslant 0$)即可由标准正态分布在临界点 $u = -\mu_g/\sigma_g$ 处得到,此时对应的可靠性裕度 $g = 0$,即:

$$P_f = \Phi(-\mu_g/\sigma_g) \tag{D9.3}$$

式中,Φ 表示标准正态分布函数。

本条款遵循式(*C.1*)和式(*C.6*),在所考虑的基本情况下,基于荷载效应 E 和

条款 C5(3) 抗力效应 R 都服从正态分布的假设,可靠指标 β 为[***条款 C5(3)***]:

$$\beta = \mu_g/\sigma_g \tag{C.2c}$$

其中,可靠指标 β 是以 g 的标准差 σ_g 作为度量的可靠性裕度 g 的均值 μ_g 到原点(0)的距离。

然而,上述结果仅在基本变量 R 和 E 都服从正态分布的限制性假设下才有效。在更一般的情况下,当 R 和 E 为一般"非正态"分布时,失效概率 P_f 不能通过式(D9.3)确定。

当 E 和 R 为任意概率分布时，式(D9.3)和式(*C.2c*)仅用于初步估算。但这种情况下，失效概率 P_f 仍然可以不依赖任何专业软件，通过使用如下积分公式确定：

$$P_f = \int_{-\infty}^{+\infty} \varphi_E(x)\Phi_R(x)\,dx \tag{D9.4}$$

式中，$\varphi_E(x)$表示荷载效应 E 的概率密度函数；$\Phi_R(x)$ 表示抗力 R 的分布函数。则可靠指标 β 可以通过式(*C.1*)计算失效概率 P_f 来确定。例 9.1、例 9.2 和例 9.3 对上述公式进行了说明。

例 9.1

以一个承受永久荷载 $G_k = 1\text{MN}$ 的 S235($f_{yk} = 235\text{MPa}$)钢杆(吊杆)为例。最小截面面积 A 遵循以下设计准则：

$$A = G_k\gamma_G/(f_{yk}/\gamma_M) = 1 \times 1.35/(235/1.10) = 0.006319\text{m}^2$$

注意，荷载效应的设计值为 $E_d = G_d = 1 \times 1.35 = 1.35\text{MN}$，抗力的设计值为 $R_d = Af_{yk}/\gamma_M = 0.006319 \times 235/1.10 = 1.35\text{MN}$。

在可靠性分析中，将表示荷载 G 和屈服强度 f_y 的基本变量视为随机变量，而将截面面积 A 视为确定性变量(其变异性通常隐含在屈服强度 f_y 的变异性中)。由式(*C.3*)定义的性能函数 g 可表示为：

$$g = R - E = Af_y - G \tag{D9.5}$$

可靠指标的初步估算可以通过假设 E 和 R 都服从正态分布得到。此外，假设永久荷载的均值等于其标准值 $\mu_E = G_k = 1\text{MN}$，标准差为 $\sigma_E = 0.1\mu_E = 0.1\text{MN}$(变异系数 = 10%)。抗力均值由截面面积 A 和屈服强度的均值确定，其中，屈服强度的均值取 280MPa，则 $\mu_R = 0.006319 \times 280 = 1.769\text{MN}$(由长期经验可知，S235 钢的屈服强度均值为 280MPa)。最后，标准差 $\sigma_R = 0.08\mu_R = 0.1416\text{MN}$(假定考虑截面面积的变化的屈服强度的变异系数为 8%)。

由式(*C.3*)得出的性能函数 g 的均值和标准差可由式(*C.4*)和式(*C.5*)得出：

$$\mu_g = \mu_R - \mu_E = 1.769 - 1.00 = 0.769 \tag{D9.6}$$

$$\sigma_g = (\sigma_R^2 + \sigma_E^2)^{1/2} = (0.1416^2 + 0.1^2)^{1/2} = 0.173 \tag{D9.7}$$

可靠指标由式(*C.7*)得出：

$$\beta = \mu_g/\sigma_g = 0.769/0.173 = 4.44 \tag{D9.8}$$

由式(*C.1*)可得，失效概率为 $P_f = 4.5 \times 10^{-6}$。然而，所得可靠指标和失效概率值仅宜视为初步估计。

例 9.2

若使用更真实的理论模型假设,示例9.1中可靠指标的简化计算可以很容易改进。通过假设抗力 R 服从以0为下限的对数正态分布,可以对例9.1中的吊杆的可靠性水平进行更实际的估算,然后使用积分[式($C.8$)],假设 E 服从正态分布得到的失效概率 $P_f = 6.2 \times 10^{-7}$,通过式($C.1$)可得可靠指标 $\beta = 4.85$。(注意,本章附录中的Mathcad计算表1列出了作用效应 E 的两种积分分布假设:正态分布和伽马分布)。然而,即使不采用三参数对数正态分布对可靠性裕度 g 积分的方法进行估算,也可以得到满意的近似值(该过程也包含在Mathcad计算表1中)。假设 E 服从正态分布,这种近似方法得到失效概率 $P_f = 4.4 \times 10^{-7}$ 和可靠指标 $\beta = 4.91$(略大于正确值 $\beta = 4.85$)。

例 9.3

另一种改进例9.1中钢杆(吊杆)可靠性分析的方法是考虑模型不确定性的影响。注意,例9.1和例9.2得出的结果都忽略了荷载和抗力模型的不确定性。如果考虑到这些影响,式($C.2b$)中的性能函数 g 可以概括为:

$$g = R - E = \theta_R A f_y - \theta_E G \qquad (D9.9)$$

式中,θ_R 和 θ_E 表示描述荷载和抗力模型不确定性的随机变量。此时,失效概率 P_f 的计算变得稍微复杂一些,但仍可以不用专业软件完成。计算过程见Mathcad计算表1(见附录)。计算显示,在对变量 θ_R 和 θ_E 进行合理的假设时,可靠指标 β 比起不考虑模型不确定性时可能会显著降低(降低约1.0),功能函数 g 由式($C.9$)得出。

9.6　可靠指标 β 的目标值

条款C6(1)

条款C6(1) 中可靠指标 β 的目标值主要是通过最近一系列对不同材料的结构构件的可靠性的研究得出的。然而,应指出,所得到的可靠指标取决于多种因素(构件类型、荷载条件和材料等),因此分布较广。结果显示,任何可靠性研究的结果在很大程度上都取决于用于描述基本变量的假设理论模型。此外,这些模型还没有得到统一,也没有得到系统地使用。尽管如此,可靠指标的建议值仍然可以视为表征现有结构可靠水平的合理平均值。

当考虑预期死亡人数时,对于确定目标可靠指标或目标失效概率的另一种可能是,从个人或社会的角度来提出人身安全的最低要求。ISO 2394 中简要描述了这种方法。此方法没有深究细节,而是由公认的每年灾难事故率 10^{-6} 开始,对应可靠指标 $\beta_1 = 4.7$。该值与EN 1990中可接受的每年承载能力极限状态目标可靠指标一致。

基准期 n 年的可靠指标可通过以下近似公式计算:

$$\Phi(\beta_n) = [\Phi(\beta_1)]^n \qquad (C.3)$$

由此式可得近似值 $\beta_{50} = 3.8$。

应强调的是，$\beta_1 = 4.7$ 与 $\beta_{50} = 3.8$ 两个值均对应相同的可靠度水平，但所考虑的作用设计值评估的基准期不同（1 年和 50 年）。基准期可能与设计使用年限一致，也可能不一致。

确定有限设计使用年限的建筑物的可靠指标是一个完全不同的问题。例 9.4 给出了可靠指标的计算实例。

如***条款 C6(2)*** 所述，实际的失效频率可能取决于分项系数设计时未考虑的多种因素，因此导致 β 可能与实际的结构失效频率不相符。 *条款 C6(2)*

例 9.4

以一个失效后果中等、设计使用年限 25 年的农业建筑物为例。在这种情况下，指定 $\beta_1 < 4.7$ 较为合理，假设 $\beta_1 = 4.2$，对于设计使用年限 $n = 25$ 年，使用式（*C.14*）可以得出：

$$\Phi(3.4) = [\Phi(4.2)]^{25}$$

因此 $\beta_1 = 4.2$ 对应 $\beta_{25} = 3.4$。注意，对于 $n = 50$ 年使用相同的公式[式（*C.14*）]可得 $\beta_{50} = 3.2$。对这种结果的正确解释如下：如果输入数据（对于特定作用）是对应 1 年，并且设计计算是针对此周期的，那么应考虑 $\beta_1 = 4.2$，但如果输入数据是对应 25 年，那么在设计验算时应考虑 $\beta_1 = 3.4$。该例的计算过程见 Mathcad 计算表 2（见本章附录）。

9.7　设计值校准方法

条款 C7(1) 中所考虑的设计值法，在*图 C1* 中表示为“半概率法（水准 Ⅰ）”，是由概率设计方法向可操作的分项系数法转化的重要一步。设计值法直接与***条款 3.5(2)P*** 中提供的原则性规定相关联，根据该原则性规定，应验证所有用于结构抗力 R 和作用效应 E 模型（也被称为分析模型）的基本变量的设计值都不超过承载能力极限状态。因此，如果为所有基本变量定义了设计值，那么当下列表达式成立时，认为结构可靠： *条款 C7(1)* *条款 3.5(2)P*

$$E_d < R_d \qquad (C.4)$$

这里，设计值 E_d 和 R_d 用符号表示为：

$$E_d = E\{F_{d1}, F_{d2}, \cdots, a_{d1}, a_{d2}, \cdots, \theta_{d1}, \theta_{d2} \cdots\} \qquad (C.5a)$$

$$R_d = R\{X_{d1}, X_{d2}, \cdots, a_{d1}, a_{d2}, \cdots, \theta_{d1}, \theta_{d2} \cdots\} \qquad (C.5b)$$

与前述相同，式中 E 为作用效应，R 为抗力，F 为作用，X 为材料性能，a 为几何特性，θ 为模型的不确定性；下角标“d”指设计值。

式（*C.4*）和式（*C.5*）表明了如何在实际应用中保证可靠指标 β 等于或大于目

条款C7(2)
条款C7(2)

标值。根据**条款 *C7*(2)**，设计值应基于一阶可靠度方法（FORM）（见图 9.2）[**条款*C7*(2)**]。一阶可靠度方法是一种基本且非常有效的可靠性方法，并用于多个软件中。一阶可靠度方法主要步骤可概括如下：

■ 基本变量$\underline{X}$ 转换为标准化的常变量空间$\underline{U}$，则性能函数 $g(\underline{X})=0$ 转换为$g'(\underline{U})=0$；

■ 通过切超平面（使用泰勒展开式）近似得到已知点的失效面 $g'(U)=0$；

■ 通过迭代可以找到设计点[即在面 $g'(U)=0$ 上最接近原点的点]；

■ 可靠指标 β 由设计点到原点之间的距离确定，失效概率 P_f 表示为 $P_f=\Phi(-\beta)$。

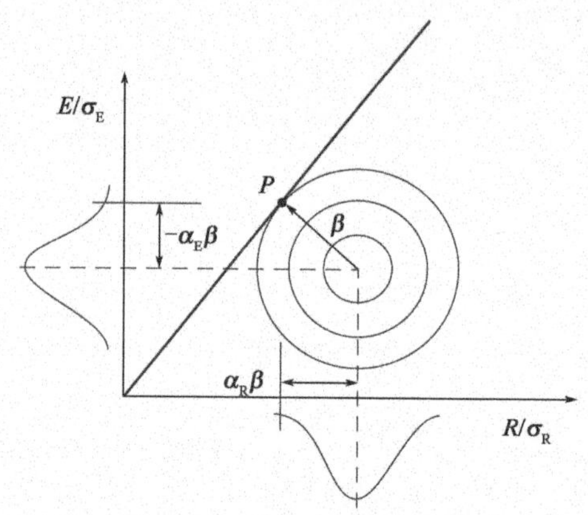

图 9.2　设计点（P）及可靠指标β_0[设计点为标准化变量空间中失效面（$g=0$）上最接近平均点的点（经 BSI 许可，根据 EN 1990 *图C2* 重绘）]

这种方法可以通过使用二次曲面来近似失效面 $g'(U)=0$ 而改进，这种改进的方法称为二阶可靠性方法（SORM）。在关于结构可靠性的文献中可以找到许多其他改进和额外修正方法。

条款C7(3)

如果仅考虑两个变量 E 和 R，那么设计值 E_d 和 R_d 可以使用以下近似公式[**条款*C7*(3)**]得到：

$$\mathrm{Prob}(E>E_d)=\Phi(+\alpha_E\beta) \tag{C.6a}$$

$$\mathrm{Prob}(R\leqslant R_d)=\Phi(-\alpha_E\beta) \tag{C.6b}$$

条款C6

式中，β 为目标可靠指标（见**条款*C6***），在 $|\alpha|\leqslant 1$ 条件下，α_E 和 α_R 为一阶可靠度方法敏感系数的值。对于不利作用和作用效应，α 的值为负，对于抗力，α 的值为正。

注意，对于性能函数 $g=R-E$，一阶可靠度方法敏感系数为：

$$\alpha_E=\frac{-\sigma_E}{\sqrt{\sigma_E^2+\sigma_R^2}} \tag{D9.10}$$

$$\alpha_R=\frac{\sigma_R}{\sqrt{\sigma_E^2+\sigma_R^2}} \tag{D9.11}$$

显然，一般应认为：

$$\sigma_E^2+\sigma_R^2=1 \tag{D9.12}$$

根据**条款 *C7(3)***，在满足以下条件的情况下，α_E 和 α_R 可以分别取 0.7 和 0.8： **条款 *C7(3)***

$$0.16<\sigma_E/\sigma_R<7.6 \tag{C.7}$$

式中，σ_E 和 σ_R 分别为作用效应和抗力的标准差。可以看出，由于 σ_E 和 σ_R 的平方和大于 1，EN 1990 的建议是偏安全的。

对于特定的极限状态（如疲劳），需要一个更通用的公式来表示极限状态。

条款 *C7(4)* 规定：“*当式（C.7）不满足时，对于具有较大标准差的变量宜取 $\alpha=\pm1.0$，对于较小标准差的变量宜取 $\alpha=\pm0.4$。*”此外，条款 *C7(5)* 规定：“*当作用模型包含几种基本变量时，式（C.6）应仅用于主导变量。对于伴随作用，设计值可按下式确定*”： **条款 *C7(4)*** **条款 *C7(5)***

$$\text{Prob}(E>E_d)=\Phi(-0.4\times0.7\times\beta)=\Phi(-0.28\beta) \tag{C.9}$$

对于 $\beta=3.8$，按式（*C.18*）确定的值近似对应的分位值为 0.9。

例 9.5

再次以例 9.1 所述的承受永久荷载 $G_k=1\text{MN}$ 的 S235（$f_{yk}=235\ \text{MPa}$）钢杆（吊杆）为例，性能函数 $g=R-E$。与前例相同，假设永久荷载的均值等于其标准值 $\mu_E=G_k=1\text{MN}$，则标准差 $\sigma_E=0.1\mu_E=0.1$（变异系数 = 10%）。抗力的均值由截面面积 A 和屈服强度的均值求得，其中，屈服强度均值取 280MPa（见例 9.1），则 $\mu_R=0.006319\times280=1.769\text{MN}$（由长期经验知，S235 钢材平均屈服强度为 280MPa）。最后，标准差 $\sigma_R=0.08\mu_R=0.1416\text{MN}$（假定考虑截面面积的变化的屈服强度变异系数为 8%）。

因此，由式（*C.20*）和式（*C.21*）求得敏感系数为：

$$\alpha_E=\frac{-\sigma_E}{\sqrt{\sigma_E^2+\sigma_R^2}}=\frac{-0.1}{\sqrt{0.1^2+0.1416^2}}=-0.577$$

$$\alpha_R=\frac{\sigma_R}{\sqrt{\sigma_E^2+\sigma_R^2}}=\frac{0.1416}{\sqrt{0.1^2+0.1416^2}}=0.817$$

设计值 E_d 和 R_d 由式（*C.18*）和式（*C.19*）求得：

$$\text{Prob}(E>E_d)=\Phi(+\alpha_E\beta)=1.417\times10^{-2}$$

$$\text{Prob}(R\leqslant R_d)=\Phi(-\alpha_R\beta)=9.528\times10^{-4}$$

则设计值为：

$$E_d=\mu_E-\alpha_E\beta\sigma_E=1+0.577\times3.8\times0.1=1.219$$

$$R_d=\mu_R-\alpha_R\beta\sigma_R=1.769-0.817\times3.8\times0.1416=1.329$$

因此，得到 $E_d<R_d$，设计值法验证了该结构是可靠的。计算过程见 Mathcad 计算表 3（见本章附录）。

例 9.6

再次考虑例9.1和例9.3中的钢杆(吊杆),如果敏感系数 α_E 和 α_R 分别取

条款C7(3) *条款C7(3)*的推荐值 -0.7 和 0.8[满足*条件(C.23)*],则

$$E_d = \mu_E - \alpha_E \beta \sigma_E = 1 + 0.7 \times 3.8 \times 0.1 = 1.266$$

$$R_d = \mu_R - \alpha_R \beta \sigma_R = 1.769 - 0.8 \times 3.8 \times 0.1416 = 1.339$$

因此,对于推荐的"安全"系数,即使设计值 R_d 和 E_d 的差值小于前面例子中采用原敏感系数 α_E 和 α_R 得到的差值,但也可以满足设计条件 $E_d < R_d$。当分布未知且试验数据有限时,可采用本指南附录C中所述的不同方法。

条款C7(6) ***条款C7(6)***中规定,*表C3*(见表9.1)中给出的表达式"应用于采用给定的概率分布推导变量的设计值"。

不同分布函数的设计值(EN 1990 *表C3* 的补充) 表9.1

分　布	设 计 值
正态分布	$\mu = \alpha\beta\sigma = \mu(1 - \alpha\beta V)$
对数正态分布(两参数,下限为0)	$\frac{\mu}{\sqrt{1+V^2}}\exp\left[-\alpha\beta\sqrt{\ln(1+V^2)}\right]$ 当 $V = \sigma/\mu < -0.2$ 时,近似等于 $\mu\exp(-\alpha\beta V)$
三参数对数正态分布	$\mu - \frac{\sigma}{C}\left(1 - \frac{1}{\sqrt{1+C^2}}\right)\exp\left[-\mathrm{sign}(C)\alpha\beta\sqrt{\ln(1+C^2)}\right]$ 其中,$C = 2^{-1/3}[(\sqrt{a^2+4}+a) - (\sqrt{a^2+4}-a)]$,$a \neq 0$
耿贝尔分布	$u - \frac{1}{a}\ln\{-\ln[\Phi(-\alpha\beta)]\} \approx \mu - \sigma\{0.45 + 0.78\ln\{-\ln[\Phi(-\alpha\beta)]\}\}$ 其中,$u = \mu - 0.577/a$,$a = \pi\sigma\sqrt{6}$

在这些公式中,μ、σ、V 分别为某给定变量的均值、标准差和变异系数,对于可变作用,这些值应如可靠指标 β 一样,基于同一基准期。

条款C7(7) ***条款C7(7)***提出了一种求相关分项系数的简单方法。可变作用的分项系数可由其设计值 Q_d 和标准值 Q_k 确定:

$$\gamma_Q = Q_d / Q_k \qquad \text{(D9.13a)}$$

如果可变荷载 Q 的标准值和设计值已知或可以使用概率方法得到,那么可以使用这个简化公式。对于抗力变量,类似的公式为:

$$\gamma_R = R_k / R_d \qquad \text{(D9.13b)}$$

例9.7通过考虑简单结构构件,说明了此公式的实际应用。

例 9.7

以 S235 钢为例，通过大量样本（约 800 次测量）确定的屈服强度表明，样本总体均值为 $\mu = 280\text{MPa}$，标准差 $\sigma = 22.4\text{MPa}$，因此变异系数 $V = \sigma/\mu = 0.08$。假设其服从对数正态分布，设计屈服强度由以下公式确定：

$$f_{yd} = \frac{\mu}{\sqrt{1+V^2}}\exp\left[-\alpha\beta\sqrt{\ln(1+V^2)}\right]$$
$$= \frac{280}{\sqrt{1+0.08^2}}\exp\left[-0.7\times3.8\sqrt{\ln(1+0.08^2)}\right]$$
$$= 225.7\text{MPa}$$

值得注意的是，5% 分位值对应的标准值为：

$$f_{yk} = \frac{\mu}{\sqrt{1+V^2}}\exp\left[-1.645\sqrt{\ln(1+V^2)}\right]$$
$$= \frac{280}{\sqrt{1+0.08^2}}\exp\left[-1.645\sqrt{\ln(1+0.08^2)}\right]$$
$$= 244.8\text{MPa}$$

因此，确定的 f_{yk} 大于 235MPa。使用式（D9.13b），分项系数为：

$$\gamma_Q = f_{yk}/f_{yd} = 244.8/225.7 = 1.085$$

注意，Mathcad 计算表 4（见本章附录）可以用于验证此计算。

9.8　Eurocodes 中的可靠性验算表达式

根据 EN 1990 ~ EN 1999 中认可的分项系数法，基本变量 X_d 和 F_d 的设计值通常不直接用于分项系数设计公式中［***条款 C8(1)***］，而是通过代表值 X_{rep} 和 F_{rep} 的方式引入，具体如下：　　条款 C8(1)

■ 标准值，即存在指定的或预期的概率被超过的值（如对于作用、材料性能、几何特性等）（分别见***条款 1.5.3.14***、***条款 1.5.4.1***、***条款 1.5.5.1***）。　　条款 1.5.3.14　条款 1.5.4.1　条款 1.5.5.1

■ 名义值，对于材料性能可视为标准值（见***条款 1.5.4.3***），对于几何特性可视为设计值（见***条款 1.5.5.2***）。如***条款 6.3*** 中所述，代表值 X_{rep} 和 F_{rep} 应分别除以和/或乘以适当的分项系数，以得到设计值 X_d 和 F_d［***条款 C8(2)***］。因此，一般有：　　条款 1.5.4.3　条款 1.5.5.2　条款 6.3　条款 C8(2)

$$X_d = X_{rep}/\gamma \quad 或 \quad F_d = \gamma F_{rep} \tag{D9.14}$$

其中，γ 表示一般分项系数。

EN 1990 中式（*6.1*）、式（*6.3*）和式（*6.4*）分别给出了作用设计值 F、材料性能设计值 X 和几何特性设计值 a 的上述表达式的特定形式。例如，当使用设计抗力的上限值时（见***条款 6.3.3***），式（*6.3*）采用如下形式［***条款 C8(3)***］：　　条款 6.3.3　条款 C8(3)

$$X_d = \eta\gamma_{fM}X_{k,sup} \tag{C.10}$$

式中，γ_{fM}是一个大于 1 的适当系数。

条款C8(4) 模型的不确定性可能会显著影响结构的可靠性。**条款C8(4)**规定：“*模型不确定性的设计值可通过对总体模型应用分项系数γ_{Sd}和γ_{Rd}并入设计公式，使得：*”

$$E_d = \gamma_{Sd} E\{\gamma_{gj} G_{kj}; \gamma_p P; \gamma_{q1} Q_{k1}; \gamma_{qi} \psi_{0i} Q_{ki}; a_d \cdots\} \tag{C.11}$$

$$R_d = R\{\eta_{Xk}/\gamma_m; a_d \cdots\}/\gamma_{Rd} \tag{C.12}$$

对于同时发生的伴随可变作用，考虑了可变作用设计值的折减系数 ψ，以 ψ_0、
条款C8(5) ψ_1、ψ_2 的形式应用于同时发生的伴随可变作用［**条款C8(5)**］。必要时，式（*C.11*）
条款C8(6) 和式（*C.12*）可以简化如下［**条款C8(6)**］：

■ 在荷载一侧（对于单个作用或作用效应线性存在时）：

$$E_d = E\{\gamma_{F,i} F_{rep,i}, a_d\} \tag{C.13}$$

■ 在抗力一侧，式（*6.6*）中给出了一般形式，Eurocode 中的关于材料的部分中给出了进一步的简化形式。应仅在当可靠度水平没有降低时才对公式进行简化。应提到的是，Eurocodes 中通常会出现非线性抗力和作用模型，以及多变量作用或抗力模型。在这些情况下，上面的关系式会变得更加复杂。

9.9　EN 1990 中的分项系数

条款C9(2) **条款C9(2)**涉及**条款1.6**，该条款对 EN 1990 中出现的不同分项系数进行了定义。
条款1.6 Eurocodes 中单个分项系数之间的关系如图 9.3 所示。

根据图 9.3，有：

$$\gamma_F = \gamma_f \gamma_{Sd} \tag{D9.15}$$

$$\gamma_M = \gamma_m \gamma_{Rd} \tag{D9.16}$$

注：通常用下标“S”代替“E”来表示作用效应模型的不确定性。

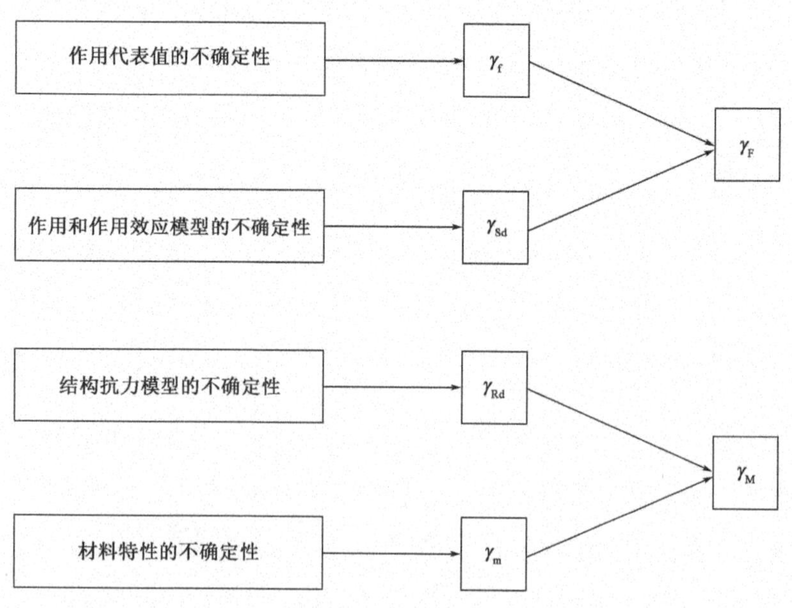

图 9.3　各分项系数关系图［经 BSI 许可，根据 EN 1990(*表C3*)重制］

9.10 系数 ψ_0

第6章引入了系数 ψ_0，定义了可变作用的组合值。表9.2[**条款C10(1)**中表C4]给出了两种可变作用组合下 ψ_0 的表达式。表9.2中的表达式是基于以下假设和条件下推导得到的[**条款C10(2)**]。参与组合的两种作用相互独立。 条款C10(1) 条款C10(2)

两种可变作用下 ψ_0 的表达式[经BSI允许，根据EN 1990(表C4)重制] 表9.2

分布	$\psi_0 = F_{伴随}/F_{主导}$
一般分布	$\dfrac{F_s^{-1}\{\Phi(0.4\beta')^{N_1}\}}{F_s^{-1}\{\Phi(0.7\beta)^{N_1}\}}$，其中 $\beta' = F_s^{-1}\{\Phi(0.7\beta)/N_1\}$
N_1 非常大时的近似分布	$\dfrac{F_s^{-1}\{\exp[-N_1\Phi(0.4\beta')]\}}{F_s^{-1}\{\Phi(0.7\beta)\}}$，其中 $\beta' = \Phi^{-1}\{\Phi(-0.7\beta)/N_1\}$
正态分布(近似)	$\dfrac{1+(0.28\beta-0.7\ln N_1)V}{1+0.7\beta V}$
耿贝尔分布(近似)	$\dfrac{1-0.78V\{0.58+\ln[-\ln\Phi(0.28\beta)]+\ln N_1\}}{1-0.78V\{0.58+\ln[-\ln\Phi(0.7\beta)]\}}$

$F_s(\cdot)$——基准期 T 内伴随作用极值的概率分布函数；
$\Phi(\cdot)$——标准正态分布函数；
T——基准期；
T_1——参与组合作用的较长的基准期；
N_1——T/T_1 的比值，取整数近似值；
β——可靠指标；
V——相应基准期内伴随作用的变异系数。

每种作用的基本周期(T_1 或 T_2)为常数；T_1 为较长的基本周期。

假设各个基本周期内的作用值恒定且等于其最大值，并且不同基本周期的作用最大值互不相关。例如，当研究可变气候作用时，基本周期通常取1年，且假设每年的最大值互不相关。对于建筑楼面上的外加荷载，基本周期通常为5~7年；对于道路交通荷载，通常约为1星期。此外，所考虑的这两种作用属于各态历经过程。各态历经过程是具有重要实际特性的稳定过程，使得在足够长的时段内的特定实现可用于确定过程内的所有特征，而无需使用不同的观测样本。当只有一个过程实现可用时，各态历经的假设对于估计随机过程的统计特征尤其重要。实际上，除非有证据证明事实与假设相反，否则在这种情况下通常假设具有各态历经性(如风速特征)。

ISO 2394(ISO，1998)和其他文献中提供了表9.2中公式的推导过程。

表9.2中的分布函数指基准期 T 内的最大值。这些分布函数是考虑确定基准期内某种作用值为0的概率的总函数。这意味着分布函数宜包括在时间间隔 T 内零荷载的概率。表9.2中的公式可通过假设ISO 2394中所表示的双荷载阶梯式博格斯-卡斯塔涅塔模型推导得出。

注意，表9.1中的分布函数指基准期 T(50年)内的最大值，考虑了在特定基准期内某种作用值为0的概率[**条款C10(3)**]。例9.8给出了 ψ_0的实际计算。 条款C10(3)

除了表9.1中用到的假设外,通常对于两种作用的组合还使用所谓的“Turkstra法则”。根据此法则(见ISO 2394),假设其中一种荷载取其重现期 T 内的极值,另一种荷载考虑时间点分布。假设服从正态分布,运用该法则得出系数 ψ_0 为:

$$\psi_0 = \frac{1 + \Phi^{-1}[\Phi(0.28\beta)^{N_1}]V}{1 + 0.7\beta V} \tag{D9.17}$$

式中,Φ 为标准正态分布函数。

例 9.8

可靠指标 $\beta = 3.8$,基准期 $T = 50$ 年,$T_1 = 7$ 年,则 $N_1 = T/T_1 \approx 7$。如图9.4所示,在基准期 T 内,对于服从正态分布和耿贝尔分布(近似)的伴随作用,ψ_0 为 V 的函数。此外,图9.4也显示,在假设服从正态分布的条件下,通过针对Turkstra法则的公式(D9.14)确定的 ψ_0。

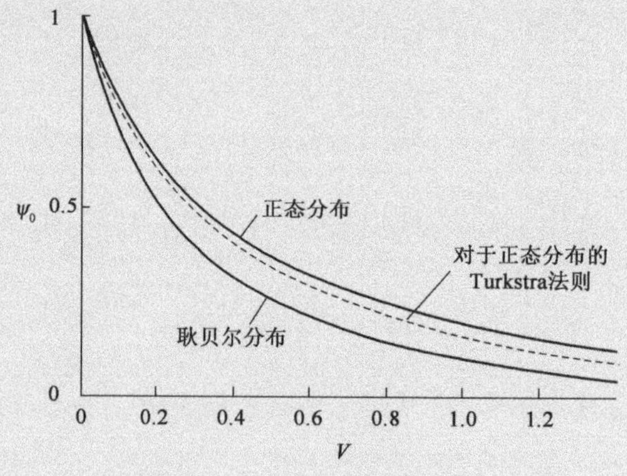

图9.4 系数 ψ_0 为变异系数 V 的函数

如图9.4所示,对于伴随作用的分布,3种不同的假设导致的结果略有不同。例如,假设 $V = 0.2$,系数 ψ_0 在区间0.5~0.6内。应提到的是,变异系数 V 是指基准期 T(比如50年)内极值的分布,因此 $V = 0.2$ 可以很好地对应建筑楼层的外加荷载或风荷载。注意,EN 1990中表*A1.1*适用于大部分外加荷载和风荷载的 ψ_0 值均略偏于保守(外加荷载为0.7,风荷载为0.6)。

本例计算过程见Mathcad计算表5(见本章附录),它可以用于表9.2中以外的伴随作用的其他分布类型。

附录 用于示例计算的 Mathcad 计算表

计算表1:承受恒荷载 G 的钢吊杆——γ_G 的参数研究

1. 钢杆截面面积设计:$A = G_d/f_d$

设计输入数据:

$Gk:=1\ \gamma G:=1.0,1.05..1.6$ (parameter) $fk:=235\ \gamma m:=1.10\ fd:=\dfrac{fk}{\gamma m}$

截面面积设计：

$A(\gamma G)=\dfrac{GK\cdot\gamma G}{fd}$　　验算 $\boxed{A(1.35)=6.32\times10^{-3}}$

2. 基本变量 *G* 和 *f* 的参数

G 和 *f* 的参数：

$\mu G:=Gk\ vG:=0.1\ \sigma G:=vG\cdot\mu G\quad \omega:\dfrac{280}{235}$

$\mu f:=\omega\cdot fk\ vf:=0.08$

$\sigma f:=vf\cdot\mu f$

模型不确定性：

$\mu XS:=1\quad \sigma XS:=0\quad \mu XR:=1\quad \sigma XR:=0.00\quad vXR:\dfrac{\sigma XR}{\mu XR}\quad vXS:=\dfrac{\sigma XS}{\mu XS}$

3. 抗力 *R* 和荷载效应 *E* 的参数

R 和 *E* 的均值：

$\mu R(\gamma G):=\mu f\cdot\mu XR\cdot A(\gamma G)\qquad \mu E:=\mu G\cdot\mu XS$

$\boxed{\mu R(1.35)=1.77}\quad \boxed{\mu E=1}$

变异系数：

$vR=\sqrt{vXR^2+vXR^2+vf^2+vf^2}\qquad vE:=\sqrt{vXS^2+vXS^2\cdot vG^2+vG^2}$

验算：$\boxed{vR(1.35)=0.08}\quad \boxed{vE=0.1}$

R 的对数正态分布和 *E* 的伽马分布的偏态：

$\alpha R:=3\cdot vR+vR^3\qquad \alpha E:=2\cdot vE$

4. 可靠性裕度 *g* = *R* − *E* 的参数

$\mu g(\gamma G):=\mu R(\gamma G)-\mu E\quad \sigma R(\gamma G):=vR\cdot\mu R(\gamma G)\quad \sigma E:=vE\cdot\mu E$

$\boxed{\sigma R(1.35)=1.14}$

$\sigma g(\gamma G):=\sqrt{(\sigma R(\gamma g))^2+(\sigma E)^2}$

$\boxed{\sigma g(1.35)=0.77}\quad \boxed{\sigma g(1.35)=0.17}$

$\sigma g(\gamma G):=\dfrac{\alpha R\cdot\alpha R(\gamma G)^3-\gamma E\cdot\sigma E^3}{\sigma g(\gamma G)^3}$　　$\boxed{\sigma g(1.35)=0.09}$

5. 不使用积分进行可靠性评估

可靠指标中假设 *g* 服从正态分布（初步估算）：

$\beta 0(\gamma G):=\dfrac{\mu g(\gamma G)}{\sigma g(\gamma G)}\quad Pf0(\gamma G):=pnorm(-\beta 0(\gamma G),0,1)$

验算：$\boxed{\beta_0(1.35)=4.44}$

可靠指标中假设 *g* 服从三参数对数正态分布（精确估算）：

g 的三参数对数正态分布参数 C:

$$C(\gamma G) := \frac{\sqrt{\alpha g(\gamma G)^2+4}+\alpha g(\gamma G)^{1/3}-\sqrt{\alpha g(\gamma G)^2+4}+\alpha g(\gamma G)^{1/3}}{2^{1/3}}$$

转换变量的参数:

$$mg(\gamma G) := -\ln(|C|(\gamma G)+\ln(\sigma g(\gamma G))-(0.5)\cdot\ln(1+C(\gamma G)^2)$$

$$sg(\gamma G) := \sqrt{\ln(1+C(\gamma G)^2} \quad x0(\gamma G) := \mu g(\gamma G)-\frac{1}{C(\gamma G)}-\sigma g(\gamma G)$$

$$k := \left(\frac{\mu E}{\sigma E}\right)^2 \quad \lambda := \left(\frac{\mu E}{\sigma E^2}\right) \quad Eg(x) := \mathrm{dgamma}(\lambda\cdot x,k)\cdot\lambda$$

验算: $\boxed{x0(1.35) = -4.85}$

$$Pf1(\gamma G) := \mathrm{plnnorm}(0-x0(\gamma G),mg(\gamma G),sg(\gamma G))$$

$$\beta 1(\gamma G) := -\mathrm{qnorm}(Pf1(\gamma G),0,1) \qquad \boxed{\beta 1(1.35) = -4.76}$$

6. 使用积分进行可靠性评估

假设 E 服从正态分布:

$$En(x) := \mathrm{dnorm}(x,\ \mu E,\ \sigma E)$$

假设 E 服从伽马分布:

$$k := \left(\frac{\mu E}{\sigma E}\right)^2 \quad \lambda := \left(\frac{\mu E}{\sigma E^2}\right) \quad Eg(x) := \mathrm{dgamma}(\lambda\cdot x,k)\cdot\lambda$$

假设 R 服从对数正态分布,其下限为 a(默认为0):

$$a(\gamma G) := \mu R(\gamma G)\cdot 0.0 \qquad C(\gamma G) := \frac{\sigma R(\gamma G)}{(\mu R(\gamma G)-a(\gamma G))}$$

$$aR(\gamma G) := C(\gamma G)^3+3\cdot C(\gamma G)$$

$$m(\gamma G) := \ln(\sigma R(\gamma G))-\ln(C(\gamma G))-(0.5)\cdot\ln(1+C(\gamma G)^2)$$

$$s(\gamma G) := \sqrt{\ln(1+C(\gamma G)^2)}$$

R 的对数正态分布的概率:

$$Rln(x,\ \gamma G) := \mathrm{plnorm}[(x-a(\gamma G)),\ m(\gamma G),\ s(\gamma G)]$$

失效概率 Prob$\{R<E\}$,可靠指标 β:

$$\beta t := 3.8$$

E 服从正态分布,R 服从对数正态分布:

$$Pfn(\gamma G) := \int_0^{\infty} En(x)Rln(x,\gamma G)\,dx \qquad \beta n(\gamma G) := -\mathrm{qnorm}(Pfn(\gamma G),0,1)$$

E 服从伽马分布,R 服从对数正态分布:

$$\mathrm{Pfg}(\gamma G):=\int_0^\infty \mathrm{Eg}(x)\,\mathrm{Rln}(x,\gamma G)\,dx \qquad \beta g(\gamma G):=-\mathrm{qnorm}(\mathrm{Pfg}(\gamma G),0,1)$$

7. γ_G 的参数研究

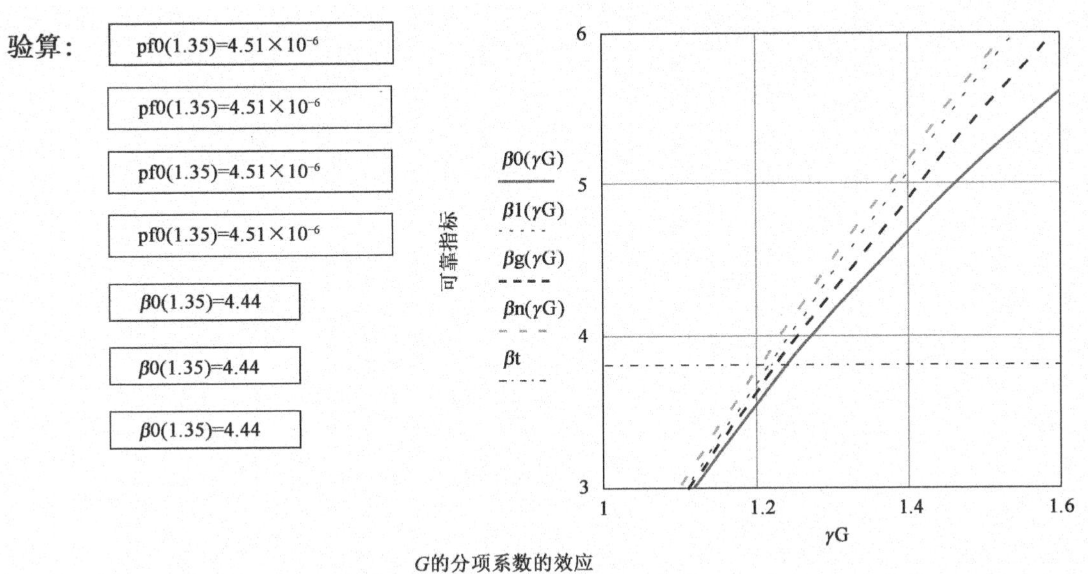

G的分项系数的效应

注：可靠性评估中，假设 E 和 R 服从正态分布似乎更偏于安全（导致 β 接近下限），而评估中假设可靠性裕度 g 为三参数分布提供的估计似乎更为真实。

计算表 2：失效概率 P 和可靠指标 β

1. 给定失效概率 P 时，可靠指标 β：$\beta=-\Phi(P)$

$$\mathrm{P}:=\begin{pmatrix}10^{-1}\\10^{-2}\\10^{-3}\\10^{-4}\\10^{-5}\\10^{-6}\end{pmatrix} \qquad \beta:=-\mathrm{qnorm}(\mathrm{P},0,1) \qquad \beta=\begin{pmatrix}1.28\\2.33\\3.09\\3.72\\4.26\\4.75\end{pmatrix}$$

2. 给定可靠指标 β 时，失效概率 P：$P=\Phi^{-1}(\beta)$

$$\beta:=\begin{pmatrix}1\\2\\3\\4\\5\\6\end{pmatrix} \qquad \mathrm{P}:=\mathrm{pnorm}(-\beta,0,1) \qquad \mathrm{P}=\begin{pmatrix}0.16\\0.02\\13.5\times10^{-3}\\3.17\times10^{-5}\\2.87\times10^{-7}\\9.87\times10^{-10}\end{pmatrix}$$

3. 失效概率 P_1 和 P_n:$P_n = 1-(1-P_1)^n$

$$P1 := \begin{pmatrix} 7.23\times10^{-5} \\ 1.33\times10^{-5} \\ 1.3\times10^{-6} \end{pmatrix} \quad n := 50 \quad Pn := 1-(1-P1)^n \quad Pn = \begin{pmatrix} 3.61\ 10^{-3} \\ 6.65\times10^{-4} \\ 6.5\times10^{-5} \end{pmatrix}$$

4. 1 年和 50 年的可靠指标 β:$\Phi(\beta_n) = \Phi(\beta_1)^n$

直接由 β_1 得到:

$$\beta1 := \begin{pmatrix} 3.8 \\ 4.2 \\ 4.7 \end{pmatrix} \quad \beta n := qnorm((\beta1,0,1)^n,0,1) \quad \beta n := \begin{pmatrix} 2.69 \\ 3.21 \\ 3.83 \end{pmatrix}$$

或者通过概率 P_n 得到:

$P1 := pnorm(-\beta1,\ 0,\ 1)$ $\quad Pn := 1-(1-P1)^n$ $\quad \beta n := -qnorm(Pn,\ 0,\ 1)$

$$\beta n = \begin{pmatrix} 2.69 \\ 3.21 \\ 3.83 \end{pmatrix}$$

计算表3:承受永久荷载 G 的钢吊杆——敏感系数 α_E 和 α_R

1. 吊杆截面面积设计:$A = G_d/f_d$

设计输入数据:

$Gk := 1$ $\quad \gamma G := 1.0,\ 1.05..1.6$ (parameter) $\quad fk := 235$ $\quad \gamma m := 1.10$ $\quad fd := \frac{fk}{\gamma m}$

截面面积设计:

$A(\gamma G) := \frac{(Gk \cdot \gamma G)}{fd}$ $\qquad$ 验算:$\boxed{A(1.35) = 6.32\times10^{-3}}$

2. 基本变量 G 和 f 的参数

基本变量 G 和 f 的参数:

$\mu G := Gk$ $\quad vG := 0.1$ $\quad \sigma G := vG \cdot \mu G$ $\quad p > \omega := \frac{280}{235}$ $\quad \mu f := \omega \cdot fk$ $\quad vf := 0.08$

$\sigma f := vf \cdot \mu f$

模型不确定性:

$\mu XS := 1$ $\quad \sigma XS := 0$ $\quad \mu XR := 1$ $\quad \sigma XR := 0.00$ $\quad vXR := \frac{\sigma XR}{\mu XR}$ $\quad vXS := \frac{\sigma XS}{\mu XS}$

3. 抗力 R 和荷载效应 E 的参数

R 和 E 的均值:

$\mu R(\gamma G) := \mu f \cdot \mu XR \cdot A(\gamma G)$ $\quad \mu E := \mu G \cdot \mu XS$ $\quad \boxed{vR(1.35) = 0.08}$

$\boxed{\mu E = 0.1}$

变异系数:

$vR := \sqrt{vXR^2 + vXR^2 \cdot vf^2 + vf^2}$ $\qquad vE := \sqrt{vXS^2 + vXS^2 \cdot vG^2 + vG^2}$

验算：$\boxed{vR=0.08}$ $\boxed{vE=0.1}$

R 的对数正态分布和 E 的伽马分布的偏态：

$\alpha R:=3\cdot vR+vR^3$　　$\alpha E:=2\cdot vE$

4. 可靠性裕度 $g=R-E$ 的参数

$\mu g(\gamma G):=\mu R(\gamma G)-\mu E$　$\sigma R(\gamma G):=vR\cdot\mu R(\gamma G)$

$\sigma E:=vE\cdot\mu E$　　$\boxed{\sigma R(1.35)=0.14}$

$\sigma g(\gamma G):=\sqrt{(\sigma R(\gamma G)^2+(\sigma E)}$　$\boxed{\sigma g(1.35)=0.77}$　$\boxed{\sigma g(1.35)=0.17}$

$\alpha g(\gamma G):=\dfrac{\alpha R\cdot\alpha R(\gamma G)^3-\alpha E\cdot\alpha E^3}{\sigma g(\gamma G)^3}$　　$\boxed{\sigma g(1.35)=0.09}$

5. 敏感系数 α_E 和 α_R

$\alpha E(\gamma G):=\dfrac{-\sigma E}{\sigma g(\gamma G)}$　　$\alpha R(\gamma G):=\dfrac{\sigma R(\gamma G)}{\sigma(\gamma G)}$

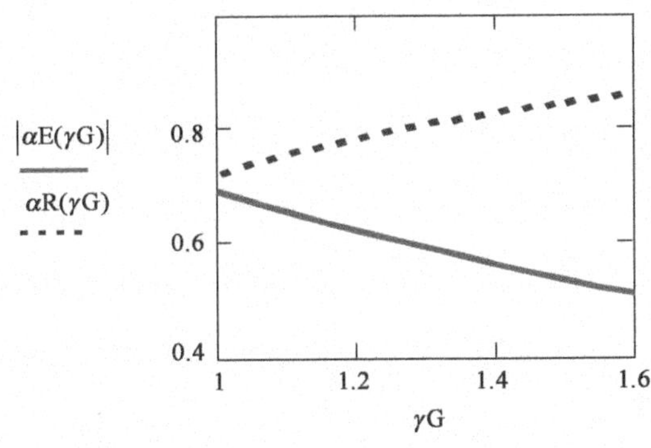

注：敏感系数 α_E 显示正号（因其为正量）。

6. E_d 和 R_d 的设计值

EC 1990 建议：

$\beta:=3.8$　　$\alpha E0:=-0.7$　　$\alpha R0:=0.$

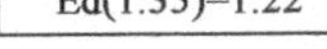

Ed0(1.35)=1.27

Rd(1.35)=1.33

Rd0(1.35)=1.34

Rd0(1.35)=1.39

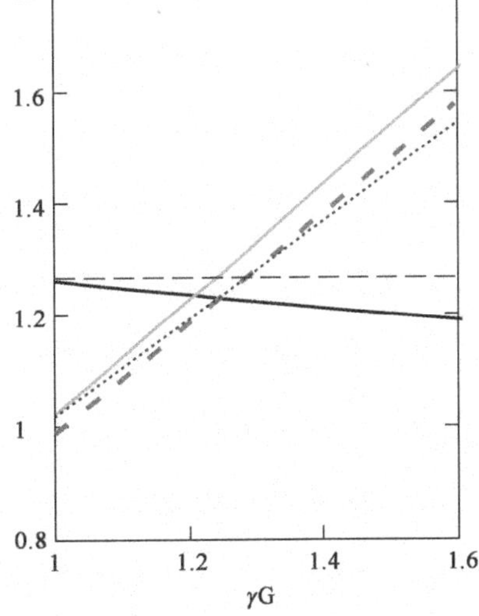

$Ed(\gamma G):=\mu E-\alpha E(\gamma G)\beta\cdot\sigma E$　$Rd(\gamma G):=\mu R(\gamma G)-aR(\gamma G)\beta\cdot\sigma R(\gamma G)$

$Ed0(\gamma G):=\mu E-\alpha E0\beta\cdot\sigma E$　$Rd0(\gamma G):=\mu R(\gamma G)-aR0\beta\cdot\sigma R(\gamma G)$

$Rd0ln(\gamma G):=\mu R(\gamma G)\cdot\exp(-aR0\beta\cdot vR)$

注:

1　从图中可以看出,分项系数 γ_G 应大于 1.25,否则荷载效应 E_d 的设计值将大于抗力 R_d 的设计值。

2　假设以 0 为下限的对数正态分布得到的抗力 R_d 的设计值大于假设对数正态分布得到的 R_d。

计算表 4:基本分布类型的下分位值——分位值的定义 X_p:$P=\text{Prob}(X<X_p)$,相对值 $\xi_p=X_p/\mu$

1. 变量 X 的输入数据

随机变量 X 的基本特征:

$\mu:=1$　$V:=0.2$　$\sigma:=V\cdot\mu$

抗力变量设计值的示例:

$\alpha:=0.8$　$\beta:=3.8$　$P:=\text{pnorm}(-\alpha\cdot\beta,0,1)$ 验算:$\boxed{P=1.183\times10^{-3}}$

概率 P 的考虑范围如下:

$p:=0.001,0.005..0.999$

标准化的正态分位值由逆分布函数给出:

$u(p):=\text{qnorm}(p,0,1)$

2. 正态分布的分位值 $\xi n(p)=Xp/\mu$

$\xi n(p):=1+u(p)\cdot V$

3. 双参数对数正态分布的分位值 $\xi ln(p)=Xp/\mu$

对于任意 V 的校正公式:

$$\xi ln(p):=\frac{\exp u(p)\cdot\sqrt{\ln(1+V^2)}}{\sqrt{1+V^2}}$$

对于 $V<0.2$ 通常近似为:

$\xi ln\ a(p):=\exp(u(p)\cdot V)$

4. 三参数对数正态分布的分位值

偏度 a 为一个范围变量:

$a:=-1,-0.5..1$

g 的三参数对数正态分布参数 C:

$$C(a):=\frac{\sqrt{a^2+4}+a^{1/3}-\sqrt{a^2+4}-a^{1/3}}{2^{1/3}}$$

转换变量参数:

$mg(a):=-\ln(|C(a)|)+\ln(\sigma)-(0.5)\cdot\ln(1+C(a)^2)$

$\text{sg}(a):=\sqrt{\ln(1+C(a)^2}$　　$x0(a):=\mu\frac{1}{C(a)}\sigma$　　验算：$\boxed{x0(l)=0.379}$

$$\xi\text{lng}(p,a):=1-\frac{V}{C(a)}\cdot\left(1-\frac{\exp\ \text{sign}(a)u(p)\cdot\sqrt{\ln(1+C(a)^2}}{\sqrt{1+C(a)^2}}\right)$$

5. 伽马分布的分位值

伽马分布的参数：

$k:=\left(\frac{\mu}{\sigma}\right)^2$　$\lambda:=\left(\frac{\mu}{\sigma^2}\right)$

转换变量 $u=\lambda x$，形状系数 $s=k$

无显式公式可用

$$\xi\text{gam}(p):=\frac{\text{qgamma}(p,k)}{\lambda}$$

6. 耿贝尔分布的分位值

显式公式：

$\xi\text{gum}(p):=1-V\cdot(0.45+0.78\ \ln(-\ln(p)))$

7. 分位值 $\xi_p=X_p$ 对比概率 P 的相对值

验算：

$\boxed{\xi n(0.001)=0.382}$

$\boxed{\xi \text{ln}(0.001)=0.532}$

$\boxed{\xi \text{lna}(0.001)=0.539}$

$\boxed{\xi \text{lng}(0.001,1)=0.603}$

$\boxed{\xi \text{lng}(0.001,-1)=0.06}$

$\boxed{\xi \text{gam}(0.001,0.4)=0.486}$

$\boxed{\xi \text{gum}(0.001)=0.609}$

注：

1　从图中可以看出，分布的偏度对设计值（0.0001 分位值）的评估可能有显著影响。

2　对于变异系数 $V<0.2$，两参数对数正态分布的近似公式可得到足够准确的结果。

3　对于偏度分别取 $\alpha=2V$ 和 $\alpha=1.14$ 的三参数对数正态分布，伽马分布和耿贝尔分布可以非常准确地近似。

计算表 5：伴随作用的组合系数 ψ_0

1. 输入数据

$V:=0.0,\ 0.05..1.4$（范围变量）　$N1:=1..10$　$\beta:=3.8$

2. 正态分布的组合系数 ψ_0

服从 Turkstra 法则精确公式

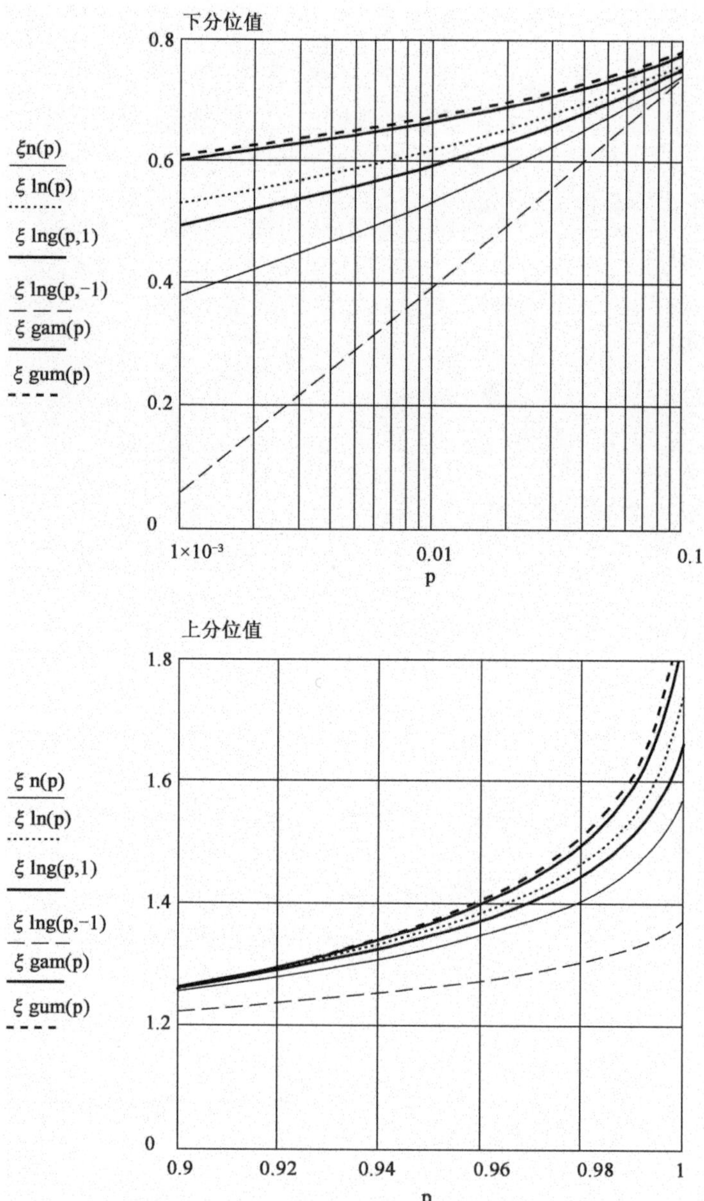

$\psi_0 = F^{-1}(\Phi(0.4 \cdot 0.7\beta)_1^N)/F^{-1}(\Phi(0.7\beta))$:

$$\psi 0n(V,N1) := \frac{1 + qnorm(pnorm(0.28 \cdot \beta,0,1)^{N1},0,1)V}{1 + 0.7\beta \cdot V}$$

验算: $\boxed{\psi 0n(0.15,7) = 0.67}$

EN 1990 中的近似公式:

$$\psi 0na(V,N1) := \frac{1 + (0.28 \cdot \beta - 0.7 \cdot \ln(N1)) \cdot V}{1 + 0.7\beta \cdot V}$$

$\boxed{\psi 0na(0.15,7) = 0.683}$

3. 耿贝尔分布的组合系数 ψ_0

$$\psi 0g(V,N1) := \frac{1 - 0.78 \cdot V \cdot (0.58 + \ln(-\ln(pnorm(0.28 \cdot \beta,0,1))) + \ln(N1))}{1 - 0.78 \cdot V \cdot (0.58 + \ln(-\ln(pnorm(0.7 \cdot \beta,0,1))))}$$

$\boxed{\psi 0g(0.15,7) = 0.584}$

4. 一般 $\psi_0 = F^{-1}(\Phi(0.4\times 0.7\beta_C)_1^N / F^{-1}(\Phi(0.7\beta_C)_1^N)$

$$\beta c(N1) := -\mathrm{qnorm}\left(\frac{\mathrm{pnorm}(-0.7\ \beta,0,1)}{N1},0,1\right)$$

$$\psi 0d(V,N1) := \frac{\mathrm{qgamma}[[(\mathrm{pnorm}(0.4\cdot\beta c(N1),0,1))^{N1}],V^{-2}]}{\mathrm{qgamma}[(\mathrm{pnorm}(\beta c(N1),0,1))^{N1},V^{-2}]}$$

$\boxed{\beta c(7) = 3.259}$

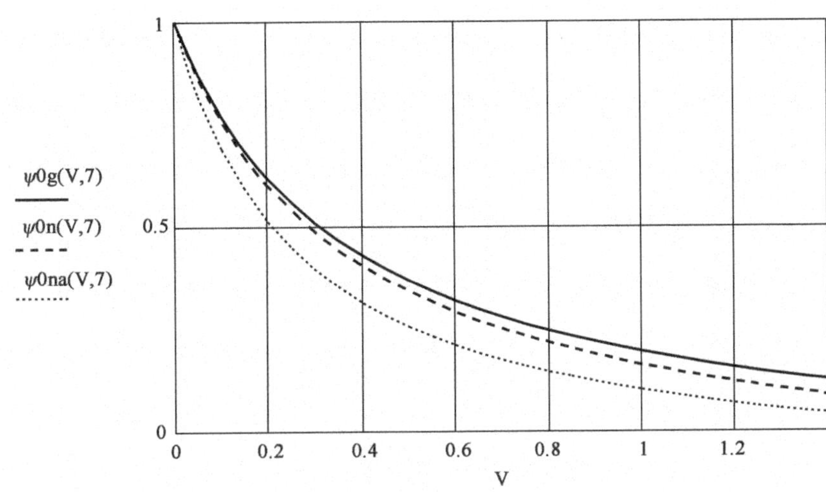

正态分布和耿贝尔分布的ψ0与V的关系

验算：$V := 0.1, 0.2 .. 0.5$

V=	ψ0n(V,7)=	ψ0na(V,7)=	ψ0g(V,7)=
0.1	0.757	0.766	0.684
0.2	0.598	0.614	0.505
0.3	0.486	0.506	0.391
0.4	0.403	0.427	0.311
0.5	0.339	0.365	0.253

注:耿贝尔分布给出了 ψ_0 的最小值。

参考文献

ISO (1998). ISO 2394. General principles on the reliability of structures. ISO, Geneva.

延伸阅读

Augusti G, Baratta A and Casciati F (1984). *Probabilistic Methods in Structural Engineering*. Chapman and Hall, London.

Calgaro JA (1996). *Introduction aux Eurocodes-Sécurité des Constructions et Bases de la Thé orie de la Fiabilité*. Presses de l' ENPC, Paris.

Cornell AC (1996). A probability based structural code. *Journal of the ACI* 1

(*Proceedings V66*).

Der Kiureghian A (1980) Reliability analysis under stochastic loads. *Journal of the Structural Division of the ASCE* 106: 411-429.

Ditlevsen O and Madsen HO (1996). *Structural Reliability Methods.* Wiley, Chichester.

Euro-International Concrete Committee (1991). *Reliability of Concrete Structures-Final Report of Permanent Commission I.* FIB, Lausanne. CEB Bulletin 202.

Ferry-Borges J and Castanheta M (1972). *Structural Safety.* Laboratorio Nacional de Engenheria Civil, Lisbon.

Hasofer AM and Lind NC (1974). Exact and invariant second moment code format. *Journal of the Engineering and Mechanics Division of the ASCE* 100: 111-121.

Madsen HO, Krenk S and Lind NC (1986). *Methods of Structural Safety.* Prentice-Hall, Englewood Cliffs, NJ.

Schneider J (1997). *Introduction to Safety and Reliability of Structures.* IABSE, Zurich.

Tichy M (1983). The science of structural actions. *Proceedings the of 4th ICASP* (Augusti G *et al.* (eds)), Pitagora, pp. 295-321.

Turkstra CJ (1972). *Theory and Structural Design Decision. Solid Mechanics Study, No. 2.* University of Waterloo, Ontario.

第 10 章　试验辅助设计

本章内容涉及试验辅助设计方面的有关内容(即通过试验确定某单一材料性能或某抗力模型的标准值或设计值)。本章所述内容包含在 EN 1990 *附录 D* 中，是对 *3.4*(见本指南第 3 章)、*4.2*(见本指南第 4 章)和*第 5 章*(见本指南第 5 章)内容的补充。本章所述内容包含在 EN 1990 *附录 D* 的以下条款中：

- 应用范围与领域　*条款 D1*
- 符号　*条款 D2*
- 试验类型　*条款 D3*
- 试验规划　*条款 D4*
- 设计值的推导　*条款 D5*
- 统计学评估的一般原则　*条款 D6*
- 单个特性的统计确定　*条款 D7*
- 抗力模型的统计确定　*条款 D8*

10.1　应用范围与领域

试验辅助设计是通过物理试验(如模型、原型、原位试验等)确定设计值的过程。本章为结构设计进行相关试验的规划和评估提供了指导，试验次数足以对试验结果进行有意义的统计解释。尽管如此，本章描述的技术并不“*试图取代统一的欧洲产品标准、其他产品规范或施工标准中给出的已被接纳的规则*”[***条款 D1(2)***]。　***条款 D1(2)***

本指南附录 C 中简要描述了用于分位值估计的基本统计技术。本章所描述的某些方法也可能对评估现有结构有所帮助。

EN 1990 的*附录 D* 旨在由专业人士审慎使用，鉴于此，该附录为资料性附录。尽管如此，此附录描述了试验的详细过程，供设计者使用试验结果时参考。本章编写的目的并不是为了重复*附录 D*，也不是研究一种更复杂的方法，而是概述附录内容，且在必要之处提供注释。

10.2　符号

附录 D 给出了符号清单。无需附加说明。

10.3　试验类型

附录 D 根据测试目的将试验划分为几种类型。这些类型的试验可以分为两大

类,如表10.1所示。

试验类型 表10.1

第一类试验(结果直接用于设计)	第二类试验(控制或验收试验)
(a)直接确定极限抗力或在给定荷载条件下结构或结构构件使用性能的试验。 (b)通过特定试验方法获得特定材料性能的试验(例如地面试验或新材料的试验等)。 (c)降低荷载或荷载效应模型中参数不确定性的试验(例如风洞试验或确定波浪或海流作用的试验)[a]。 (d)降低抗力模型中参数的不确定性的试验[a]。	(e)用于控制交付产品的特性、质量,或产品特性一致性的控制试验。 (f)用于施工期控制的试验(例如桩基础抗力试验,或施工期拉索受力试验)。 (g)用于校核实际结构或结构构件完成后性能的控制试验(例如人行天桥的振动频率或阻尼)[b]。举例来说,假设设计指定使用40MPa的混凝土,则设计程序应基于在施工前或施工时提供了混凝土立方体或圆柱体试验,并证明其满足假设的规格要求才可继续进行。

[a]在某些情况下,模型试算是可行的,但该模型的准确性未知,或在某些领域的应用不确定性太大。在这种情况下,可以进行C类试验,以得到统计学特征和模型系数的设计值,如*附录D条款D8*中所述。这种类型的试验通常在设计公式的归纳整理过程中进行。假设可用模型(尽管不完全)足够预测基本的趋势。一般而言,计算模型的范围可以从简单的半经验的公式到高级有限元模型。

[b]在验证荷载(一种特定的控制试验类型)的情况下,应特别注意结构不一定在试验过程中损坏。这需要对荷载条件进行精确规定,并在规划过程中指定对荷载及其响应进行持续的监测。当然,对验证试验和强度试验已经进行了区分。验证试验的目的是确定整体结构特性满足设计意图。将荷载加载到指定值(可能是有条件的),得到的最大值介于标准值和承载能力极限状态的设计值之间。并且可能会设置对变形、非线性程度和移除试验荷载后的残余变形等的要求。强度试验的目的是显示某结构部件(或结构)具有设计时假设的最低强度。如果仅要求对试验部件进行评估,则仅需将荷载加载至指定值。如果强度试验的目的是证明其他相似部件同样具备所要求的强度,则需提高荷载。在这方面的最低要求是,当试验部件具有相比于设计值更好的材料特性时,则修正设计荷载。这意味着必须测试试验部件的材料性能。

条款D3(2)
条款D3(3)

*附录D*主要适用于第一类试验[***条款D3(2)***]。此外,建议对设计值采用保守估计,以满足与第二类试验相关的验收标准[***条款D3(3)***]。

应谨记,通过试验进行设计是合理的,特别是当可以得到经济的设计时,但应基于结构要求的可靠度水平设置和评估试验(见第5章);当使用Eurocodes进行设计时,不得降低结构的可靠度水平。

10.4 试验规划

在做任何试验之前,应与所有相关方就试验规划,包括试验组织达成一致。规划应包括以下内容:

- 试验的目的和范围;
- 所有可能影响试验结果预测的特性和情况;
- 任意试验样品和抽样方法的说明;
- 加载说明;
- 试验布置;
- 需记录的测量值;
- 试验评估与报告方法。

当涉及可能影响试验结果预测的特性和情况时，应该考虑到当结构构件的抗力试验完成后，可能会出现多种完全不同的破坏模式。例如，主梁可能在跨中受弯破坏，或在支座处受剪破坏。受破坏模式控制的有可能是平均强度区域，而不是低强度区域。因为通常低强度区(例如均值减去2~3个标准差)在可靠度分析中是最重要的，构件的建模分析应关注其相应的模式。

10.5 设计值的推导

由试验结果进行设计值(例如材料性能，模型参数或抗力)的推导，通常应通过适当的统计技术进行，并考虑样本容量的大小。根据***条款D5.1***，设计值可以通过以下两种方式推导得到： *条款D5.1*

(a)通过评估标准值得到，可能需要通过转换系数或应用分项系数进行调整；

(b)直接通过显式或隐式转换的试验结果确定设计值。

图10.1中总结了这两种方法。其中的符号在EN 1990中定义。方法中的公式对应于正态分布。

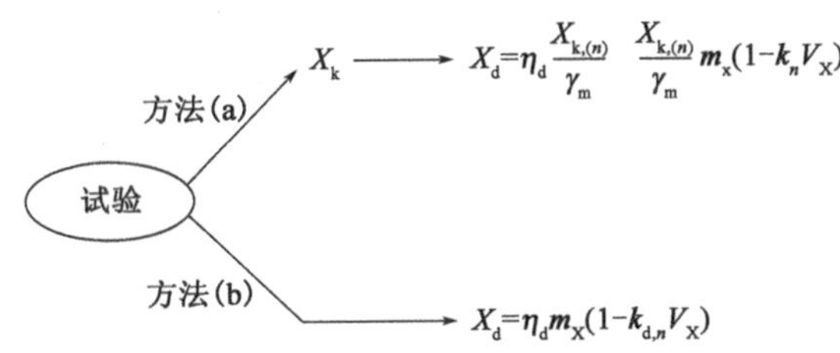

图10.1 设计值的两种推导方法的表达式

方法(a)和方法(b)都是应用统计技术从有限的试验结果中评估某个特定的分位值(见本指南附录C)。

一般来说，EN 1990建议采用方法(a)，从相应的Eurocode取得分项系数，*“前提是试验与用于数值验算的分项系数的常规应用领域之间有充分的相似性”*[***条款D5(3)***]。方法(b)拟用于特殊情况[***条款D5(5)***]。 *条款D5(3)* *条款D5(5)*

10.6 统计学评估的一般原则

EN 1990特别强调，应当批判性地评价所有的试验结果，即试件的一般性能和破坏模式应当与预期结果进行比较[*条款D6(1)*]。当检测到无法给出合理解释的异常值或结果时，可以删除可疑的试验结果。

对试验结果的评价应基于统计方法，并使用所用分布类型及其相关参数的现有的(统计)信息，同时满足以下条件：

- 从充分均匀的确定样本总体中得到统计数据，包括一定扩展的先验信息；
- 有足够数量的观察或测量值。

事实上，任何对概率的评估基本上都涉及两种类型的不确定性，它们在一定

程度上是相关的:

■ 由于有限的样本容量造成的统计不确定性;

■ 由于统计分布性质的模糊先验信息造成的不确定性。

这些不确定性可能导致相当大的误差。Eurocode 根据试验的次数和可用的先验信息对试验结果的解释提供了一些指导[见 ***条款D6(2)***的注]。

条款D6(2)

最后,“*应认为试验评价结果仅对试验中所考虑的规格和荷载特征有效*”:如果从以前的试验或理论基础得到额外的信息,则任何涉及其他设计参数和荷载的推断都应该非常谨慎[***条款D6(3)***]。

条款D6(3)

10.7 单个特性的统计确定

10.7.1 一般规定

如前文所述,可以表示产品抗力或对产品抗力有贡献的单个特性 X 的设计值(例如强度)可以通过方法(a)或方法(b)评估[***条款D7.1(1)*** ~ ***条款D7.1(4)***]。

条款D7.1(1) ~
条款D7.1(4)
条款D7.1(5)

EN 1990 中的两个表格(*表D1* 和 *表D2*)给出了标准分位值系数[用于方法(a)]和设计分位值系数[用于方法(b)],并以下列假设为前提[***条款D7.1(5)***]:

— *所有变量服从正态分布或对数正态分布;*

— *没有关于均值的先验知识;*

— *对于“V_X 未知”的情况,没有关于变异系数的先验知识;*

— *对于“V_X 已知”的情况,有关于变异系数的足够信息。*

在实际应用中,EN 1990 建议“V_X 已知”和 V_X 的保守上限估计值一起使用,而不是应用针对“V_X 未知”的规则。此外,当 V_X 未知时,应假设 V_X 不小于 0.10。事实上,“V_X 已知”在措辞上有些模糊:何为“已知”? 假设即使均值和标准差均未知,变异系数仍可能已知:这意味着变异系数可以通过适当的工程判断和专业知识进行正确的估计,但是却不能仅通过数学分析来验证。

针对正态分布和对数正态分布的公式已给出。对所有变量应用对数正态分布的优点是,几何变量和抗力变量不会出现负值,这与实际相符。

10.7.2 通过标准值评估

对于方法(a),通常假设标准值的分位值为 5%,通过使用以下公式评估设计值[***条款D7.2(1)***]。

条款D7.2(1)

$$X_d = \eta_d \frac{X_{k(n)}}{\gamma_m} = \frac{\eta_d}{\gamma_m} m_X (1 - k_n V_X)$$

k_n 取自 EN 1990 中 *表D1*(该表的来源在本指南附录 C 中给出)。

10.7.3 承载能力极限状态验算时设计值的直接评估

对于方法(b),设计值的合适的概率要低得多,约 0.1%(对应乘积 $\alpha_R\beta = 0.8 \times 3.8 = 3.04$,见本指南第 9 章)。通常,方法(b)会涉及更多的试验,因此成本也会

比方法(a)更高。通过使用以下公式评估设计值[***条款D7.3(1)***]: *条款D7.3(1)*

$$X_d = \eta_d m_X (1 - k_{d,n} V_X)$$

应当注意的是,在这种情况下,η_d 包括了试验中未涵盖的所有不确定性;$k_{d,n}$ 取自 *表D2*(该表的来源在本指南附录 C 中给出)。

10.8　抗力模型的统计确定

10.8.1　一般规定

在对单个特性进行统计评价后,*附录D* 给定了抗力模型的统计确定方法和通过(d)类试验推导设计值的方法[见 ***条款D3(1)*** 和 ***条款D8.1(1)***]。 *条款D3(1)* *条款D8.1(1)*

当然,"设计模型"必须为所考虑的构件或结构细部的理论抗力 r_t 而建立。假设此"设计模型"将会不断调整,直到理论值与试验数据之间具有足够的相关性[***条款D8.1(2)***]:这意味着,特别地,如果设计模型包括一个隐藏的可靠性裕度,那么在解释试验结果时,应明确识别该裕度。该问题在下面的内容中讨论。同样,通过使用设计模型获得的预测偏差也应由试验确定[***条款D8.1(3)***],该偏差需与其他变量(包括材料强度和刚度以及几何特性的偏差)的偏差相结合,以获得一个偏差的整体规律。 *条款D8.1(2)* *条款D8.1(3)*

至于单个特性的确定,通过 7 个步骤将(a)和(b)两种不同的方法区分开[***条款D8.1(5)***]:两种方法的前 6 步均相同,并对于试验样本总体进行了假定且作出了说明,可将这些假定视为一些包含某些更常见情况的建议。 *条款D8.1(5)*

10.8.2　标准评价程序[方法(a)]

附录D(***条款D8.2.1***) 给出了基于以下假设的评估标准值的标准方法: *条款D8.2.1*

a) *抗力函数是若干个独立变量 $\underline{X}$ 的函数;*

b) *可获得足够数量的试验结果;*

c) *所有相关的几何特性和材料特性都要测量;*

d) *抗力函数中的变量之间没有相关性(统计相关性);*

e) *所有变量服从正态分布或对数正态分布。*

条款D8.2.2.1 ~条款D8.2.2.7 详细介绍了该方法。在表 10.2 中示出了该程序,并通过示例进行了说明。所选示例为螺栓承压的抗力函数。一些附加注释列于表格后。 *条款D8.2.2.1 ~ 条款D8.2.2.7*

标准评价程序[方法(a)]　　表 10.2

步　骤	示　例
步骤 1 建立一个设计模型(***条款D8.2.2.1***) $r_t = g_{rt}(\underline{X})$ $\underline{X}$ 为基本变量的向量	对于承压螺栓: $r_t = 2.5dtf_u$

条款D8.2.2.1

续上表

	步　骤	示　例
条款D8.2.2.2	**步骤2** 理论值与试验值对比(*条款D8.2.2.2*) 绘制 r_e/r_t 图 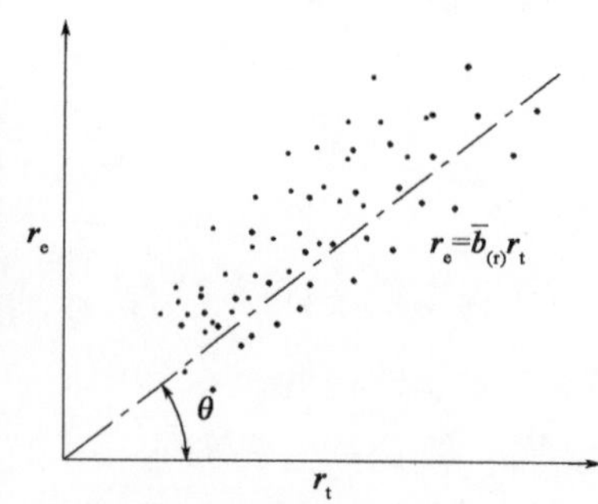 **应调查所有造成偏离参考线 $\theta=\pi/4$ 的系统偏差的原因,以校核这种偏差是否意味着在试验过程中或抗力函数中存在错误**	对于螺栓 i: $r_{ti}=2.5d_it_if_{ui}$
条款D8.2.2.3	**步骤3** 估计均值的修正系数 b(*条款D8.2.2.3*): **修正后的抗力:** $r=br_{t\delta}$ **计算:** $b=\dfrac{\sum t_e r_t}{\sum r_t^2}$ $r_m=br_t(\underline{X}_m)\delta=bg_{rt}(\underline{X}_m)\delta$	例如,假设 $b=1$: $rt_m=bg_{rt(m)}\delta=2.5d_mt_mf_{um}$
条款D8.2.2.4	**步骤4** 估计误差的变异系数 V_δ(*条款D8.2.2.4*): **计算:** $\delta_i=\dfrac{r_{ei}}{br_{ti}}$ $\Delta_i=\ln\delta_i$ $\overline{\Delta}=\dfrac{1}{n}\sum_{i=1}^{n}\Delta_i$ $s_\Delta^2=\dfrac{1}{n-1}\sum_{i=1}^{n}(\Delta_i-\overline{\Delta})^2$ $V_\delta=\sqrt{\exp(s_\Delta^2)-1}$	例如,假设 $V_\delta=0.08$
条款D8.2.2.5	**步骤5** 分析试验样本总体的相容性 (*条款D8.2.2.5*)	作为说明,螺栓的剪切试验结果如下图所示,根据螺栓的等级分为两个子集。显然在这种情况下,如果在抗力函数中使用螺栓强度的函数 f_{ub} 替代系数0.7,则可以对抗力函数进行改进。 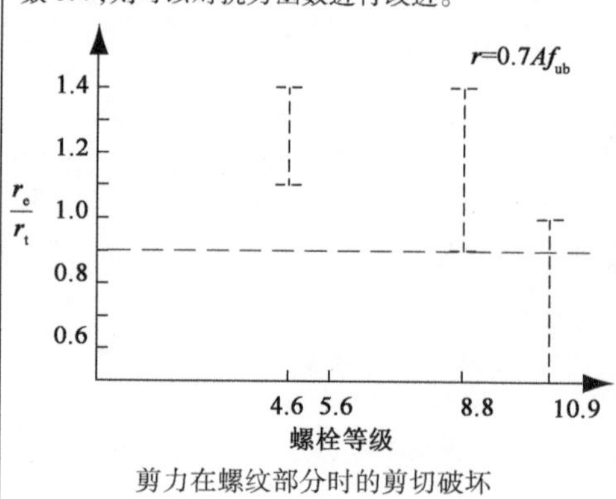 剪力在螺纹部分时的剪切破坏

续上表

条款D8.2.2.6

步　　骤	示　　例
步骤 6 确定基本变量与变异系数 V_{Xi}（*条款D8.2.2.6*）	对于所考虑的螺栓的抗压承载力的抗力方程，通过研究不同螺栓尺寸和材料性能，可确定变量的系数取值如下： $V_d = 0.005$ $V_t = 0.05$ $V_{fu} = 0.07$
步骤 7 确定抗力的标准值 r_k： $r = br_{t\delta} = b(X_1 \times X_2 \times \cdots \times X_j)\delta$ 均值： $E(r) = b[E(X_1) \times E(X_2) \times \cdots \times E(X_j)]\delta$ $= bg_{rt}(\underline{X}_m)$ 变异系数： $V_r^2 = (V_\delta^2 + 1)\left[\prod_{i=1}^{j}(V_{Xi}^2 + 1)\right] - 1$ 对于较小的 V_b^2 和 V_{Xi}^2： $V_r^2 \approx V_\delta^2 + V_{rt}^2$ 其中： $V_{rt}^2 = \sum_{i=1}^{j} V_{Xi}^2$ 对于有限数量的试验： $r_k = bg_{rt}(\underline{X}_m)\exp(-K_{\infty\alpha rt}Q_{rt} - k_{na\delta Q\delta} - 0.5Q^2)$ 其中： $Q_{rt} = \sigma_{\ln(rt)} = \sqrt{\ln(V_{rt}^2 + 1)}$ $Q_\delta = \sigma_{\ln(\delta)} = \sqrt{\ln(V_{rt}^2 + 1)}$ $Q_r = \sigma_{\ln(r)} = \sqrt{\ln(V_{rt}^2 + 1)}$ $\alpha_{rt} = \frac{Q_{rt}}{Q}$ $\alpha_\delta = \frac{Q_\delta}{Q}r$ k_n—— 表 D_I 中 V_X 未知的条件下的标准分位值系数； k_∞——在 $n \to \infty$ 时 k_n 的值（$k_\infty = 1.64$）； α_{kt}——Q_{kt}的加权系数； α_δ——Q_δ 的加权系数。 对于较大数量的试验： $r_k = bg_{rt}(\underline{X}_m)\exp(-k_\infty Q - 0.5Q^2)$	例如： $g_{rt}(X_m) = 2.5d_m t_m f_{um}$ $\sqrt{V_d^2 + V_t^2 + V_{fu}^2} = \sqrt{0.005^2 + 0.05^2 + 0.07^2}$ $= 0.086$ $V_r = \sqrt{V_{rt}^2 + V_\delta^2} = \sqrt{0.086^2 + 0.08^2} = 0.118$ 对于较大数量的试验： $Q \approx V_r$ $r_k = r_{tm}\exp(-1.64 \times 0.118 - 0.5 \times 0.118^2)$ $r_k = r_{tm} \times 0.818$

以下为上表涉及的符号：

d_0——名义孔径；

d_i——螺栓 i 的直径；

e_1——端部距离；

f_{ui}——钢板 i 的极限抗拉强度；

f_u——螺栓的极限抗拉强度；

t_i——钢板 i 的厚度。

步骤1

无需附加说明。

步骤2

当出现相对于参考线 $\theta=\pi/4$ 的系统偏差时,Eurocode 可能过于严格。在某些情况下,特别是对于预制混凝土构件,抗力函数可能包含可靠性裕度。例如,图10.2显示了钢筋混凝土梁的抗剪承载力试验值与 Eurocode 2 中估计的设计值的对比。该图显示了相对于参考线 $\theta=\pi/4$ 的系统偏差。

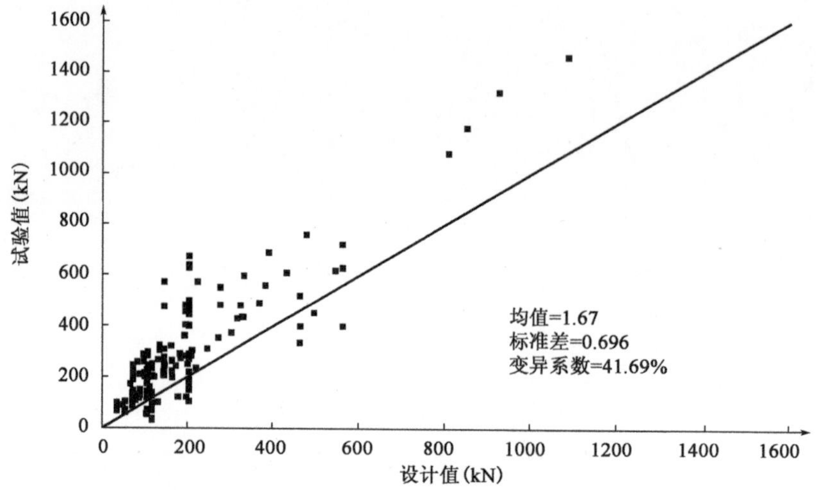

图10.2　剪力的试验值与设计值对比:配有抗剪钢筋的钢筋混凝土梁(167次试验)

步骤3

无需附加说明。

步骤4

无需附加说明。

步骤5

人们通常发现,由试验得到的抗力频率分布不能由一个单峰函数表示,因为它表示两个或两个以上的子集,从而需要用一个双峰或多峰函数来表示。这种情况可以通过在高斯纸上作图或使用适当的软件校核。当横轴以线性比例作图时,单峰函数应得到一个直线(如果是正态分布)或单调曲线(如果是对数正态分布)。使用对数为横轴绘制对数正态分布函数更方便,因其呈现的是一个线性图像。

如果找不到其他方法来分离子集,通过适当的方法可以从双峰函数或多峰函数中提取单峰函数。单峰函数的统计数据可以由实际分布的切线得到。因此,最后得到 $b_{m(r)}$ 和 $s_{mb(r)}$,而非 $b_{(r)}$ 和 $s_{b(r)}$,同理得到 $s_{m\delta(r)}$ 而非 $s_{\delta(r)}$。然后则可以使用下面针对单峰函数的评估程序。

通常,很难构造一个具有代表性的切线,在这种情况下,可以对数据的下端区域进行线性回归,用回归线代替切线。一般来说,建议使用至少20个数据点进行回归分析。

步骤 6

无需附加说明。

步骤 7

无需附加说明。

10.8.3　标准评价程序[方法(b)]

该方法用于直接由试验推导抗力的设计值 r_d。步骤 1 ~ 步骤 6 与之前定义的相同,步骤 7 中,标准分位值系数 k_n 由设计分位值系数 $k_{d,n}$ 代替,$k_{d,n}$ 等于 α_R 与 β 的乘积,约为 $0.8 \times 3.8 = 3.04$。因此,表 10.2 中最后一行由表 10.3 最后一行代替。

标准评价程序[方法(b)]　　表 10.3

步　骤	示　例
步骤 1 ~ 步骤 6 同表 10.2	
步骤 7 确定抗力的设计值 r_d(***条款D8.3***)。 对于有限数量的试验: $r_d = bg_{rt}(\underline{X}_m)\exp(-k_{d,\infty}\alpha_{rt}Q_{rt} - k_{d,n}\alpha_\delta Q_\delta - 0.5Q^2)$ 式中:$k_{d,n}$——表 *D2* 中 V_X 未知的情况下的设计分位值系数; $k_{d,\infty}$——在 $n \to \infty$ 时 $k_{d,n}$ 的值($k_{d,\infty} = 3.04$)。 对于较大数量试验: $r_d = bg_{rt}(\underline{X}_m)\exp(-k_{d,\infty}Q - 0.5Q^2)$	例如,对于较大数量的试验: $\gamma_R = \exp[(3.04 - 1.64)Q]$ $= \exp(1.40 \times 0.118)$ $= 1.18$

条款D8.3

10.8.4　附加先验知识的运用

最后一节可能最具有争议性:它涉及仅专业人士可以完成的数据概率解释。然而,其中的假设非常重要:

■ 抗力函数 r_t 的有效性;

■ 通过以前大量的试验已经确定了变异系数 V_r 的上限(保守估计)。

则标准值 r_k 可以仅需一次进一步试验,通过试验得到 r_e 并由以下公式确定:

$$r_k = \eta_k r_e$$

其中,$\eta_k = 0.9\exp(-2.31V_r - 0.5V_r^2)$,$V_r$ 为以前试验中观测到的最大的变异系数。

如果进一步进行 2 ~ 3 次试验,可以通过试验得到的均值 r_{em} 并使用以下公式确定标准值 r_k:

$$r_k = \eta_k r_{em}$$

式中:

$$\eta_k = \exp(-2.0V_r - 0.5V_r^2)$$

当每个极值(极大或极小)r_{ee} 满足以下条件时,V_r 为前期试验中观测到的最大

变异系数:

$$\left| r_{ee} - r_{em} \right| \leqslant 0.10 r_{em}$$

延伸阅读

Ang AHS and Tang WH (1984). *Probability Concepts in Engineering. Planning and Design*, vols I and II. Wiley, Chichester.

Augusti G, Baratta A and Casciati F (1984). *Probabilistic Methods in Structural Engineering*. Chapman and Hall, London.

Benjamin JR and Cornell CA (1970). *Probability, Statistics and Decisions for Civil Engineers.* McGraw-Hill, New York.

Bolotin VV (1969). *Statistical Methods in Structural Mechanics*. Holden-Day, San Francisco, CA.

Borges JF and Castanheta M (1985). *Structural Safety*. Laboratorio Nacional de Engenharia Civil, Lisbon.

Construction Industry Research and Information Association (1977) · *Rationalisation of Safety and Serviceability Factors in Structural Codes*. CIRIA, London. Report 63.

Ditlevsen O (1981). *Uncertainty Modelling*. McGraw-Hill, New York.

Ditlevsen O and Madsen HO (1996). *Structural Reliability Methods*. Wiley, Chichester.

Euro-International Concrete Commission (1976). *Common Unified Rules for Different Types of Construction and Materials*, vol. 1. FIB, Lausanne. CEB Bulletin 116.

Euro-International Concrete Commission (1976). *First Order Concepts for Design Codes*. FIB, Lausanne. CEB Bulletin 112.

ISO (1998). ISO 2394. General principles on reliability for structures. ISO, Geneva.

Madsen HO, Krenk S and Lind NC (1986). *Methods of Structural Safety*. Prentice-Hall, Englewood Cliffs, NJ.

Melchers RE (1999). *Structural Reliability: Analysis and Prediction*. Wiley, Chichester.

Thoft-Christensen P and Baker MJ (1982). *Structural Reliability Theory and its Applications*. Springer-Verlag, Berlin.

Thoft-Christensen P and Murotsu Y (1986). *Application of Structural Systems Reliability Theory*. Springer-Verlag, Berlin.

附录 A　建筑产品指令(89/106/EEC)

由于 Eurocodes 将满足建筑产品指令中关于结构抗力的要求,本附录提供了关于建筑产品指令(指令 89/106/EEC),指令所包括的基本要求,以及第一项基本要求"结构抗力和稳定性"的解释性文件的简要介绍。

注:以下为本附录中所使用的缩写:

CEC　欧洲共同体委员会

CEN　欧洲标准化委员会

CPD　建筑产品指令

EN　欧洲标准

ID　解释性文件

符合 Eurocodes 以及建筑产品指令

Eurocodes 将满足建筑产品指令中关于"结构抗力和稳定性"以及"消防安全"部分的基本要求。

建筑产品指令

CEC 的主要宗旨是消除跨国界的贸易壁垒并建立欧洲内部市场。这个市场的特点是商品、服务、资本和人员的自由流通。为了实现这一目标,对欧盟成员国的法律、法规和行政规定进行统一(即协调)是必要的。CEC 于 1988 年 12 月 21 日实行的 CPD(有关建筑产品)是这个统一进程的重要组成部分。CPD 已被大多数欧盟成员国转为国家法律。

CPD 的主要目标是为合格证书提供法律依据(见图 A.1),以确保相关产品的自由流通。

CPD 的范围包括建筑和土木工程等建筑产品相关的基本要求,建筑产品定义为在建筑工程中以永久形式纳入其中的产品。

基本要求

基本要求适用于建筑物,而非建筑产品本身,但这些要求会影响建筑产品的技术特性。

因此,建筑产品必须适用于整个建筑物,并适合其单独部分的预期用途,同时应考虑经济性。当工程受包含这类要求的规章约束时,建筑产品还需满足这些规章的基本要求。

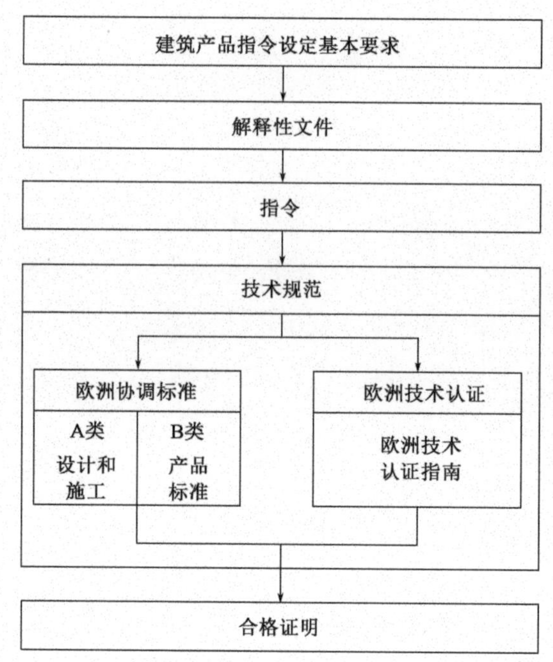

图 A.1　有关建筑产品的欧洲法律、法规和行政制度统一的体系

基本要求与以下方面有关:

■ 结构抗力和稳定性;

■ 消防安全;

■ 卫生、健康和环境;

■ 使用安全;

■ 噪声防护;

■ 节能与保温。

在正常维护的前提下,必须满足这些要求,以达到经济合理的使用寿命。

基本要求可能会促使对应不同的性能水平的建筑产品类别的确定,以考虑地理、气候条件或生活方式的潜在差异,以及国家、区域或当地所采取的不同防护级别。欧盟成员国可要求仅按照由此确定的类别来观测本国的性能水平。

Eurocodes 涉及“结构抗力与稳定性”的基本要求,包括以下方面:

a)工程整体或部分倒塌;

b)超过容许值的过度变形;

c)承重结构发生过度变形,造成工程其他部位、配件或建筑内设备的损坏;

d)事件造成与最初原因不相称的损坏。

Eurocodes 也涉及“防火安全”的部分基本要求。基本要求在解释性文件中以具体的(即定量的)形式给出,以建立各项基本要求之间的必要联系,如责令草拟针对特定建筑产品的欧洲标准(见图 A.1)。对于6项基本要求,每一项都有相应的解释性文件(ID)。ID1 对应“结构抗力和稳定性”。

满足基本要求的方法

实际中,当某产品可使相关工程满足所适用的基本要求时,说明该产品符合预期用途;如果产品带有 EC 标志(图 A.2),即表明产品满足技术规范的合格性(见图 A.1),可以认为其适合预期用途。这些规范包括:

■ CEN 基于指令建立的统一标准(CPD 条款7);

■ 欧洲技术认证(CPD 条款8)。根据使用了某产品的建筑工程对基本要求的满足情况,对该产品是否适合预定用途进行有利的技术评估。

CPD 条款4 允许引用国家标准,但是仅限于尚未建立欧洲统一标准的地区。

图 A.2　EC(欧盟委员会)标志,表示产品符合相关标准或技术认证

ID 1:结构抗力和稳定性

对于结构设计,ID1 提供了:

■ 所有解释性文件所使用的一般术语的定义;

■ “结构抗力和稳定性”基本要求的准确定义;

■ 满足“结构抗力和稳定性”基本要求的验证原则。

关于结合其他规定一同验证,ID1 在 ***条款3.1(3)*** 中规定: ***条款3.1(3)***

基本要求的满足通过一些相关的措施得以保证,特别是以下方面:

—工程的规划、设计、施工以及必要的维护;

—建筑产品的特性、性能以及使用。

因此,考虑到上述分条款,ID1 中区分了建筑和土木工程的整体设计和建筑产品本身的技术特性。ID1 的条款4 中,设计和产品标准的定义如下:

—A 类:这类标准涉及建筑和土木工程以及其部分或其特定方面的设计和施工,以满足理事会指令 89/106/EEC 所规定的基本要求。

鉴于成员国的法律、法规和行政规定的差异阻碍了统一产品标准的应用发展,A 类标准宜包含在该指令的范围内。

—B 类:欧洲技术认证的技术规范和指南,专门针对按照理事会指令 89/106/EEC 中第 13、14 和 15 条进行合格认证和标记的建筑产品。这些标准涉及性能和/或其他特性方面的要求,包括某些耐久性特征,其可能影响产品能否满足基本要求、试验和产品合格标准。

关于一个产品系列或几个产品系列的B类标准具有不同的特征,也被称为水平(B类)标准。

ID 1 进一步规定:

A类标准的假设应与B类标准的假设相互兼容。

A类标准

Eurocodes 被视为是一组A类标准。

附录 B　全套 Eurocode

全套 Eurocode 如下：

文件

Eurocode：结构设计基础

EN 1990

Eurocode 1：结构上的作用

EN 1991-1-1：建筑物的密度、自重和外加荷载

EN 1991-1-2：一般作用—对受火结构的作用

EN 1991-1-3：一般作用—雪荷载

EN 1991-1-4：一般作用—风荷载

EN 1991-1-5：一般作用—温度作用

EN 1991-1-6：一般作用—施工荷载

EN 1991-1-7：一般作用—偶然作用

EN 1991-2：桥梁上的交通荷载

EN 1991-3：由吊车和机器产生的作用

EN 1991-4：筒仓和储罐

Eurocode 2：混凝土结构设计

EN 1992-1-1：一般规则和房屋建筑物规定

EN 1992-1-2：一般规定—结构防火设计

EN 1992-2：混凝土桥梁结构设计与细则

EN 1992-3：储液和挡液结构

Eurocode 3：钢结构设计

EN 1993-1-1：一般规定和房屋建筑规定

EN 1993-1-2：一般规定—结构防火设计

EN 1993-1-3：一般规定—冷成型构件和薄钢板的补充规定

EN 1993-1-4：一般规定—不锈钢的补充规定

EN 1993-1-5：板结构

EN 1993-1-6：壳结构的强度和稳定性

EN 1993-1-7：承受面外荷载的板式结构

EN 1993-1-8:节点设计

EN 1993-1-9:抗疲劳设计

EN 1993-1-10:材料韧性和厚度方向性能

EN 1993-1-11:受拉构件的设计

EN 1993-2:钢结构桥梁

EN 1993-3-1:塔架、桅杆和烟囱——塔架、桅杆

EN 1993-3-2:塔架、桅杆和烟囱——烟囱

EN 1993-4-1:筒仓

EN 1993-4-2:储罐

EN 1993-4-3:管道

EN 1993-5:桩基工程

EN 1993-6:吊车支撑结构

Eurocode 4:钢与混凝土组合结构设计

EN 1994-1-1:一般规定和房屋建筑规定

EN 1994-1-2:一般规定——结构防火设计

EN 1994-2:一般规定和桥梁规定

Eurocode 5:木结构设计

EN 1995-1-1:一般规定——通用规定和房屋建筑规定

EN 1995-1-2:一般规定——结构防火设计

EN 1995-2:桥梁

Eurocode 6:砌体结构设计

EN 1996-1-1:配筋和无筋砌体规定

EN 1996-1-2:结构防火设计

EN 1996-1-3:侧向荷载详细规定

EN 1996-2:砌体材料的设计、选择和施工

EN 1996-3:无筋砌体结构的简化计算方法

Eurocode 7:岩土工程设计

EN 1997-1:一般规定

EN 1997-2:岩土工程勘察试验

EN 1997-3:现场试验辅助设计

Eurocode 8:结构抗震设计

EN 1998-1:一般规定、地震作用和房屋建筑规定

EN 1998-2:桥梁

EN 1998-3:房屋建筑的评估与改造

EN 1998-4：筒仓、储罐和管道

EN 1998-5：基础、支挡结构和岩土工程

EN 1998-6：塔、桅杆及烟囱

Eurocode 9：铝结构设计

EN 1999-1-1：一般规定

EN 1999-1-2：结构防火设计

EN 1999-1-3：疲劳敏感结构

EN 1991-1-4：冷成型结构板材

EN 1991-1-5：壳体结构

附录 C　基本统计术语和方法

一般规定

本附录供委员会用于起草结构设计和相关产品的标准、试验和施工标准以及评估作用和材料性能。此外,如 EN 1990 的前言所述,也可供包括设计人员和施工人员在内的其他用户使用。假设本附录的读者对土木工程问题中的统计学和概率论仅有基本的了解。

本附录中所述的是在 EN 1990(特别是*第 4 章*和*第 6 章*以及*附录 C* 和*附录 D*)和国际标准 ISO 2394《结构可靠性的一般原则》(ISO,1998)中经常出现的术语和概念。本附录中的定义与国际 ISO 标准(ISO,1975a,b,1976,1980,1989,1997a,b,2006a,b),特别是 ISO 3534 和 ISO 12491 中给出的概率和一般统计术语相对应,在 ISO 3534 和 ISO 12491 中还可以找到更全面的描述以及其他术语及定义。

此外,对于正态(高斯)分布,给出了土木工程中用于估计和测试基本统计特性的统计方法(ISO,1997b)。对用于估计分位值(标准值和设计值)的基本统计方法也进行了回顾,假设其服从以均值、标准差及偏度(Holický 和 Vorlíček,1995a,b)为特征变量的三参数对数正态分布。

注意:本附录中的公式均未出现在 EN 1990 中。

总体与样本

基本术语和概念

作用、力学性能和尺寸一般由随机变量(主要是连续变量)描述。随机变量 X(例如混凝土强度)是一个在已知概率或可估计概率的情况下,可以取某一组指定值(例如任意给定区间内的值)中任一值的变量。作为规则,对于变量 X 只有有限数量的观测是可用的,构成一个由总体样本得到的总数为 n 的随机样本 x_1,x_2,x_3,…,x_n。“总体”是一个通用的统计术语,用来表示所考虑的个体总数(例如指在某一段时间、特定条件下生产的所有混凝土)。统计方法的目的是利用从一个或多个随机样本中获得的信息来确定总体的性质。

样本特征

样本特征是用来描述样本基本性质的量。在实际应用中,最常用的 3 个基本样本特征是:

■ 均值 m 代表集中趋势的基本度量；

■ 方差 s^2 为描述离散度的基本度量；

■ 偏度系数 a 给出了不对称性的基本度量。

样本的均值 m（总体均值的估计）定义为：

$$m = \frac{\sum x_i}{n} \tag{D1}$$

其中，求和扩展至所有 n 个 x_i 的值。

样本的方差 s^2（总体标准差的估计）定义为：

$$s^2 = \frac{\sum (x_i - m)^2}{n - 1} \tag{D2}$$

求和同样扩展至所有 x_i 的值。样本标准差 s 为方差 s^2 的正平方根。

样本的偏度系数（总体偏度的估计）描述分布的不对称性特征，定义为：

$$a = \frac{n\sum (x_i - m)^3/(n-1)/(n-2)}{s^3} \tag{D3}$$

因此，偏度系数由三阶中心矩除以 s^3 得到。如果样本右侧距均值的距离大于左侧距均值的距离，那么称分布为右偏态或正偏态。如果相反，则称为左偏态或负偏态。

另一个描述样本相对离散度的重要特征是变异系数 v，定义为标准差 s 与均值 m 的比值：

$$v = s/m \tag{D4}$$

仅当均值 m 不为 0 时，变异系数 v 才有效。当均值接近于 0 时，宜用标准差而不是变异系数来衡量离散度。

总体参数

术语“概率分布”一般是用于给出变量 X 属于某一组给定值的概率的函数。描述随机变量概率分布的基本理论模型可以通过增大随机样本容量，或将频率分布或累积频率直方图平滑化得到。

累计频率直方图的理想结果为分布函数 $F(x)$，对于每个 x 值，给出变量 X 小于或等于 x 的概率：

$$F(x) = P(X \leqslant x) \tag{D5}$$

概率密度函数 $f(x)$ 是相对频率分布的理想化结果。其正式定义为分布函数的导数（当存在时）：

$$f(x) = \mathrm{d}F(x)/\mathrm{d}x \tag{D6}$$

总体参数是根据一个或多个样本的估计用于描述随机变量的分布的量。与随机样本的情况一样，在实际应用中通常使用 3 个总体参数：

■ 均值 μ 代表集中趋势的基本度量；

■ 方差 σ^2 为描述离散度的基本度量；

■ 偏度系数 a 给出了不对称程度。

对于概率密度为 $f(x)$ 的连续变量 X,总体均值 μ 定义为:

$$\mu = \int x f(x)\,\mathrm{d}x \tag{D7}$$

积分区间为变量 X 的范围。对于概率密度函数为 $f(x)$ 的连续变量 X,其总体方差 σ^2 为各个变量分别与其均值之差的平方和的平均数:

$$\sigma^2 = \int (x-\mu)^2 f(x)\,\mathrm{d}x \tag{D8}$$

样本标准差 σ 为样本方差 σ^2 的正平方根。

描述分布的不对称性特征的总体偏度系数定义为:

$$\alpha = \frac{\int (x-\mu)^3 f(x)\,\mathrm{d}x}{\sigma^3} \tag{D9}$$

另一个重要参数是总体的变异系数 V:

$$V = \sigma/\mu \tag{D10}$$

在实际应用中,总体的变异系数 V 的限制条件与样本的限制条件相同。

在 Eurocodes 中,分位值 x_p 是一个非常重要的总体参数。如果 X 为一个连续变量,p 为概率(一个介于 0 和 1 之间的实数),那么 p 分位值 x_p 为当变量 X 小于或等于 x_p 的概率为 p 时变量 X 的值,即分布函数 $F(x_p)$ 等于 p。因此:

$$P(X \leqslant x_p) = F(x_p) = p \tag{D11}$$

在土木工程中,最常用的概率 p 为 0.001,0.01,0.05 和 0.10。概率 p 经常写作百分数的形式(例如 $p=0.1\%$、1%、5% 或 10%)。这样的话,x_p 称为百分位值,例如,当 $p=5\%$ 时表示为第 5 百分位;如果 $p=50\%$,此时 x_p 称为中位数。

正态分布和对数正态分布

正态分布

常见的正态分布(高斯分布)经常被用来近似表示许多钟形的对称分布。均值为 μ、标准差为 σ 的连续随机变量 X 的正态概率密度在无限区间 $(-\infty, +\infty)$ 上的定义为:

$$f(x) = \exp[-(x-\mu)^2/2\sigma^2]/\sigma(2\pi)^{1/2} \tag{D12}$$

土木工程师和结构工程师很少(如果有的话)需要使用式(D12),因为在任何适当的统计表中都可以找到 $f(x)$ 及其累积分布 $F(x)$ 的表。

然而,如果出现显著的不对称,那么宜考虑使用其他类型的分布,以反映这种不对称性。在这种情况下,对于材料特性和一些作用,通常使用三参数对数正态分布。定义在半无限区间的对数正态分布,通常由 3 个参数描述:除了均值 μ 和方差 σ^2,还有第三个特征值,即下限或上限值 x_0,也可以使用偏态系数 α。在表示材料特性的情况下,偏态系数 α 的取值预计在区间(0,1)之间。在表示荷载作用的情况下,偏态系数 α 可能更大。如果极限值 x_0 已知,则变量 X 的分布可以

很容易变换为变量 Y 的正态分布：

$$Y=\log\left|X-x_0\right| \tag{D13}$$

这样便可以使用正态分布的表格进行分析。

在土木工程中，常用的是以 x_0 为下限（因此具有正偏态）的对数正态分布。此外，通常假设 $x_0=0$，这样便只涉及两个参数（μ 和 σ）。在这种情况下，可得到正态变量 Y：

$$Y=\log X \tag{D14}$$

并且，原始变量 X 具有正偏态。偏度系数取决于变量 X 的变异系数（$V=\sigma/\mu$），且表示为：

$$\alpha=V^3+3V \tag{D15}$$

当偏度系数 α 等于 0 且极值 x_0 的绝对值趋于无穷（即非常大）时，此时对数正态分布接近于正态分布。

标准化变量

为了简化计算过程，通常可以使用均值为 0、方差为 1 的标准化变量。如果变量 X 的均值为 μ，标准差为 σ，则相应的标准化变量 U 定义为：

$$U=(X-\mu)/\sigma \tag{D16}$$

标准化变量 U 的分布称为标准化分布；通常将这些分布制成表格。例如，标准正态分布的概率密度函数 $\varphi(u)$ 的形式为：

$$\varphi(u)=\exp(-u^2/2)/(2\pi)^{1/2} \tag{D17}$$

可以找到标准化概率分布函数 $\Phi(u)$ 和标准化概率密度函数 $\varphi(u)$ 的详细的表格（例如 ISO 12491）。通过这些表格，标准化变量 u 的 p 分位值 u_p 由下式给出：

$$p=\Phi(u_p) \tag{D18}$$

由式（D12）可以得出，初始变量 x 的 p 分位值 x_p 可由标准变量 u 的分位值 u_p 确定：

$$x_p=\mu+u_p\sigma \tag{D19}$$

三参数对数正态分布中，对于常用概率 p 以及 3 个不同偏度系数 $\alpha=-1$、0 和 +1 的分位值 u_p 的取值由表 C.1 给出。注意，对于 $\alpha=0$ 的 u_p 对应正态分布，且对应 EN 1990 *表 C1* 中的可靠指标 β 的负值。

三参数对数正态分布中标准化变量 u_p 的取值　　表 C.1

$\Phi(u_p)$	$u_p(\alpha=-1)$	$u_p(\alpha=0)$	$u_p(\alpha=+1)$
10^{-6}	−10.05	−4.75	−2.44
10^{-5}	−8.18	−4.26	−2.33
10^{-4}	−6.40	−3.72	−2.19
10^{-3}	−4.70	−3.09	−1.99
0.01	−3.03	−2.33	−1.68
0.05	−1.85	−1.64	−1.34
0.10	−1.32	−1.28	−1.13

正态性检验

任何变量 X 服从正态分布的假设都需要被校核。这可以通过各种正态性检验来实现:将随机样本与具有相同均值和标准差的正态分布进行比较,并检验两者之间的差异是否显著。如果偏差不显著,则不拒绝正态分布的假设,否则拒绝该假设。两者之间总是会存在差异,但这些差异是否显著取决于模型的使用。通常将总体拟合度表示为显著性水平,可以认为是实际样本不服从正态分布假设的概率。

ISO/DIS 5479 中建立了各种正态性检验方法以供使用。建筑中推荐使用的显著性水平为 0.05 或 0.01。

统计方法

土木工程中使用的基本统计方法

如上所述,统计方法的目的是利用从一个或多个随机样本中获得的信息来决定总体的相关性质。土木工程领域使用的基本统计方法包括估计方法、统计假设检验方法和抽样检验方法。在下文中,仅描述了主要的估计方法和检验方法。土木工程中用于抽样检测的统计方法和统计技术的更多展开描述包含于 ISO/DIS 12491 中。

估计及检验的原则

在实际应用中,一般用于估计总体参数的方法有两种:

■ 点估计;

■ 区间估计。

总体参数的点估计值是单个数字,它是由给定样本得到的估计值。总体参数的最佳点估计是无偏的(估计量的均值等于相应的总体参数)且有效的(无偏估计量的方差最小)。

总体参数的区间估计是由两个数字给出的,并且包含一个称为置信水平的参数,其概率为 γ。在建筑的质量控制中,根据变量的类型以及超过估计值的可能后果,γ 的建议取值有 0.90、0.95 和 0.99,在某些情况下,也有 $\gamma = 0.75$。区间估计意味着较高的估计准确度,因此比点估计更优。

在土木工程中,用于总体参数假设检验的方法可分为两类:

■ 比较样本特征与相应的总体参数;

■ 比较两组样本的特征。

统计假设检验的目的是指出关于一个或多个总体分布的假设是否应被拒绝的方法。如果从随机样本中得到的结果与在假设为真的前提下的预期结果没有显著差异,那么认为所观察到的差异是不显著的,且不拒绝该假设;反之,则拒绝该假设。显著性水平的推荐值 $\alpha = 0.01$ 或 0.05 可以确保拒绝真实假设的风险与不拒绝错误假设的风险在同一量级上。

估计和检验均值和方差的方法一般包括在 ISO 12491（ISO,1997b）和其他 ISO 文件中（ISO,1975a,b,1976,1980,1989,1997a,2006a,b）。这些文件中大部分采用了正态分布或对数正态分布的假设。下文中,总结了估计均值和方差的基本方法。此外,还简要检查了用于估计分位值的重要统计技术。

均值的估计

总体均值 μ 的最佳点估计为样本的均值 m。均值 μ 的任何区间估计取决于总体标准差 σ 是否已知。如果总体标准差 σ 已知,则在置信水平 $\gamma=2p-1$ 的双侧区间估计为：

$$m-u_{\mathrm{p}}\sigma/n^{1/2}\leqslant\mu\leqslant m+u_{\mathrm{p}}\sigma/n^{1/2} \tag{D20}$$

式中,u_{p}为正态分布对应概率 p（趋近于 1）的分位值,见 ISO 12491（另见 ISO 2854）表 1。

如果总体标准差 σ 未知,则置信水平 $\gamma=2p-1$ 的双侧区间估计为：

$$m-t_{\mathrm{p}}s/n^{1/2}\leqslant\mu\leqslant m+t_{\mathrm{p}}s/n^{1/2} \tag{D21}$$

式中,s 为样本的标准差,t_{p}为 t 分布对应自由度 $v=n-1$、概率 p（趋近于 1）的分位值,见 ISO 1291（另见 ISO 2854）表 3。在上述任一情况下,当仅考虑上述估计的下限或上限时,可以使用置信水平 $\gamma=p$ 的单侧区间估计。宜基于所选定的置信水平 $\gamma=p$ 指定 p 的取值以及相应的分位值 u_{p}和 t_{p}。

方差的估计

总体方差 σ^2 的最佳点估计为样本方差 s^2［见式（D2）的注］。方差 σ^2 在置信水平 $\gamma=p_2-p_1$ 的双侧区间估计由下式给出,其中 p_1 和 p_2 为选定概率：

$$(n-1)s^2/\chi^2_{\mathrm{p}_2}\leqslant\sigma^2\leqslant(n-1)s^2/\chi^2_{\mathrm{p}_1} \tag{D22}$$

式中,$\chi^2_{\mathrm{p}_1}$和$\chi^2_{\mathrm{p}_2}$为自由度为 $\nu=(n-1)$的χ^2 分布的分位值,相应的概率 p_1（趋近于 0）和 p_2（趋近于 1）由 ISO 12941（另见 ISO 2854）的表 2 给出。通常上述方差 σ^2 的区间估计的下限被认为是 0,则估计的置信水平 γ 为 $1-p_1$。标准差 σ 的估计为方差 σ^2 的平方根。

均值比较

为检验样本均值 m 和假设总体均值 μ 的差异的显著性,如果总体标准差 σ 已知,将检验值

$$u_0=\left|m-\mu\right|n^{1/2}/\sigma \tag{D23}$$

与临界值 u_{p} 进行比较（见 ISO 12491 表 1）,该临界值为对应显著水平 $\alpha=1-p$（其中 α 的值趋近于 0）的正态分布的 p 分位值。如果$u\leqslant u_{\mathrm{p}}$,则不拒绝样本取自以 μ 为均值的总体的假设;反之则拒绝该假设。

如果总体标准差 σ 未知,则将检验值

$$t_0 = |m - \mu| n^{1/2} / s \tag{D24}$$

与临界值 t_p 进行比较（见 ISO 12491 表 3），该临界值为对应显著水平 $\alpha = 1 - p$（其中 α 为接近 0 的小值），自由度 $\nu = n - 1$ 的 t 分布的 p 分位值。如果 $t_0 \leqslant t_p$，则不拒绝样本取自以 μ 为均值的总体的假设；反之则拒绝该假设。

为检验不同容量 n_1 和 n_2 的两个样本的均值 m_1 和 m_2 的差异，且两样本取自具有相同总体标准差 σ 的两个总体，将检验值

$$u_0 = |m_1 - m_2| (n_1 n_2)^{1/2} / \sigma (n_1 + n_2)^{1/2} \tag{D25}$$

与临界值 u_p 进行比较（见 ISO 12491 表 1），该临界值为对应显著水平 $\alpha = 1 - p$（α 为接近 0 的值）的正态分布的 p 分位值。如果 $u_0 \leqslant u_p$，则不拒绝两个样本均取自以 μ（即使未知）为均值的总体的假设；反之则拒绝该假设。

如果两个总体标准差 σ 相同但未知，则使用样本标准差 s_1 和 s_2 是有必要的。将检验值

$$t_0 = |m_1 - m_2| [(n_1 + n_2 - 2)(n_1 n_2)]^{1/2} / \{[(n_1 - 1)s_1^2 + (n_2 - 1)s_2^2] (n_1 + n_2)\}^{1/2} \tag{D26}$$

与临界值 t_p 进行比较（见 ISO 12491 表 3），该临界值为对应显著水平 $\alpha = 1 - p$（α 为接近 0 的小值），自由度 $\nu = n_1 + n_2 - 2$ 的 t 分布的分位值。如果 $u_0 \leqslant u_p$，则不拒绝两个样本均取自以 μ（即使未知）为均值的总体的假设；反之则拒绝该假设。

对于两个样本数量相同的样本 $n_1 = n_2 = n$，观察值可能十分吻合（成对观察），则样本均值的差异可通过成对值的差值 $w_i = x_{1i} - x_{2i}$ 检验。首先得到均值 m_w 和标准差 s_w，然后将检验值

$$t_0 = |m_w| n^{1/2} / s_w \tag{D27}$$

与临界值 t 进行比较（见 ISO 12491 表 3），该临界值为对应显著水平 $\alpha = 1 - p$（其中 α 为接近 0 的小值），自由度 $\nu = n - 1$ 的 t 分布的分位值。如果 $t_0 \leqslant t_p$，则不拒绝两个样本均取自以 μ（未知）为均值的总体的假设；反之则拒绝该假设。

方差比较

为检验样本方差 s^2 和假设总体方差 σ^2 的差异，首先得到检验值：

$$\chi_0^2 = (n - 1) s^2 / \sigma^2 \tag{D28}$$

如果 $s^2 \leqslant \sigma^2$，则将该检验值 χ_0^2 与临界值 χ_{p1}^2（见 ISO 12491 表 2）进行比较，该临界值对应自由度 $\nu = n - 1$ 且显著水平 $\alpha = p$。如果，$\chi_0^2 \geqslant \chi_{P1}^2$，则不拒绝样本取自以 σ^2 为方差的总体的假设；反之则拒绝该假设。

如果 $s^2 \geqslant \sigma^2$，则将该检验值 χ_0^2 与临界值 χ_{p2}^2（见 ISO 12491 表 2）进行比较，该临界值对应自由度 $\nu = n - 1$ 且显著水平 $\alpha = 1 - p_2$。当 ${\chi_0}^2 \leqslant \chi_{p2}^2$ 时，则不拒绝样本取自以 σ^2 为方差的总体的假设；反之则拒绝该假设。

对于容量为 n_1 和 n_2 的两个样本，样本方差 s_1^2 和 s_2^2（选择下标使 ${s_1}^2 \leqslant {s_2}^2$）的差别可以通过将检验值

$$F_0 = s_1^2 / s_2^2 \tag{D29}$$

与临界值 F_p 进行比较，该临界值为对应自由度 $\nu_1 = n_1 - 1, \nu_2 = n_2 - 1$ 且显著水平 $\alpha = 1 - p$（α 为接近 0 的小值）的 F 分布的分位值，该 F 分布见 ISO 12491（另见 ISO 2854）。如果 $F_0 \leqslant F_p$，则不拒绝两个样本均取自以 σ^2（即使未知）为方差的总体的假设；反之则拒绝该假设。

分位值的估计

概述

从概率统计的角度来看，材料强度的标准值和设计值可以定义为适当概率分布的特定分位值。分位值 x_p 为满足以下关系式的变量 X 的值：

$$P\{X \leqslant x_p\} = p \tag{D30}$$

式中，p 表示指定的概率［另见式（D11）］。对于强度标准值，通常假设概率 $p = 0.05$。然而，对于强度设计值，通常使用更低的概率，比如 $p \approx 0.001$。另一方面，对于非控制变量的设计值可能对应更高的概率，比如 $p \approx 0.10$。

宜慎重选择所应用的统计技术，特别是考虑的设计强度对应很小的概率时。例如，当通过试验数据估计混凝土的强度时，通常只有非常有限的观测数据可用。此外，通常可以预期其具有相对较高的变异性（变异系数在 0.15 左右）且为正偏态。所有这些因素都可能导致较高的统计不确定性。

在文献中可以找到用于评估标准强度和设计强度的各种统计技术，这些技术对应有关分布类型和可用数据的性质的不同假设。ISO 2394 和许多其他出版物都很好地描述了常用的假设服从正态分布的方法。

一般化的假设三参数分布（其中偏度系数作为独立参数考虑）的统计技术仅可用于对数正态分布（Holický和 Vorlícek，1995a，b）。以下对最重要的统计方法的简要回顾中介绍了文献（Holický和 Vorlícek，1995a，b）中所发展的统计技术。

排序法

基于顺序统计量的最常见的方法，它对于分布类型不做任何假设。将一组样本 $x_1, x_2, \cdots, x_n$ 转换为有序样本 $x'_1 \leqslant x'_2 \leqslant x'_3 \cdots \leqslant x'_n$，则未知分位值 x_p 的估计 $x_{p,\text{order}}$ 为：

$$x_{p,\text{order}} = x'_{k+1} \tag{D31}$$

其中，指数 k 由以下不等式得到：

$$k \leqslant np < k + 1 \tag{D32}$$

显然，这种方法需要大量的观测才可靠。

覆盖率法

以下经典方法（所谓的覆盖率法）有很高的使用频率。这种方法的核心思想是,对于下 p 分位值估计 $x_{\mathrm{p,cover}}$的置信水平 γ(通常假设为 0.75、0.9 或 0.95)由下式确定:

$$P\{x_{\mathrm{p,cover}} < x_{\mathrm{p}}\} = \gamma \tag{D33}$$

如果总体标准差 σ 已知,下 p 分位值估计 $x_{\mathrm{p,cover}}$以样本均值 m 的形式给出:

$$x_{\mathrm{p,cover}} = m - \kappa_{\mathrm{p}}\sigma \tag{D34}$$

如果 σ 未知,则也需要使用样本标准差 s:

$$x_{\mathrm{p,cover}} = m - k_{\mathrm{p}}s \tag{D35}$$

系数 κ_{p} 和 k_{p} 取决于分布类型、对应所期望的分位值 x_{p} 的概率 p、样本容量 n 以及置信水平 γ。γ 的显性知识是这种方法的最大优点,使得估计值 $x_{\mathrm{p,cover}}$相对于实际值 x_{p}具有可靠的概率。为考虑统计不确定性,ISO 2394 建议 γ 的值取为 0.75。然而,当需要考虑非常规的可靠度时,置信水平取较高的值 0.95 可能会更合适。

注意,在 ISO 2394 和 ISO 12491 中,只考虑了正态分布而没有考虑任何总体分布可能的不对称性。

预测法

另一种基于正态分布的假设发展而来的估计方法称为预测法。这里,下 p 分位值 x_{p}由预测界限值 $x_{\mathrm{p,pred}}$评估,并通过以下方法确定。在总体中额外取一个随机值 x_{n+1},预期该值小于 $x_{\mathrm{p,pred}}$的概率为 p,则有:

$$P\{x_{n+1} < x_{\mathrm{p,pred}}\} = p \tag{D36}$$

可以看出,由式(D36)定义的预测界限 $x_{\mathrm{p,pred}}$随着 n 的增加趋近于未知的分位值 x_{p},且从这角度来看,$x_{\mathrm{p,pred}}$可以认为是 x_{p}的近似值。如果总体标准差 σ 已知,则 $x_{\mathrm{p,pred}}$可以通过下式计算:

$$x_{\mathrm{p,cover}} = m - u_{\mathrm{p}}\sigma(1/n + 1)^{1/2} \tag{D37}$$

其中,u_{p}为标准正态分布的 p 分位值。如果 σ 未知,则

$$x_{\mathrm{p,cover}} = m - t_{\mathrm{p}}s(1/n + 1)^{1/2} \tag{D38}$$

其中,t_{p}为已知的自由度为 $n-1$ 的 t 分布的 p 分位值。

贝叶斯法

当具有连续生产的前期观测数据时,贝叶斯法(ISO,1997b,1998)提供了另外一种替代方法。在容量为 n 的样本中,令样本均值为 m,标准差为 s。此外,假设从以前的观测中我们已知某次独立的结果的样本均值 m'和样本标准差 s',但是样本容量 n'未知。假设两个样本都是取自理论均值 μ 和标准差 σ 的相同总体。因此,两个样本可以联合考虑。

两个样本组合后的参数为(ISO,1997b):

$$
\begin{aligned}
&n''=n+n' \\
&\nu''=\nu+\nu'-1 \quad (n'\geqslant 1) \\
&\nu''=\nu+\nu' \quad (n'=0) \\
&m''=(mn+m'n')/n'' \\
&s''^2=(\nu s^2+\nu' s'^2+nm^2+n'm'^2-n''m''^2)/\nu''
\end{aligned}
\tag{D39}
$$

未知值 n' 和 ν' 可以通过变异系数 $V(m')$ 和 $V(s')$ 的方程估计(ISO,1997b):

$$n'=[\sigma/(\mu V(m')]^2,\quad \nu'=0.5/[V(s')]^2 \tag{D40}$$

n' 和 ν' 可以根据前期估计均值 μ 和标准差 σ 时的不确定度的经验独立选取(这里,$\nu'=n'-1$ 不成立)。

作为 x_p 的一个估计的贝叶斯极限值 $x_{p,\mathrm{Bayes}}$ 由以下表达式给出,该式与 σ 未知的条件下使用的预测法的式(D38)相似:

$$x_{p,\mathrm{Bayes}}=m''-t_p''s''(1/n''+1)^{1/2} \tag{D41}$$

式中,t_p'' 为自由度为 ν'' 的 t 分布的 p 分位数。此外,如果标准差 σ 已知,且样本数据仅用于确定均值,则当 $\nu=\infty$ 时,s'' 应由 σ 代替,使用下式代替式(D41),该式与 σ 已知条件下使用预测法的式(D37)类似:

$$x_{p,\mathrm{Bayes}}=m''-u_p\sigma(1/n''+1)^{1/2} \tag{D42}$$

当应用贝叶斯法确定例如强度时,其优点是所得强度的长期变异性通常是稳定的。因此,在确定 σ 时不确定性相对较小,$V(s')$ 的值也较小,由式(D40)给出的 ν' 和式(D39)给出的 ν'' 较大。这可能使结果值的降低和下侧分位值 x_p 估计的增加是有利的[见式(D41)]。另一方面,确定 μ 和 $V(m')$ 时的不确定性通常较大,因此任何以前的信息可能都不会对 n'' 和 m'' 的值造成显著影响。

如果没有可用的先验信息,则 $n'=\nu'=0$,特征值 m''、n''、s''、ν'' 分别等于样本特征值 m、n、s、ν。式(D41)和式(D42)则分别简化为前面的式(D37)和式(D38)。在这个特例中,贝叶斯法得到的结果与预测法相同,且使用的是式(D37)和式(D38)。应注意的是,这个没有先验信息的贝叶斯法的特例在 EN 1990 *附录D* 和 ISO 2394、ISO 12491 中都有考虑。

覆盖率法和预测法的对比

当估计标准值和设计值时,最常用的是覆盖率法和预测法。假设总体服从正态分布,这里将对这两种方法进行比较。

表 C.2 中显示了对于选定的 n 值和 γ 值,式(D34)和式(D37)所使用的系数 κ_p 和 $u_p(1/n+1)^{1/2}$。由表 C.2 可以看出,两个系数的差异取决于样本容量 n 以及置信水平 γ。当 $\gamma=0.95$ 且 n 较小时,覆盖率法的系数 κ_p 比预测法的系数 $u_p(1/n+1)1/2$ 约大 40%。如果认为 $\gamma=0.75$(如 ISO 2394 和 ISO12491 所推荐)是可接受的,则两者之间的差异小于 10%。然而,一般来说,当置信水平 $\gamma\geqslant 0.75$ 时,与传统的覆盖率法相比,预测法得出的标准值会明显更高(更不安全)。注意,当 $\gamma=0.75$ 时,κ_p 与系数 $u_p(1/n+1)1/2$ 非常接近,该系数在 EN 1990 *表D*

1 中作为 V_X 已知情况下的系数 k_n 给出。

对于 $p=0.05$ 且 σ 已知时,系数 k_p 和 $u_p(1/n+1)^{1/2}$　　表 C.2

系　数	观测次数 n								
	3	4	5	6	8	10	20	30	∞
$k_p(\gamma=0.75)$	2.03	1.98	1.95	1.92	1.88	1.86	1.79	1.77	1.64
$k_p(\gamma=0.90)$	2.39	2.29	2.22	2.17	2.10	2.05	1.93	1.88	1.64
$k_p(\gamma=0.95)$	2.60	2.47	2.38	2.32	2.23	2.17	2.01	1.95	1.64
$u_p(1/n+1)^{1/2}$	1.89	1.83	1.80	1.77	1.74	1.72	1.68	1.67	1.64

如果标准差 σ 未知,则将对比式(D35)和式(D38)。

表 C.3 中显示了对于观测次数 n 和置信水平 γ 与表 C.2 相同的适当的系数 k_p 和 $t_p(1/n+1)^{1/2}$。显然,对应不同置信水平 γ 的系数之间的差异比之前 σ 已知的情况下更为显著。当 $\gamma=0.95$ 且 n 较小时,用于覆盖率法的系数 k_p 比用于预测法的系数 $t_p(1/n+1)^{1/2}$ 约大 100%。当 $\gamma=0.75$ 时,两个系数基本是相同的。然而,除 $n=3$ 以外,系数 k_p 总是稍大于 $t_p(1/n+1)^{1/2}$。之前的例子中,在 σ 已知的情况下,相比于传统的覆盖率法,预测法一般会导致强度标准值更高(更不安全)。这种差异随着置信水平的提高而增大。

对于 $p=0.05$ 且 σ 未知时,系数 k_p 和 $t_p(1/n+1)^{1/2}$　　表 C.3

系　数	观测次数 n								
	3	4	5	6	8	10	20	30	∞
$k_p(\gamma=0.75)$	3.15	2.68	2.46	2.34	2.19	2.10	1.93	1.87	1.64
$k_p(\gamma=0.90)$	5.31	3.96	3.40	3.09	2.75	2.57	2.21	2.08	1.64
$k_p(\gamma=0.95)$	7.66	5.14	4.20	3.71	3.19	2.91	2.40	2.22	1.64
$t_p(1/n+1)^{1/2}$	3.37	2.63	2.33	2.18	2.00	1.92	1.76	1.73	1.64
注:当 $\gamma=0.75$ 时,k_p 与系数 $u_p(1/n+1)^{1/2}$ 非常接近,它在 EN 1990 *表D1* 中 V_X 已知的情况下作为 k_n 给出。									

对覆盖率法和预测法进行类似对比,分位值为 0.001 时,通常作为随机变量 X 的设计值。EN 1990 *表D2* 给出了相应的系数 $k_{d,n}$ 的值,对于预测法,分别假设 V_X 已知和未知两种情况。与 0.05 分位值的情况一样,当覆盖率法的置信水平约为 $\gamma=0.75$ 时,对于 0.001 分位值,系数 $k_{d,n}$ 是有效的。

三参数对数正态分布的使用

总体分布实际的不对称性也可能对分位值估计产生显著影响,特别是当所考虑的样本容量较小,且抽样的总体变异性较高、概率较小时。假设某一般三参数对数正态分布具有独立的偏态系数 α,当评估材料特性时,通常可以有效地应用统计技术。

当估计 0.05 分位值(标准值)时,对于两种不同置信水平和 3 种不同偏度系数 $\alpha=-1$,0 和 +1 的总体不对称性如下所示。这里仅考虑覆盖率法中 σ 未知的情况,如上文中式(D35)所示。表 C.4 列出了相对置信水平 $\gamma=0.75$ 的一组观测次数 n 所对应的系数 k_p。表 C.5 列出了与表 C.4 中相同观测次数 n 对应的

k_p,但对应更高置信水平 $\gamma=0.95$。

在 $p=0.05,\gamma=0.75$ 且 σ 未知的情况下,系数 k_p 的值　　表 C.4

偏度系数	观测次数 n								
	3	4	5	6	8	10	20	30	∞
$\alpha=-1.00$	4.31	3.58	3.22	3.00	2.76	2.63	2.33	2.23	1.85
$\alpha=0.00$	3.15	2.68	2.46	2.34	2.19	2.10	1.93	1.87	1.64
$\alpha=1.00$	2.46	2.12	1.95	1.86	1.75	1.68	1.56	1.51	1.34

在 $p=0.5,\gamma=0.95$ 且 σ 未知的情况下,系数 k_p 的值　　表 C.5

偏度系数	观测次数 n								
	3	4	5	6	8	10	20	30	∞
$\alpha=-1.00$	10.9	7.00	5.83	5.03	4.32	3.73	3.05	2.79	1.85
$\alpha=0.00$	7.66	5.14	4.20	3.71	3.19	2.91	2.40	2.22	1.64
$\alpha=1.00$	5.88	3.91	3.18	2.82	2.44	2.25	1.88	1.77	1.34

使用表 C.5 中的数据,如图 C.1 所示,系数 k_p 为 n 的函数,对应 3 种不同的偏度系数 α。对比表 C.4 和表 C.5 中的数据,可以看出不对称性对 $x_{p,cover}$ 的估计所造成的影响会随着置信水平 γ 的增加而显著增加。一般来说,随着观测次数 n 不断增加,这种影响会逐渐降低,但即使 $n\to\infty$,影响也不会消失。详细分析(Holický和 Vorlícek,1995a)显示,当评估对应 0.05 分位值的材料特性的强度标准值时,只要偏度系数(的绝对值)大于 0.5,对概率分布的实际不对称性都应加以考虑。

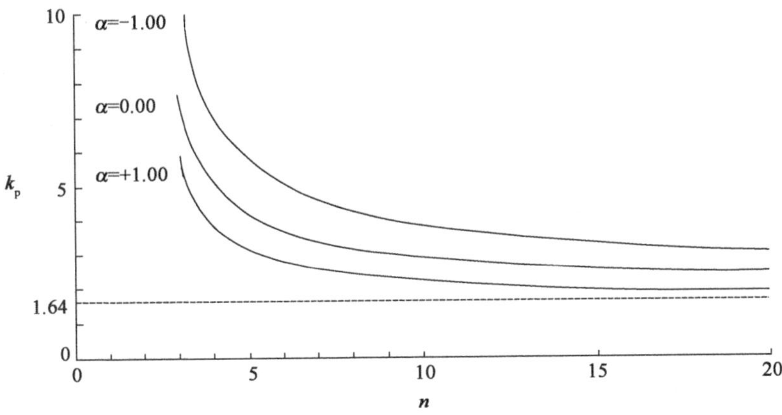

图 C.1　在 $p=0.05,\gamma=0.95$ 且 σ 未知的情况下,系数 k_p 的值

使用偏度系数 $\alpha\neq0$ 的一般对数正态分布得到的估计,与相应的基于 $\alpha=0$ 的正态分布的估计之间的差异随概率 p 的降低而增加。因此,对应非常小概率 p(例如 0.001)的材料特性的混凝土强度设计值宜仅在以下情况下由试验数据直接决定,前提是具有:

- 足够的观测次数;
- 关于适当的概率模型的令人信服的证据(包括不对称性的信息)。

当不具备这种证据时,最好应通过使用标准值评估设计值,将其除以一个分项系数,还可能除以一个显性转换系数。

例 C.1

有一组混凝土强度测量的样本,其样本容量 $n=6$,均值 $m=23.9\text{MPa}$,标准差 $s=4.2\text{MPa}$,将使用该样本评估强度的标准值 $f_{ck}=x_p$,其中 $p=0.05$。

使用覆盖率法,由表 C.3 和式(D6)可得,对于置信水平 $\gamma=0.75$:

$$f_{ck,cover}=23.9-2.34\times4.2=14.1\text{MPa} \tag{D43}$$

对于置信水平 $\gamma=0.95$:

$$f_{ck,cover}=23.9-3.71\times4.2=8.3\text{MPa} \tag{D44}$$

如果使用预测法,由表 C.3 和式(D38)可得:

$$f_{ck,cover}=23.9-21.8\times4.2=14.7\text{MPa} \tag{D45}$$

因此,使用预测法(在没有先验信息的情况下与贝叶斯法相同)(ISO,1998)得到的强度标准值比置信水平 0.95 情况下用覆盖率法得到的强度标准值高将近 80%。

当具有以前产品的信息时,可以使用贝叶斯法。假设如下先验信息:

$$s'=4.4\text{MPa} \qquad V(s')=0.28 \tag{D46}$$

则由式(D40)可得:

$$n'=[4.4/(25.1\times0.50)]^2<1 \qquad \nu'=0.5/0.28^2\approx6 \tag{D47}$$

因此,使用特征值:$n'=0$,$\nu'=6$。考虑到 $\nu=n-1=5$,由式(D39)可得:

$$n''=6 \qquad \nu''=11 \qquad m''=23.9\text{MPa} \qquad s''=4.3\text{MPa} \tag{D48}$$

最终,由式(D41)可得:

$$f_{ck,Bayes}=23.9-1.8\times4.3\times(1+1/6)^{1/2}=15.5\text{MPa} \tag{D49}$$

其中,t''_p取自 t 分布表。因此,得到的强度标准值比预测法得到的值大(大 0.8MPa)。此外,有关贝叶斯法的应用的其他现有资料(见 ISO 2394 附录 D)清晰地表明,当以前的经验可用时,可以有效地使用这种方法。在进行现有结构的评估时,对于混凝土质量的变异性相对较大的情况尤其如此。

对于一些材料,如普通强度混凝土,通常会观察到概率分布的正不对称(偏度系数可高至 1)。下面的例子说明了这种偏度的影响,假设上述分析的混凝土强度测量的样本容量 $n=6$,取自一个服从对数正态分布的偏度系数为 1 的总体。对于置信水平 $\gamma=0.75$,使用传统的覆盖率法,由式(D35)和表 C.4 可得:

$$f_{ck,cover}=23.9-1.86\times4.2=16.1\text{MPa} \tag{D50}$$

对于置信水平 $\gamma=0.95$,由式(D35)和表 C.5 可得:

$$f_{ck,cover}=23.9-2.82\times4.2=12.1\text{MPa} \tag{D51}$$

这两个值与之前不考虑不对称性的情况相比分别大 14% 和 46%;因此,通过考虑正不对称性,可以得到更有利的估计值。可以预见,如果使用预测法或贝叶斯法,不对称性对强度标准值和强度设计值有类似的影响。应注意的是,在高强度材料中可能出现的负不对称性可能相应地会对结果值造成不利影响。

参考文献

Holický M and Vorlícek M (1995a). General lognormal distribution in statistical quality control. *ICASP 7*, Paris, pp. 719-724.

HolickýM and Vorlícek M (1995b). *Modern Design of Concrete Structures*. Aalborg, Denmark.

ISO(1975a). ISO 3207. Statistical interpretation of data. Determination of a statistical tolerance interval. ISO, Geneva.

ISO (1975b). ISO 3301. Statistical interpretation of data. Comparison of two means in the case of paired observations. ISO, Geneva.

ISO (1976). ISO 2854. Statistical interpretation of data. Techniques of estimation and tests relating to means and variances. ISO, Geneva.

ISO (1980). ISO 2602. Statistical interpretation of test results. Estimation of the mean. Confidence interval. ISO, Geneva.

ISO (1989). ISO 3951. Sampling procedures and charts for inspection by variables for percent nonconforming. ISO, Geneva.

ISO (1997a). ISO/DIS 5479. Normality tests. ISO, Geneva.

ISO (1997b). ISO 12491. Statistical methods for quality control of building materials and components. ISO, Geneva.

ISO (1998). ISO 2394. General principles on the reliability of structures. ISO, Geneva.

ISO (2006a). ISO/DIS 3534-1. Statistics. Vocabulary and symbols. Part 1: Probability and general statistical terms. ISO, Geneva.

ISO (2006b). ISO/DIS 3534-2. Statistics. Vocabulary and symbols. Part 2: Statistical quality control. ISO, Geneva.

附录 D 国家标准组织

EN 1990 的*前言*中指出,EN 1990 的目的是用于设计,与结构所在国家有效的特定国家附件一起使用。

EN 1990 的使用者可以从下面列出的相关国家标准管理机构获得关于特定国家附件可用性的信息。

CEN 成员国

奥地利

Osterreichisches Normungsinstitut (ON)
Postfach 130
Heinestrasse 38
A-1021 Wien

电话: +43 1 213 00
传真: +43 1 213 00 650
网站:www. on-norm. at

比利时

Institut Belge de Normalisation/
Belgisch Instituut voor Normalisatie (BN/BIN)
Avenue de la Brabanconne 29
Brabanconnelaan 29
B-1040 Bruxelles

电话: +32 2 738 00 90
传真: +32 2 733 42 64
E-mail: vourhof@ ibn. be

保加利亚

Committee for Standarization and Metrology (BRS)
21 rue du 6 Septembre
BG-1000 Sofia

电话：+359 2 989 84 88
传真：+359 2 986 17 04

State Office for Standardization and Metrology（DZNM） 克罗地亚
Ulica grada Vukovara 78
HR-41000 Zagreb

电话：+385 1 610 63 20
传真：+385 1 610 93 20
网站：www.dznm.hr

Cyprus Organisation for Standardisation（CYS） 塞浦路斯
PO Box 16197
CY-2086 Nicosia

电话：+357 22 411 411
传真：+357 22 411 511
网站：www.cys.org.cy

Dansk Standard（DS） 丹麦
Kollegievej 6
DK-2920 Charlottenlund

电话：+45 39 96 61 01
传真：+45 39 96 61 02
网站：www.ds.dk

Eesti Standarddiskesbus 爱沙尼亚
10 Aru Street
10317 Tallinn

电话：+372 651 92 00
传真：+372 651 92 20
网站：www.evs.ee

Suomen Standardisoimisliitto r.y.（SFS） 芬兰
PO Box 116

FIN-00241 Helsinki

电话: +358 9 149 93 31
传真: +358 9 146 49 25
网站:www. sfs. fi

法国	Association Française de Normalisation (AFNOR) 11 Avenue Francis de Pressensé 93571 Saint-Denis la Plaine CEDEX 电话: +33 1 41 62 8000 传真: +33 1 49 17 9000 网站:www. afnor. fr
德国	Deutsches Institnt für Normumg e. V. (DIN) Burggrafenstrasse 6 D-10772 Berlin 电话: +49 30 26 01 0 传真: +49 30 26 01 12 31 网站:www. din. de
希腊	Hellenic Organisation for Standardisation (ELOT) 313 Acharnon Street GR-11145 Athens
匈牙利	Hungarian Standards Institution (MSZT) Horváth Mihály tér 1 HU-1082 Budapest 电话: +36 1 456 68 00 传真: +36 1 456 68 84 网站:www. mszt. hu/angol/general. htm 电话: +354 520 71 50 传真: +354 520 71 71 网站:www. stri. is

爱尔兰

National Standards Authority of Ireland (NSAI)
Glasnevin
IRL-Dublin 9

电话: +353 1 807 38 00
传真: +353 1 807 38 38
网站:www. nsai. ie

意大利

Ente Nazionale Italiano di Unificazione (UNI)
Via Battistotti Sassi,11 b
I-20133 Milano MI

电话: +39 02 70 02 41
传真: +39 02 70 10 61 49
网站:www. uni. com

拉脱维亚

Latvian Standards Ltd (LVS)
K. Valdemāra Street 157
LV-1013 Riga

电话: +371 7 371 308
传真: +371 7 371 324
网站:www. lvs. lv/en/services/services_EP. asp

立陶宛

Lithuanian Standards Board (LST)
T. Kosciukos g. 30
LT-01100 Vilnius

电话/传真: +370 5 212 62 52
网站:www. lsd. lt/en/

挪威

Norges Standardiseringsforbund (NSF)
PO Box 353 Skoyen
N-0212 Oslo

电话: +47 22 04 92 00

传真: +47 22 04 92 11
网站:www. standard. no

波兰

Polish Committee for Standardization (PKN)
Ul. Elektroralna 2
PL-00-139 Warszawa

电话: +48 22 620 54 34
传真: +48 22 620 07 41
网站:www. pkn. pl

罗马尼亚

Romanian Standards Association (ASRO)
Str. Mendeleev 21-25
RO-010362 Bucharest 1

电话: +40 21 316 32 96
传真: +40 21 316 08 70
网站:www. asro. ro

斯洛文尼亚

Standards and Metrology Institute (SMIS)
Kotnikova 6
SI-61000 Ljubljana

电话: +386 1 478 30 30
传真: +386 1 478 31 96
网站:www. usm. mzt. si

瑞士

Schweizerische Normen Vereinigung (SNV)
Bü glistrasse 29
CH-8400 Winterthur

电话: +41 52 224 54 54
传真: +41 52 224 54 75
网站:www. snv. ch

英国

British Standards Institution (BSI)
389 Chiswick High Road

London W4 4AL

电话：+44 208 996 90 00
传真：+44 208 996 74 00
网站：www.bsi-global.com